JN168754

基本的な機械知識のABCシリーズ

明解 材料力学のABC

改訂版

はじめに

本書は科学書としては，いささかユニークなお話口調になっていますが，これは，科学図書出版刊行の雑誌“メインテナンス”に1997年３月から20回にわたって連載された“材料力学のABC”を１冊にまとめたものだからです。連載した雑誌の記事では，理論的な物理の世界にできるだけ興味が持たれるように，お話として展開して行くよう心掛けましたので，まとめるに当たって新たに読み返してみましたら，材料力学の入門書として，このままでよく，何も取捨選択の必要のないことが判りました。

初めからただページを追って読んでいけば，機械屋さんのあなたには，なるほどと納得していただけるに違いありません。中にはやや面倒な数学が出てきますが，おっくうがらずに記号や数字をたどってみてください。だれでもお話に引き込まれるはずです。そして，知らず知らずのうちに材料力学の基本知識が蓄積されれば，話し手の著者としてこれに過ぎる喜びはありません。

すでに確立されている物理学ですが，解説に当たっては多くのかたの文献を参考にし引用させて戴きました。巻末にこれら参考図書の明細を掲げ，著者・先輩諸兄に深く感謝いたします。

なお，ひとつお断りしておきたいことがあります。それは単位のことです。わが国では平成５年（1993年）11月１日に新計量法として，SI単位が正式に採用されました。そしてこれまでのメートル単位系は，すべて平成11年９月30日限りで廃止（削除）されています。SI単位とはメートル単位系を発展改善した国際的合意に基づく国際単位系であり，フランス語のSystemé international d'unitésの略称です。本書ではできる限りSI単位を採用するよう努めましたが，過渡期で理解に混乱を招きやすいことが多いので，その場合，計算式などではメートル単位系を使っているため，単位にはくれぐれも注意してください。

2000年６月

香住　浩伸

<監修について>

材料力学は，機械を扱う人にとっては避けては通れない学問です。材料力学の専門書の始めには「応力」や「ひずみ」の重要な用語が現れ，これらの物理的な意味を理解し，イメージを描けるかが鍵と思われます。このとき初めて，物理や工業力学で学んだ「力学」の基礎知識が前提となることに気づかされます。著者の経験に基づき，その材料力学を学ぶために必要な「力学」の基礎が最初の６章にわたって丁寧に説明されており，「応力」や「ひずみ」の概念を理解するためのステップが小さく，材料力学を学び始めた読者にとって適した構成となっています。また，７章以降において，材料力学において必要な内容が一通り網羅され，例題が豊富に紹介されています。

最近では，材料力学の初学者向けに多くの書籍が出版されていますが，そのような状況の下でも本書を愛用されている方が多いことは，著者である故香住浩伸氏のご尽力の賜物であり，ここに心から敬意を表する次第です。この度改訂版として発行するにあたり，著者の意思を尊重し若干の変更に止めました。この監修の機会をいただいた小野寺隆志氏には深く感謝申し上げます。

2014年10月30日

稲村　栄次郎

もくじ

第1章

力と，力のモーメント

1 力とは

1 重さとは力であり，質量ではない

いま，1キログラムの物を月へ運んだとしましょう。「月世界では，地球上より物の重さは軽くなるというのはほんとうかな，では確かめてみよう」……というわけで計りにかけてみます。それも正確に計るために，天秤（てんびん）を使いましょう。

その結果，実はやっぱりその1キログラムの物は1kgの分銅と釣り合うのです。つまり1kgです。“なんだ，少しも軽くなってはいないではないか——そのとおりです，1キログラムの物は月へ行こうが，火星や土星に持って行こうが，やっぱり1kgなのです”……このお話，ちょっとおかしいと思いますか。

地球上で1kgの物体が月面上でも1kgであったというお話は，天秤という計りで計ったため，1kgの分銅と比較して同じ重さであったということです。

図1-1　月でも1kgは1kg？

さて，重さとは何かということですが，重さとは，空間で重力の作用を受ける物体（物質）を，ある位置で静止状態に支えるために必要な力と思ってください。つまり，その物体に作用する重力と同じ大きさの力――これが重さなのです。

したがって，重力の作用を受けなければ重さはないわけです。重力の作用，これが引力（万有引力：ニュートンの発想したもの）といわれるものです[注1]。

物体に加速度を与えるもの――物体に力を加えたとき，その力に抵抗しようとする物体の抵抗力（反力）が小さければ，その物体は動き出します。もしその物体がすでに動いている場合は，動きの方向と速度が変わります。

つまり慣性によって，ある状態（運動）にある物体に，その状態を変えさせるもの，これを加速度といい，その加速度を生じさせるもの，実は，これを“力”というのです。

ある高さにあった物体が落下するとき，次第に落下速度が増すことを考えてください。加速度つまり力（外から加わる力）が働いていることがよく判るでしょう。

この力（加速度を生じさせているもの）が働いて初めて物体には重さが生じるのです。物体の落下の場合，これを重力の加速度といい，“g”で表わされますが，その値は場所により多少異なります。

先ほどの月面上でも1kgだったという物体は，天秤で計ったため，分銅1kgと同じ重さ，つまり物体に働いた力と分銅に働いた力とが同じ大きさの力（F）だったのです。

もし，天秤でなく“ばね計り”だったらどうでしょうか。物体に働く力（ここでは重力）は，地球上と月世界とでは異なります。地球上で1kgと刻んだばね計りの目盛はgという力で生じた重さであり，そのgの値が異なる場所では異なった値になるのは当然です。同じ物体でありながら働く力が異なるからです。

しかし，その物体（物質）には変わりありません。この物体の大きさ，実質の量には変わりはないのです。かりに物体（物質）が真鍮（しんちゅう，黄銅）だとすれば銅 Cu とすず Zn の合金であり，水だとすれば水素 H と酸素 O との化合物です。その物体の大きさ（量）そのものを質量といいます。

先ほど 1 kg といったのは，実は重さではなくて質量だったのです。1 kg という単位は，重さではなく“これを 1 kg と定めよう”と約束した国際キログラム原器<注2>という物体と，天秤で釣り合う物体の量のことで，これは，物体に働く力とは関係がない，質量なのです。

質量 1 kg は月面に持って行っても 1 kg ですが，その重さを月面上でばね計りで計ったら，実は 0.17キログラムにしかなりません。つまり，月面での重力の加速度は地球上の1/6しかないため，質量 1 kg に働く力が1/6になったわけです。

2 力と加速度との関係

一般に，物体の速度が時間とともに変わっていくとき，その物体は“加速度”をもつといいます。図1-2に示すように，物体が直線上を矢印方向に運動するとします。時刻 t における速さを v，時間 Δt 経過後の時刻 $t+\Delta t$ における速さを $v+\Delta v$ としたとき，$\Delta v / \Delta t = a$ とした“a”をその時間間隔における“平均の加速度”といいます。物体の速さがだんだんと大きく（速く）なる加速の状態のときは Δv は正（+）で，平均の加速度も正です。反対に物体の速さが時間とともに小さく（遅く）なる減速の状態のとき Δv は負（−）で加速度も負になります。

図1-2　平均加速度　$a=\frac{\Delta v}{\Delta t}$

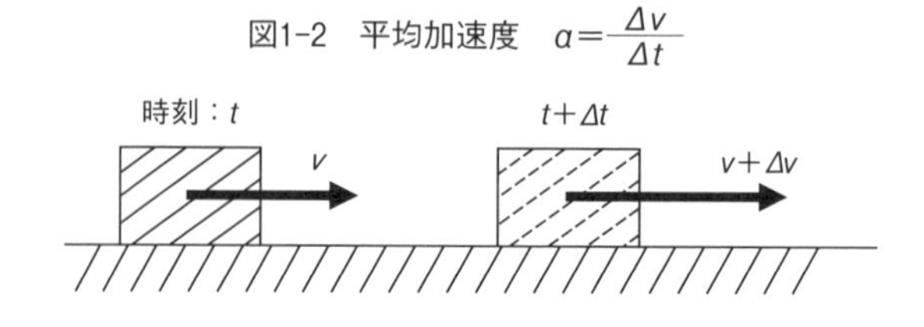

加速度の単位――加速度の大きさは，動いた距離をm（メートル），時間をs（秒）としたとき，1秒間（1s）に1m／sの割合で速さが変化するときの状態を単位とします。つまり1秒毎に1秒当たり1メートルの速さ（秒速1m）の変化です。これを記号で表わすと，（m／s）／s，つまり1m／s^2ということになります。これを“1メートル毎秒毎秒”と呼びます。なお分数の形にしないでms^{-2}と表示することもあります<注3>。

ところで，物体が落下するときの加速度は，物体の質量と無関係なある一定の値をもっています。これを重力の加速度といい，gと書きます。gの値は国際的に9.80665m/s^2を標準と決めています。

さて，物体の運動状態を変化させたり，物体を変形させたりする直接的な作用のことを力といいます。つまり，物体の持つ速度を変化させる原因となるものを考えて，これに“力”と名付けたのです。したがって，物体の加速度とそれに作用する力とは密接な関係があり，物体が加速度を持って運動するときは，その物体には外部から力が加わっているし，また，力が加わっていると必ずその物体はある加速度で運動します。

図1-3のように，車に紐をつけ，紐の一端をばね計りに固定し，ばね計りを水平方向に引っ張って車をレールの上で走らせるという実験をしてみます。ばね計りの伸びが一定になるように引っ張れば，車には一定の力Fが働くことになります。ただし，車とレールとの間の摩擦は無視できるほど小さいものとします。この実験では車の速さはどう変化すると思いますか。

実は，速さは次第に大きく（速く）なっていきます。それも一定の割合で大きくなるのです。割合が一定ということ，つまり加速度が一定である

図1-3　力と加速度　$a=\frac{F}{m}$

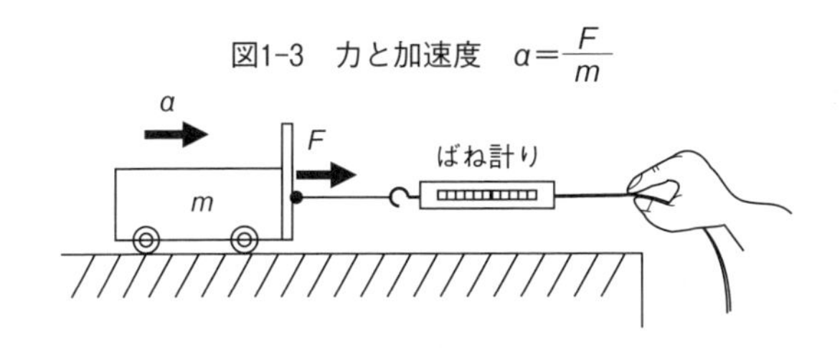

ことが判ります。

このように，物体に一定の力が加わると，加わっている間に物体は一定の加速度をもって運動します。この実験で車を引っ張る力を2倍にすると加速度も2倍になりますが，車の質量を2倍にしますと，加速度は半分になります。このことから次のことがいえます。

物体に力が働くとき，物体の加速度は力の向きに生じ，その加速度の大きさは力の大きさに比例し，物体の質量に反比例します。つまり，物体の加速度をa，質量をm，働く力をFとすれば，

$$a = F/m,\quad F = ma \tag{1}$$

の関係があります。

なお，地球が物体に及ぼす力の大きさ（重力の大きさ，重さ）は，地球上の同一場所では，その物体の質量に比例します。したがって，物体の重さをF，その質量をm，比例定数をgとすれば，

$$F = mg \tag{2}$$

となります。gは前出の重力加速度でその値は地球上の場所により多少異なった値をとります。標準は前出の値ですが，およそ9.8〔m/s^2〕と覚えておいてください。

重力加速度の意味について――

重力は地球の中心に向かうように働くので，重力のために落下するときの加速度は地球の中心に向かいます。また，加速度の大きさをaとすれば，式(1)と式(2)から，$ma = mg$，したがって，$a = g$となり，物体が落下するときの加速度は質量とは関係のない一定値gであることがはっきり判ります。

3 力の3要素

力は，1つの物体から他の物体に作用（働く）するものであり，力の働いている点からの向きに矢印を引いて，その矢印の長さで力の大きさを表わし，図1-4のように，力の働いている点を作用点，作用点を通り力の働

図1-4　力の3要素

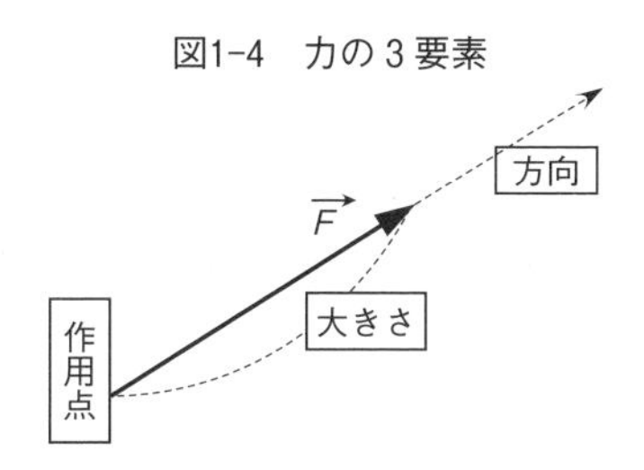

く方向に引いた線を作用線といいます。この，力の大きさ，作用点，作用線の３つの要素で力の状態と働きが決まりますので，これを“力の３要素”といいます。

このように，力を考える場合には，その大きさ（強さ）だけでなく，その力の働く向きを考えなければなりませんので，それらを同時に示すものとして矢印記号（製図の寸法線より太め）が用いられるのです。これが力のベクトルです。

力のベクトルを特に記号で表わす必要があるときは，$\vec{F}$というように矢印をつけますが，一般に力の大きさだけを表わすときには単にF<注4>と書きます。

ところで，一般的に力としてあげられるものには，重力，圧力，圧縮力，引張り力，せん断力，回転力，摩擦力，浮力，弾力，万有引力などがあります。

2 力の単位

質量 1 kg の物体に 1 m/s^2（メートル毎秒毎秒）の加速度（1 秒間に秒速 1 メートル変化する）を与える力を力の単位として定め，これを 1 ニュートン（N）といいます。SI 基本単位で表わすと，$N = m \cdot kg \cdot s^{-2}$となります。1 N の1/10^5（0.00001N）が 1 ダイン（dyn）<注5> です。

これに対して工学上では，これまで質量 1 kg の物体に働く重力の大きさ（重さ）を力の単位とする重力単位系が広く用いられてきました。

これを 1 重量キログラム（kgw，kgf）<注5> といいます。なお，1 kgw は 9.80665N と決めてあります。したがって，1 N＝0.102kgw となります。

1 N の力とは一般には慣れない単位のようですが，中程度の大きさのみかん 1 個の重さがおよそ0.1kg ですから，1 ニュートン（N）は大体みかん 1 個を支えるくらいの力だと思えばよいでしょう。

3 力のモーメント

図1-5のように，てこ（lever）を使って重い物体を持ち上げようとするとき，柄の長さが長いほど柄の端に加える力は小さくてすみます。これは，図において，てこの支点Oから柄に働く力Fの作用点までの距離を ℓ とすれば，てこの回転作用に必要な力の大きさMは，Fと ℓ の値に比例するからで（$M=F\cdot\ell$），ℓが大きくなればなるほどFは小さくなります。

また一般に，図1-6に示すように，点Oで固定されている物体に力Fを作用させると，物体はOを中心として回ろうとします。この物体を回そうとする働きの大きさを表わす量Mを“力のモーメント”（FのO点に関するモーメント）といいます。力のモーメントMは，OからFの作用線に下ろした垂線の長さℓと力の大きさFとの積で表わされます。

$$M=F\cdot\ell \tag{3}$$

単位はkgw·cm，kgw·mなど[注5]です。なお ℓ をモーメントの腕といいます。

斜めの力のモーメント——図1-7のように，モーメントの腕 ℓ のP点に，ℓとなす角θの力Fが働くときのモーメントは，腕の長さ ℓ にモーメントの腕の直角方向のFの分力$F\sin\theta$をかけたものになります。式では次のように表わされます。

$$M=F\cdot\ell\sin\theta \tag{4}$$

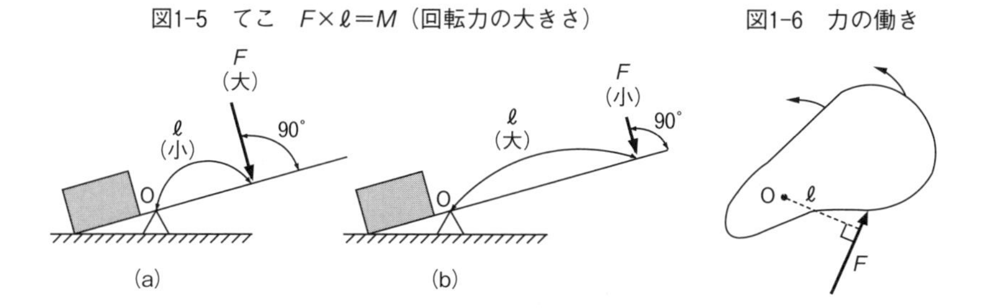

図1-5　てこ　$F\times\ell=M$（回転力の大きさ）

図1-6　力の働き

図1-7　斜めの力のモーメント

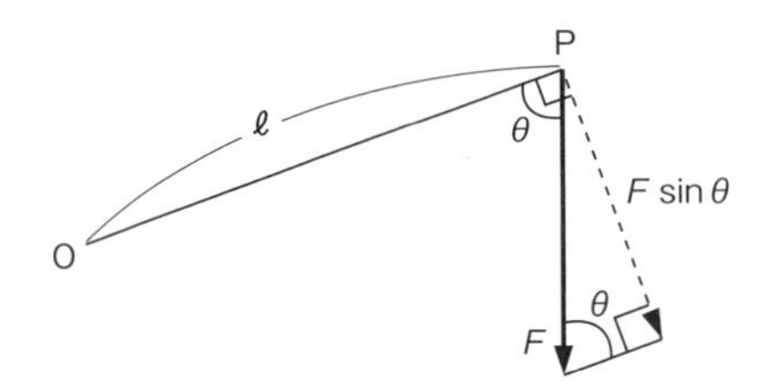

図1-8　つり合いのモーメント
$W_1 \cdot \ell_1 = W_2 \cdot \ell_2$

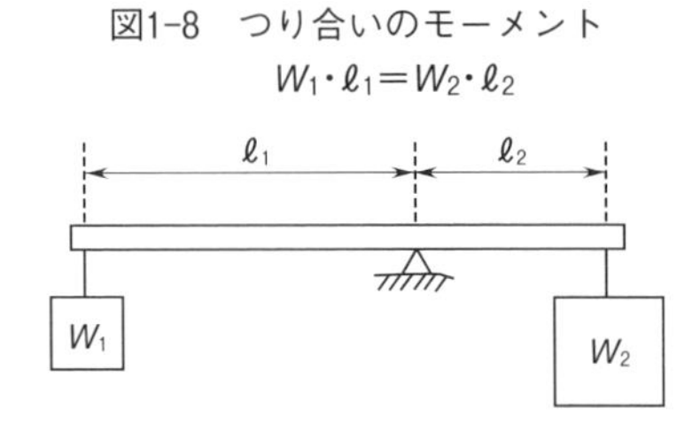

次に**図1-8**を見てください。1つの支点で支えられた1本の棒（重さは無視）を考え，その両側に W_1, W_2〔kgw〕のおもりを図のように吊す場合，支点からのおもりまでの距離をそれぞれ ℓ_1，ℓ_2〔m〕とすれば，左右のモーメントが等しい，つまり，

$$W_1\ell_1 = W_2\ell_2 \text{〔kgw·m〕} \tag{5}$$

の場合につり合いを保ちます。これがてこの原理でもあるのです。

第2章

力の合成と分解

1 ベクトルとスカラーについて

前にお話したように，“力” を考える場合には，その強さ（大きさ）だけでなく，その力の働く向きを考えなくてはなりません。このように大きさと向きを考え，これからお話するような合成や分解の法則に従う量をベクトルといいます。別のいいかたをしますと，大きさと方向を同時に示す量をベクトル（またはベクトル量）というのです。

ベクトルに対して，長さとか時間のように，ただひとつの数量だけで表わされる量を，とくにスカラー（またはスカラー量）ということがあります。

例として，ベクトル量には，力，速度，加速度など，スカラー量には，距離（長さ），質量，温度などがあります。

2 力が一点に働く場合を考える

1 力の合成

図2-1において，F_1とF_2とで表わされている2つの力（ベクトル）が一点O（作用点）に働いているときは，F_1とF_2とを2辺とする平行四辺形の対角線Fで表わされる1つの力が，Oに働いているのと同じ効果をもつことになります。

このように，一点に働くいくつかの力を合わせたものと，同じ効果をもつ1つの力を作ることを，“力を合成する”といいます。そしていくつかの力を合成することによってできた1つの力を，それらの力の“合力”といいます。

なお，合力Fは**図2-2**のようにそれぞれの力のベクトルをつなぎ合わせ，点P_2と作用点Oとを結んだものと考えることもできます。

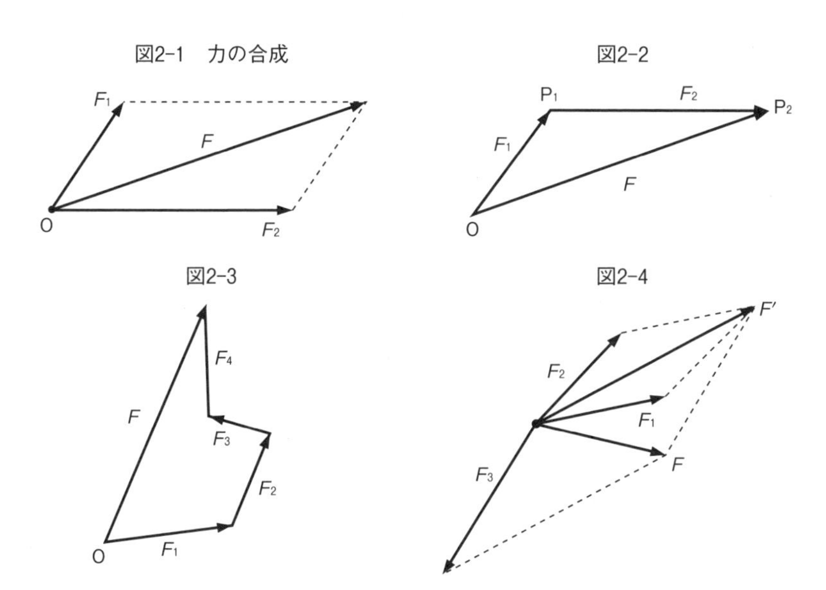

図2-1　力の合成

図2-2

図2-3

図2-4

3つ以上の力の合成――**図2-3**に示すように，それぞれの力を表わすベクトル（F_1，F_2，F_3，F_4）をつなぎ合わせて，最後の点Pと初めの点Oを結んで合力Fを作ればよいのです。また，**図2-4**のように，F_1，F_2，F_3の合力を作図で求めるには，まずF_1，F_2との合力F'を求め，さらにF'とF_3の合力としてFを求めればよいのです。

2 力の分解

一点に働くいくつかの力を合成して1つの力にすることを逆に考えれば，1つの力をいくつかの力の合わさったもの（合力）と考えることができます。例えば，**図2-1**の力Fの代わりに，F_1とF_2との2つの力に分けて考えてもよいわけです。このように1つの力をいくつかの力が合わさったものとして考え，そのいくつかの力に分けることを“力の分解”といいます。

そして，力（F）を分解するときに考えたいくつかの力の各々（F_1，F_2……）を，初めの1つの力の“分力”と呼びます。

3 力のx，y方向の分力

力の作用線を含む平面に適当な座標軸を考えて，**図2-5**のように，力Fをx軸方向の力とy軸方向の力に分解することがよく行なわれます。この場合x軸方向の分力F_xをFのx成分，y軸方向の分力F_yをFのy成分といいます。

例えば，**図2-6**でみれば，車をFという力で押す場合に，Fをx，y方向に分解して分力を求めれば，X成分のF_xが実際に車を前に進める働きをし，Y成分のF_yは車を下に押し付ける働きをしていると考えられます。

図2-5のようにx方向に傾きθをとると，それぞれの成分（分力）は，

$$Fx = F\cos\theta,\quad Fy = F\sin\theta \qquad (1)$$

で与えられます。

図2-5　力の成分

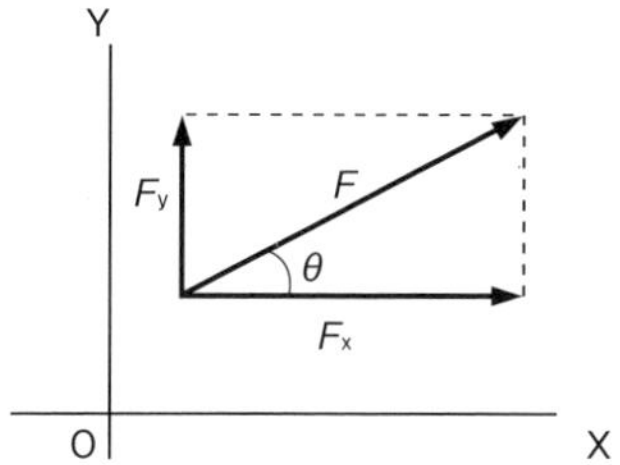

図2-6　力の成分の実験

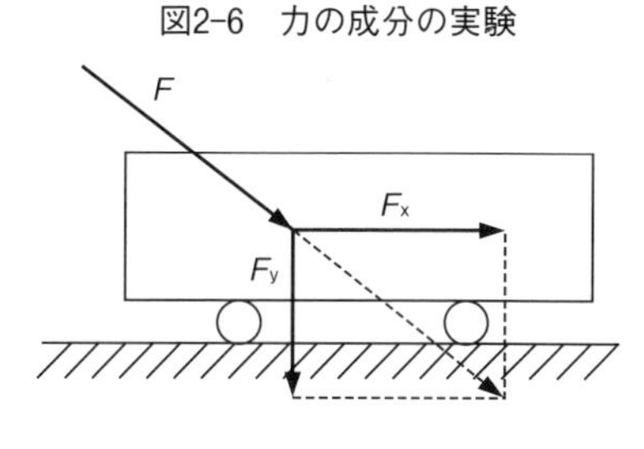

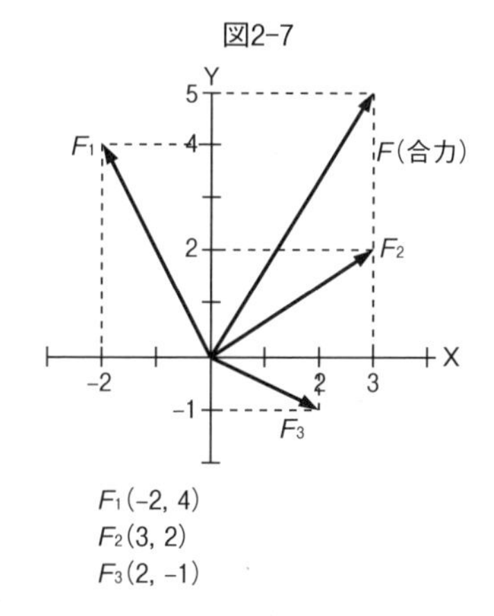

図2-7

$F_1(-2, 4)$
$F_2(3, 2)$
$F_3(2, -1)$

【例題１】 物体に３つの力 F_1, F_2, F_3 が働いている。これらの x, y 成分が，それぞれ $F_{1x}=-2$ N, $F_{1y}=4$ N, $F_{2x}=3$ N, $F_{2y}=2$ N, $F_{3x}=2$ N, $F_{3y}=-1$ N であるとするとき，合力 F の x, y 成分を求めよ。

［考えかた］合力 F は，$F=F_1+F_2+F_3$ であるので，この右辺の x, y 成分の合計（F_x, F_y）を求めると，

$$F_x=F_{1x}+F_{2x}+F_{3x}$$

$$F_y=F_{1y}+F_{2y}+F_{3y}$$

となる。これから F_x, F_y を計算すればよい。

［解答］ $F_x=-2+3+2=3$〔N〕

$F_y=4+2-1=5$〔N〕

つまり，合力の x 成分は３N，y 成分は５N である（図2-7参照）。

3 大きさのある物体に働く力

1 二点に作用する力の合成

一つの物体において，異なる位置A，Bに2つの力F_1とF_2がそれぞれ働いているとき，これらの合成は，図2-8に示すようにF_1の作用線の延長とF_2の作用線の延長との交点OにF_1とF_2が働いていると考えれば，一点に働く場合と同じ方法で作ることができます。そして，この合力Fは，その線上の点に作用しているものと考えます。つまりFの作用線またはその延長上で物体のどこかのある一点に働いているものと見なしてよい<注1>のです。

2 平行で同じ向きの力の合成

前図図2-8において，F_1とF_2が平行であるとすると（図2-9）交点Oはできませんので，このままではF_1とF_2の合成は考えることができません。そこでひと工夫してみましょう。つまり，何とかして架空の交点を作ってみたら，というわけです。平行線（平行ベクトル）を交わらすという，とんでもない工夫にチャレンジですが，物は考えようです。ちょっと面倒かも知れませんが，図2-10に示す図をじっくり眺めてください。

まず，いま仮にA，Bに，この2点を結ぶ線に沿って，図のように同じ

図2-8

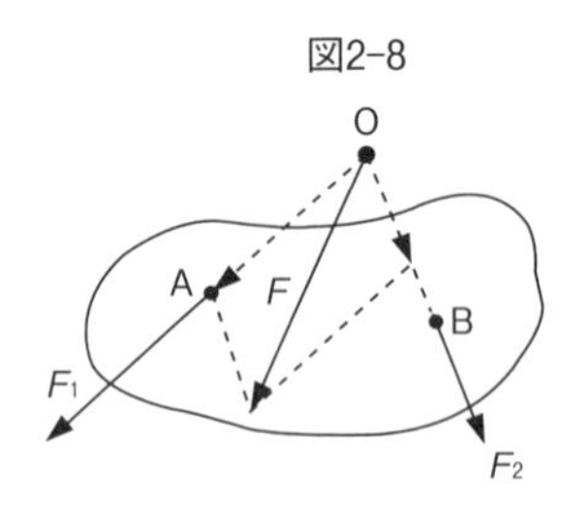

図2-9

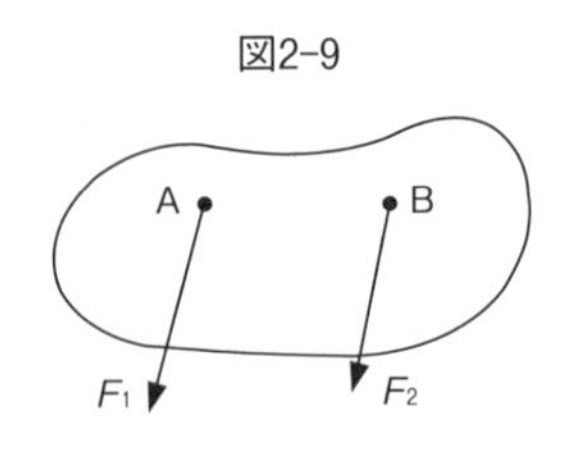

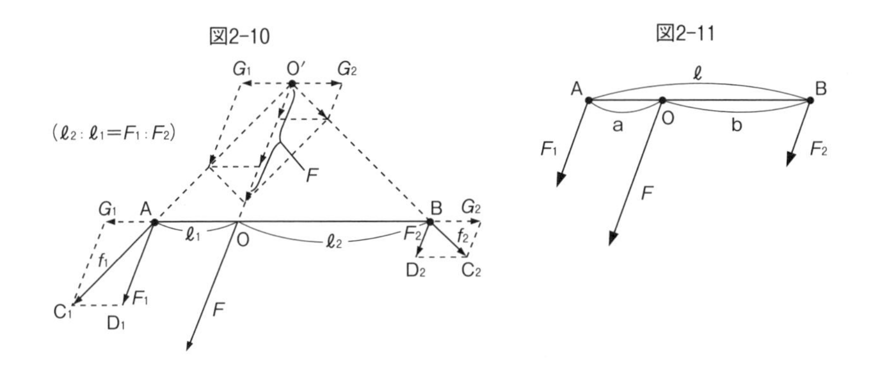

大きさで反対向きの2つの力 G_1と G_2が働いていると仮定して考えましょう。この2つの力は打ち消し合うので，この物体に働く F_1，F_2がもたらす力の効果は変わりません。つまり実際には何の影響も与えることはないのです<注1>。

こうしておいて，F_1と G_1の合力を f_1，F_2 と G_2 の合力を f_2 とします。そうすると f_1 と f_2 は図2-8と同様な形になり作用線延長上に交点ができます。こうして f_1と f_2 との合力を，延長線の交点 O′ から求めて F とすれば，これが F_1 と F_2 の合力と考えられます。

したがって，平行で同じ向きの力の合成については次のことがいえます。

(a) F の大きさは，F_1 の大きさと F_2 の大きさの和である。

(b) F の作用点は，AB 間を F_1 と F_2 の大きさの逆比（ℓ_2：ℓ_1）に内分した点 O である。

(c) F の向きは，F_1，F_2 と同じである。

これを図2-11において計算式で示せば，次のようになります。

$$F = F_1 + F_2 \tag{2}$$

$$a = \ell \times F_2 / (F_1 + F_2)$$

$$b = \ell \times F_1 / (F_1 + F_2) \tag{3}$$

【例題2】 図2-12のように，A と B（間隔600mm）に平行な同じ向きの2力10N，30N が働くとき，その合力の大きさと，合力の作用点を求めよ。

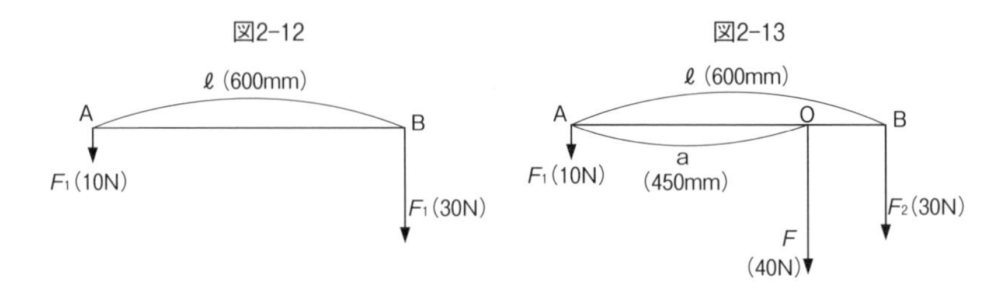

［考えかた］ 前述のように，合力の大きさは2力の和であり，作用点は2力の逆比に内分する点つまり**図2-13**の点O（Aから距離a）である。式(2)と(3)を使う。

［解答］ 合力 $F = 10 + 30 = 40$〔N〕

$a = 600 \times 30 / (30 + 10) = 450$〔mm〕

3 平行で反対向きの力の合成

こんどは**図2-14**を見てください。前項と同じようにG_1とG_2を考えます。F_1とG_1，F_2とG_2から合力f_1とf_2を求め，延長線の交点O′から合力Fを求めます。これがF_1，F_2の合力と考えられます。

したがって，平行で反対向きの力の合成については次のことがいえます。

(a)Fの大きさは，F_1の大きさとF_2の大きさの差である。

(b)Fの作用点は，ABの延長直線上でF_1とF_2の大きさの逆比（$\ell_2 : \ell_1$）

図2-14　平行力の合成

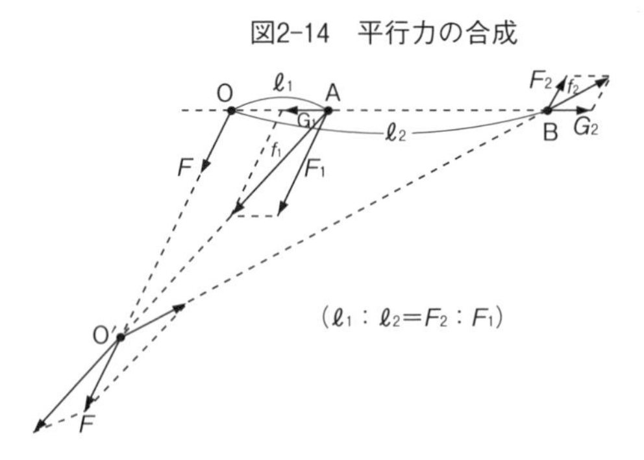

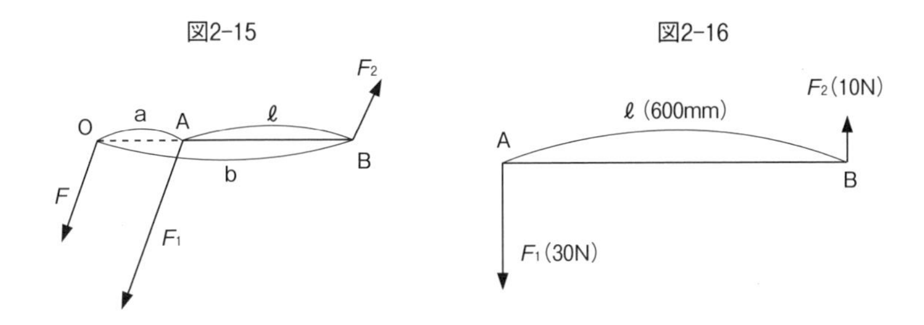

に外分した点Ｏである。

(c)Fの向きは，F_1，F_2のうち，大きい方と同じである。

これを図2-15において計算式で示せば，次のようになります。$F_1>F_2$とします。

$$F=F_1-F_2 \tag{4}$$

$$a=\ell\times F_2/(F_1-F_2)$$

$$b=\ell\times F_1/(F_1-F_2) \tag{5}$$

【例題３】 図2-16のように，ＡとＢ（間隔600mm）に反対向きで平行な２力30N，10N が働くとき，その合力の大きさと，合力の作用点を求めよ。

[考えかた] 合力の大きさは２力の差であり，向きは大きい方で，作用点は図2-17のように大きい方の外側で２力の逆比に外分する点Ｏ（Ａからの距離 a）である。式(4)，(5)を使用。

[解答] 合力 $F=30-10=20$〔N〕

$a=600\times10/(30-10)=300$〔mm〕

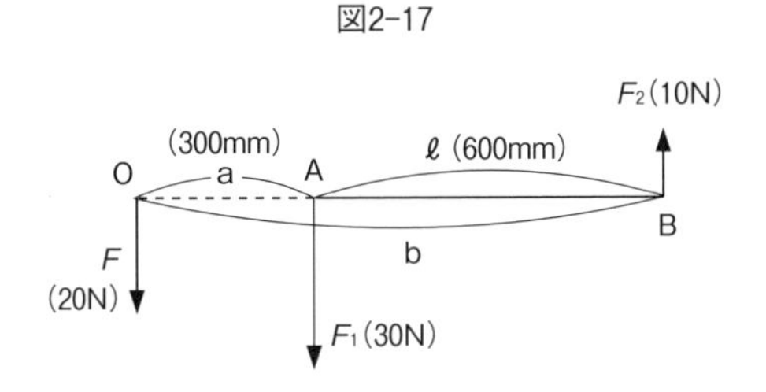

4 偶力と，偶力のモーメント

前項で２つの力 F_1，F_2 の大きさが等しく向きが反対の場合を考えてみましょう。

その場合は前図図2-14で $\ell_1 = \ell_2$ でなければなりませんが，そのような点Ｏは存在しないことがお判りでしょうか。

ここで，図2-18を見て考えてください。いま，間隔 ℓ の両端Ａ，Ｂに，平行で向きが反対の２力 F とその２倍の力 $2F$ が図のように働くとき，合力 $F_0 = 2F - F = F$，作用点ＯはＡＢの延長直線上で F と $2F$ の逆比でＡＢを２：１に外分した点，つまり $2F$ の外側に $\ell \times F / (2F - F) = \ell'$ です（図2-18の(a)）。次に，$2F$ を小さくして，$1.5F$，$1.2F$ と次第に F に近付けると，図2-18の(b)，(c)のように逆比の外分点の作用点Ｏは次第に遠ざかることが判ります。つまり，逆向きの力が等しくなる極限（図2-18の(d)）では作用点（合力の位置）が無限に遠くなると同時に，合力は０になるのです。

このように，大きさが等しく向きが反対の２つの力 F_1，F_2 が働く場合は，これを一組にして考え，これを偶力（または力対）と呼びます。

図2-18

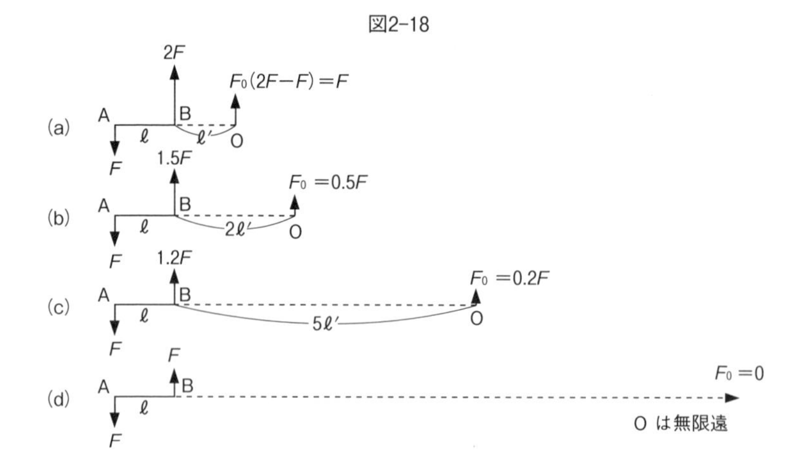

図2-19

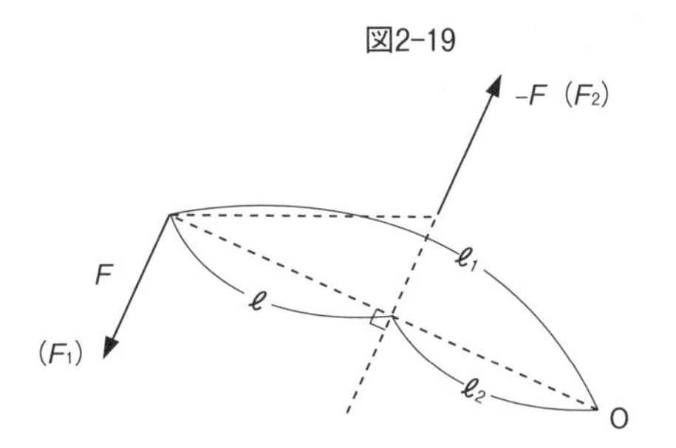

偶力が働くと，回転を支える軸がなくても物体は回転します。

F_1，F_2の作用線間の垂直距離ℓとF_1との積を“偶力のモーメント”といいます。これはちょうど，任意の点の周りの２つの力のモーメントの和になっています。図2-19において，点Ｏに関する力のモーメントは，それぞれℓ_1F，$-\ell_2F$であり，その和（M）は，

$$M=\ell_1F+(-\ell_2)F=(\ell_1-\ell_2)F$$

つまり　$M=F\ell$　　(6)

となり，これが偶力のモーメントです。偶力のモーメントは力×距離ですから，一般には力のモーメントあるいは略してたんにモーメントといっています。

5　大きさのある物体に働く力の分解

物体に働く力は，その物体の中心（重心）に働く力と，その中心の周りの力のモーメントに分けて考えることができます。

つまり，物体を押す働きと回転させる働きとに分けて考えるのです。このことは，Ｏに働くFと等しい力F'とモーメント$F\ell$の偶力に分けることになります（図2-20）。

物体に１つの力FがＡ点に作用する場合，その作用線上にない他の点Ｏに及ぼす作用を考えてみましょう。図2-20で仮にＯ点にFと大きさ，方向とも等しい力F'およびFと大きさが等しく方向が逆の力$-F'$を作用さ

図2-20

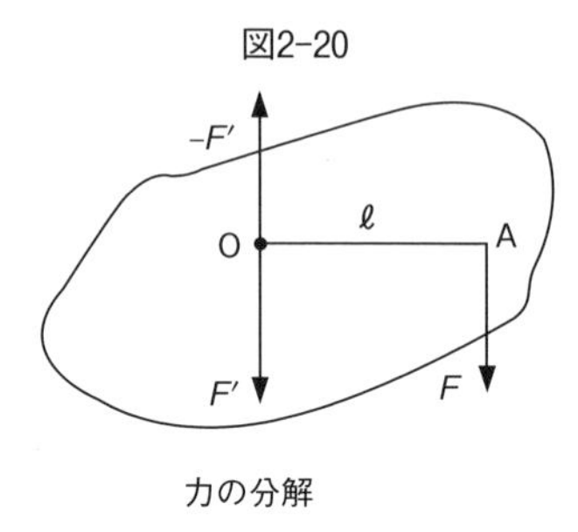

力の分解

せたとします。この場合F'と$-F'$は相殺されますから，物体には何らの影響も与えません。このように考えれば，1つの力FがA点に及ぼす働きは，O点をFと同じ大きさで押そうとする力F'，および物体を回転させようとする偶力F，$-F'$が同時に働くということと同じ意味になるのです。

第3章

力のつり合い

1 天秤と天秤棒

“つり合い” ということばで，たとえば，天秤（てんびん）を考えれば，私どもには左右の重さがつり合って腕が水平に静止する状態（図3-1）が思い浮かびます。これは，てこの原理として，支点0の左右の力のモーメントが等しければつり合うということを知っているからです（$W_1\ell_1=W_2\ell_2$）。この場合は図3-1のように$\ell_1=\ell_2$ですから，被測定物の質量 W_1 と分銅の質量 W_2 は等しくなります。

天秤棒というものをご存じでしょう。棒の前後（両端）に荷物をつけ，通常，一方の肩で担ぐいわば人力運搬具の一種です（図3-2）。これを使うとき，もし前後の荷物（W_1，W_2）に重さの差があると（$W_1>W_2$），誰でも肩の位置を前後に動かせて，棒が水平になるように担ぐ位置を探します。これは，つい合いを無意識のうちに調整しているのです。

つまり，$W_1\ell_1=W_2\ell_2$から，$\ell_1:\ell_2=W_2:W_1$で，$\ell_1:\ell_2$を重さの逆比に調整して，肩の位置（支点）を重い W_1の方に近付けることになるからです（$\ell_1<\ell_2$）。

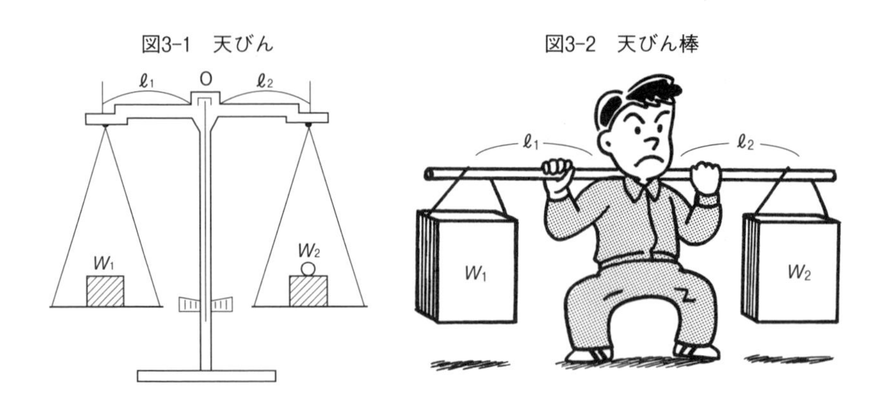

図3-1　天びん　　図3-2　天びん棒

2 一点に働く力のつり合い

1 つり合いと合力

１つの物体にただ１つの力が働くときは，物体は動く（運動を起こす）か，または運動の状態を変えますが，２つ以上の力が同時に働くと，それらの力は打ち消し合って運動を起こさないこともあります。このような場合は，これらの力は“つり合っている”といい，また，物体は“つり合いの状態にある”といいます。なお，つり合いの状態にあると，物体に働く力のその合力はゼロとなります。

ことばの定義としていうと，質点<注1>に作用する力の合力がゼロになるになるときや，物体に働く力のモーメントが物体の支点に力の中心をもつときは，物体は静止する。

このようなことを力のつり合いという。――これは少しばかり難しいいいかたかも知れませんが，まずは図3-3を見てください。

一点Oに対して，大きさが同じで向きが反対の２つの力（F，$-F$）が働くと，この点はどちらの方向にも動き出しません。このとき，２つの力は“つり合っている”といいます。また，一点でなくても２つの力が図3-4のように一直線上にあれば，物体はつり合って動きません。つまり，

$$F=-F,\quad F+(-F)=0 \tag{1}$$

なお，大きさのある物体にいくつかの力が働いて，それらがつり合って

図3-3　力のつり合い

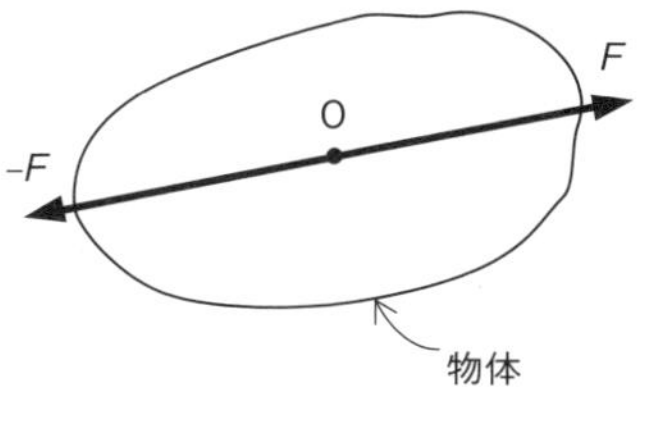

図3-4　力のつり合い

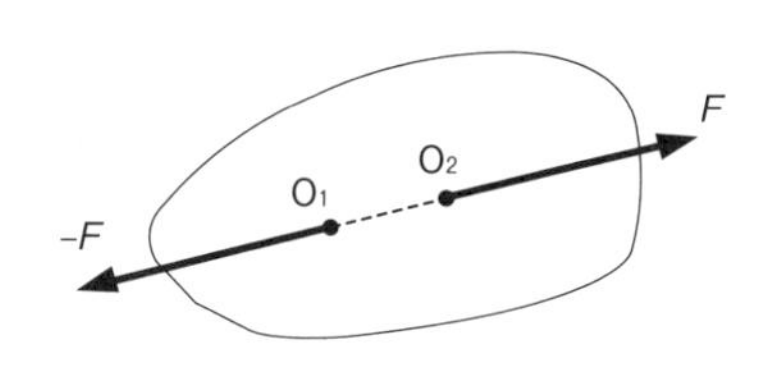

いるためには，それらの力をすべて重心に働く力と考えたときに，つり合っていて，同時に力のモーメントの和もゼロになっていなければなりません。これらのことは次回の重心の項でさらに詳しくお話しする予定です。

2　引張り力について

綱引きで，図3–5のように左に引く人の力 F_1 と右に引く人の力 F_2 が等しいと，綱はつり合って動きません。ここで，綱の途中の任意の点 A で考えると，A より右の部分は P_1A を右に引張っており，この力の大きさを T とすれば P_1A の部分はつり合っていますので，

$$T = F_1 = F_2 \qquad (2)$$

この力 T を，綱の引張り力，または張力といいます<注2>。

重力は引張り力の例です。質量 m の物体を糸に吊るしたとき，糸に生じた任意の点における引張り力の大きさを T とします。重力のため物体には mg の力が働き，糸を下に引っ張ります。糸は十分に軽いとしてそれに働く重力は無視するとすれば，$T = mg$ です。

図3–5

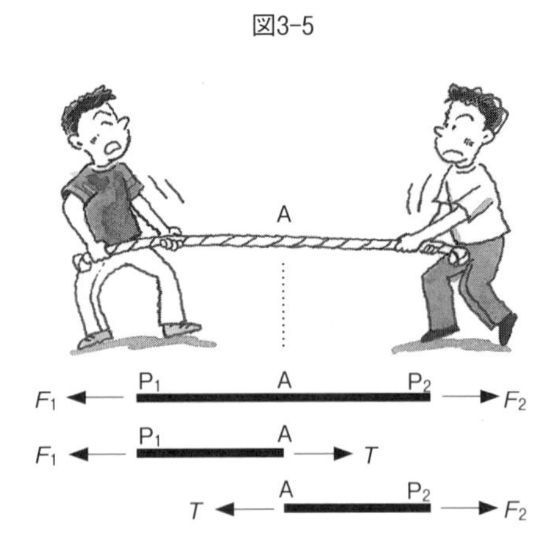

3 垂直抗力について

質量 m の物体が床の上に静止しているとき，この物体には mg の重力が働きます。しかし，物体は静止していますから，この物体には重力 mg を打ち消すような抵抗力が働いていると考えます。つまり，物体には床に垂直で上向きに mg だけの力が働いているのです。重力とこの抵抗力がつり合って静止しているわけです。この床からの力を垂直抗力といいます（図3-6）。

図3-6　垂直抗力

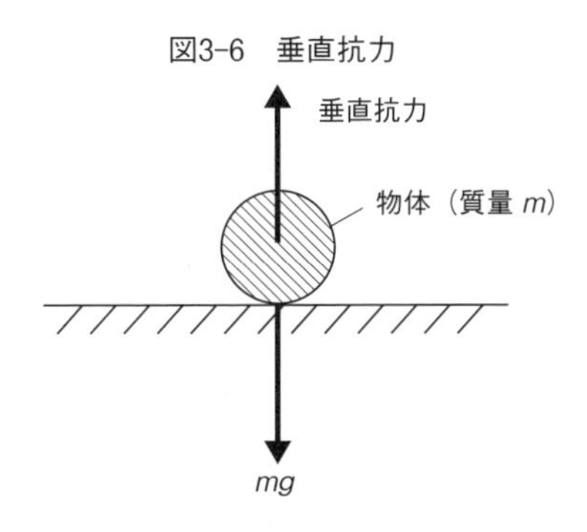

4 複数の力のつり合い

次に図3-7を見てください。一点Ｏに３つの力 F_1, F_2, F_3 が働いているとすると，F_1, F_2 の合力 F が F_3 と同じ大きさと向きが反対なら，３つの力 F_1, F_2, F_3 はつり合っています。この場合，前回の（1）項「力の合成」で３つ以上の力の合成を考えたときと同じ方法で，力の作用線 F_1, F_2, F_3 を次々とつないで行くと，図3-8のように F_3 の先端は初めの点に戻って来ることで確かめられます。これを力の三角形が閉じるといいいます。

もっと多くの力が働いている場合でも，これらの力の作用線をつないで行って，最後に一点Ｏに戻る多角形ができれば（力の多角形が閉じれば），これらの力はつり合っています（図3-9）。

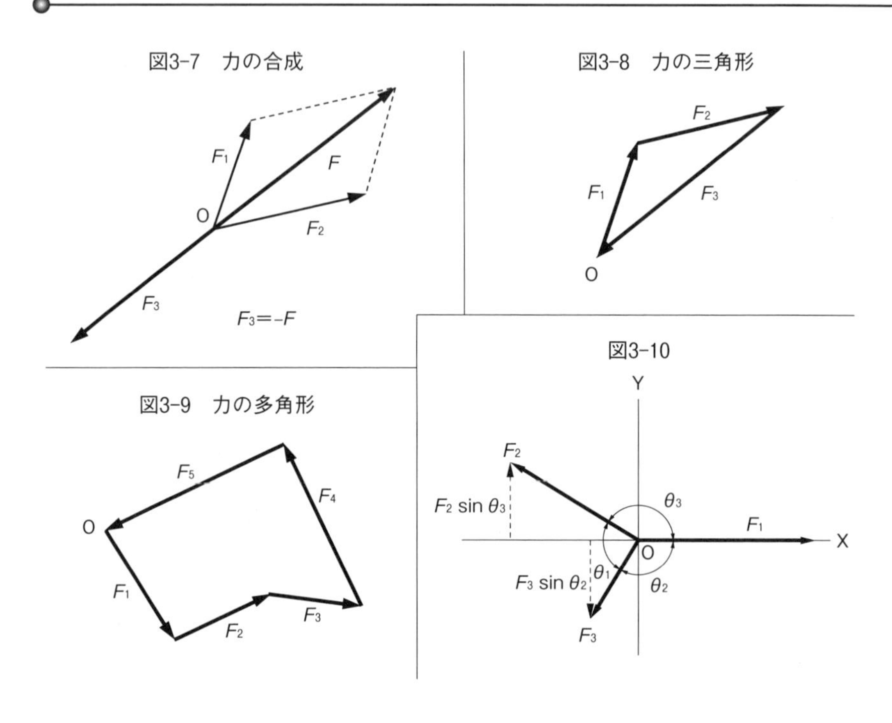

3力のつり合い――**図3-10**の一点Oにおいて，3力 F_1, F_2, F_3 が，F_1 と F_2，F_2 と F_3，F_3 と F_1 のそれぞれのなす角 θ_3，θ_1，θ_2 でつり合うとき，次の関係が成り立ちます。

$$(F_1/\sin\theta_1) = (F_2/\sin\theta_2) = (F_3/\sin\theta_3) \qquad (3)$$

ここで，**図3-11**のように，10kgwの荷重をOA，OBの綱でつり下げられたとき，OA，OBにかかる引張り力を求めてみましょう。この場合，O点では2つの綱の張力と荷重の10kgwとがつり合っていますので，OA，OBの張力をそれぞれ F_1，F_2 とすれば，F_1，F_2 の垂直分力の和は10kgwに等しい。また F_1，F_2 の水平分力は等しいことから，

$$F_1\cos 60^\circ + F_2\cos 30^\circ = 10$$

$$F_1\sin 60^\circ - F_2\sin 30^\circ = 0$$

この連立方程式を解けば<注3>，$F_1 = 5$kgw，$F_2 = 8.66$kgw が求められます。

なお，式(3)から，

図3-11

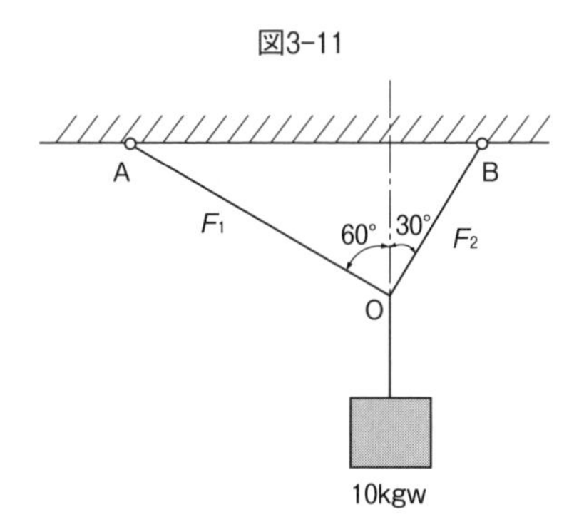

$F_1/\sin 150° = 10/\sin 90°$,

$F_2/\sin 120° = 10/\sin 90°$

としても求められます<注4>。

3 作用点の異なった力のつり合い

1 つり合う条件

作用点の異なった多数の力がつり合うためには，(a)合力が0であること，(b)任意の点の周りのモーメントが0であること，の2つの条件を同時に満足しなければなりません。つまり，一般にn個の力 F_1，F_2……F_n が物体に働くとき，直角2方向の分力を X_1，X_2……X_n，Y_1，Y_2……Y_n とし，任意の点Oの周りのそれぞれのモーメントを M_1，M_2……M_n とすれば，

$$\left.\begin{array}{l} X_1+X_2+\cdots\cdots+X_n=0 \\ Y_1+Y_2+\cdots\cdots+Y_n=0 \\ M_1+M_2+\cdots\cdots+M_n=0 \end{array}\right\} \quad (4)$$

とならなければなりません。

2 平行力のつり合い

図3-12のように，長さℓの棒ABを両端で支え，任意の点Cに荷重 W を加えたとき，支点A，Bに荷重と反対向きの力（反力という）R_A，R_B が生じる。この場合，つり合いの条件から次の関係が成り立ちます。

$$\left.\begin{array}{l} W=R_A+R_B \\ R_A=W\cdot b/\ell \\ R_B=W\cdot a/\ell \end{array}\right\} \quad (5)$$

図3-12

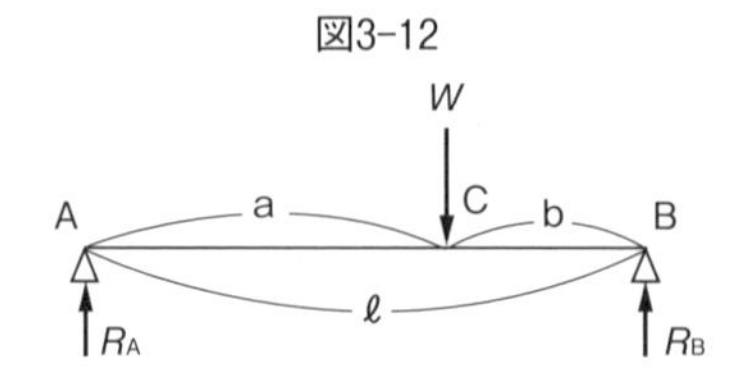

これは，つり合いの条件から合力は0になるので，$W-R_A-R_B=0$ から $W=R_A+R_B$。また，任意の点の周りのモーメントも0になりますので，B点の周りのモーメントは，

$-R_A\times\ell+W\times b+R_B\times 0=0$，

したがって，$R_A=W\cdot b/\ell$ となり，さらに，

$R_B=W-R_A=W-W\cdot b/\ell$

$=(W\cdot\ell-W\cdot b)/\ell=W(a+b-b)/\ell$

$=W\cdot a/\ell$ となるわけです。

図3-13を見てください。これは前出の例題2（23ページ）を転用したもので，今度は，つり合いの合力 F の値と位置を求めてみましょう。

つり合いの条件から合力は0，

$-F+F_1+F_2=0$　つまり $F_1+F_2=F$

$10+30=40$，$F=40$〔N・m〕

C点の周りのモーメントも0，

$F_1\ell_1-F_2\ell_2=0$　つまり

$F_1\ell_1=F_2(\ell-\ell_1)$

これから ℓ_1 を求めると

$\ell_1=F_2\ell/(F_1+F_2)$

$\ell_1=30\times600/40=450$〔mm〕

図3-13

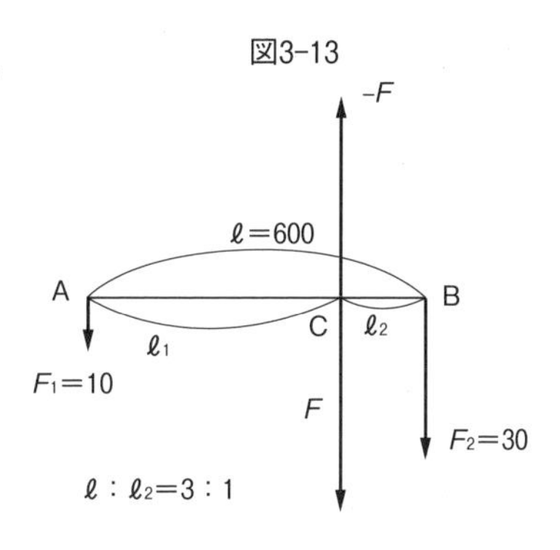

また，別のいいかたでは，C点は ℓ を $F_2:F_1$ に内分する点，つまり600mmを30：10（3：1）に内分する点がC，というわけです。

【例題1】 支点A，Bで，水平に支えた長さ1mの均質な棒があり，支点Bから400mmの点に重さ10kgwの荷重をかけると，支点A，Bおける反力は，それぞれいくらか。

［考えかた］ つり合いの条件から支点A，Bの周りのモーメントの和が0になることから，式(5)が使える。

［解答］ 支点A，Bの反力を R_A，R_B とする。

$R_A=W\cdot b/\ell=10\times400/1000=4$[kgw]

$R_B=W\cdot a/\ell=10\times600/1000=6$[kgw]

なお，R_B は，$W = R_A + R_B$，つまり $R_B = W - R_A$ から10－4＝6[kgw]として求めた方が簡単。

【例題 2】 図3-14のように，両側に200 N（20.4 kgw）と50N（5.1kgw）の物体 W_1，W_2 を綱で吊るした滑らかな滑車において，W_1 が地面についているとき，(1) AB 部分の引張り力，(2) W_1 が地面から受ける垂直抗力を求めよ。

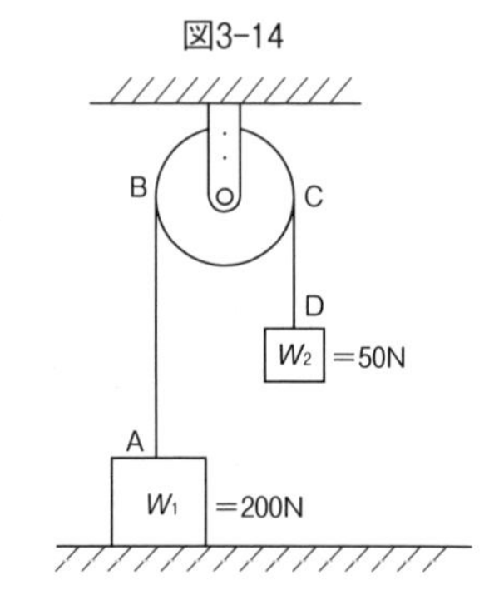

図3-14

[考えかた] 図の点 C で考えると，綱は物体 W_2 ため50N（5.1kgw）の力で引っ張られ，これが求める引張り力となる。また，物体 W_1 には垂直上向きに綱の引張り力 T，垂直抗力 t，垂直下向きに重力200N（20.4kgw）が働く。力のつり合いを考えて $T + t =$ 200N（20.4kgw）となる。垂直抗力 $t = T - 200$N（20.4kgw）。

[解答] W_1 に働く力は，重力，地面からの垂直抗力 t，綱の引張り力 T である。

(1) 綱の引張り力は滑車の両端で等しいから，$T = 50$〔N(5.1kgw)〕

(2) 3力のつり合いにより

$50 + t = 200 \quad \therefore t = 150$N(15.3kgw)

4 平面トラスに働く力

1 トラスとは

直線部材の結合からできたもので外力に耐える構造のものを骨組あるいは骨組構造という。その結合点を節点と呼び，節点がピン結合で回転できる構造物をトラス（truss）といいます。節点がピン結合（滑節）でなく，固定（剛節）されて部材間の角度が変わらない骨組構造物をとくにラーメンといいます。部材がすべて同一平面にあると考えて差支えない場合，これを平面トラス（図3-15）といっています。トラスの各部材を組子といい，次のような性質があります（図3-16）。

a.　各組子には，組子の軸線方向に力が働きます。

b.　組子が両端の節点から受ける力は，大きさが等しく，向きが反対です。

c.　引張り力を受ける組子（引張り材），圧縮力を受ける組子（圧縮材）は，いずれも部材内部に，もとの長さに戻そうとする抵抗力（応力）が発生します。

図3-15　トラス

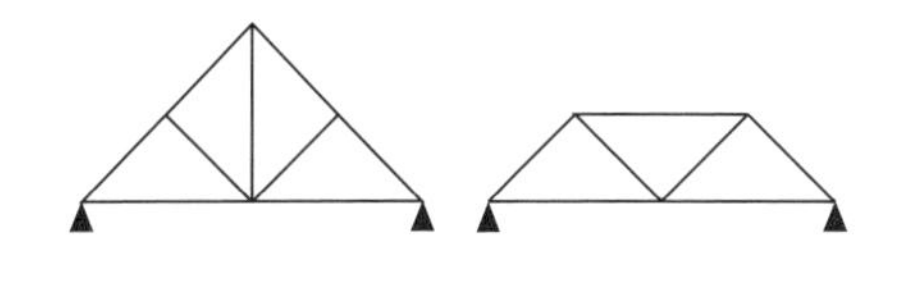

図3-16　トラスの組子の性質

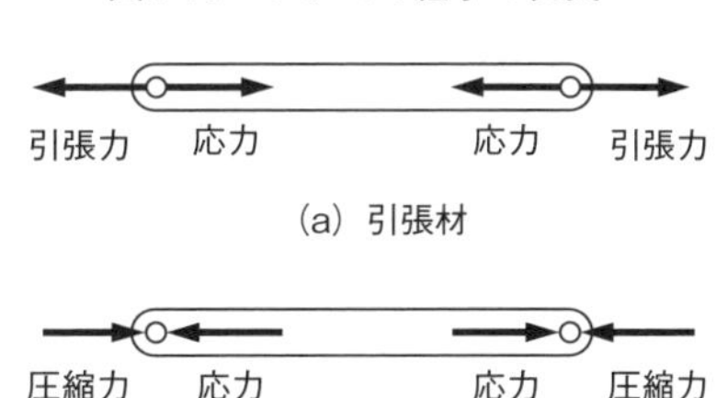

2 トラスに働く力の計算

トラスでは，各節点に働く力はつり合っています。つまり，各節点に働く力の合力は，それぞれゼロになります。

図3-17は２点Ａ，Ｂで支えられたトラスの例です。このトラスのＣ点に100N の荷重が働くとき，支点Ａの反力 R_A，支点Ｂの反力 R_B と，各組子に発生する抵抗力（応力）の種類と大きさを考えてみましょう。

各節点では，力はすべてつり合っていますので，各節点ごとに働いている全部の力の水平分力の和，および垂直分力の和が，それぞれ０になります。ところで，物体に外力が働き，それがつり合うときは，物体内に外力と大きさが等しく向きが反対の抵抗力（応力）が発生することから，圧縮力を＋，引張り力を－，圧縮に対する抵抗力（応力）を－，引張りに対する抵抗力（応力）を＋というように符号を決めておきます。

さて，荷重100N の作用線はABの中点を通りますから，$R_A = R_B = 100/2 = 50$〔N〕

Ａ点のつり合い（**図3-17**の(b)）――

水平方向は，

$F_{AC} \cos 30° + F_{AD} \cos 0° = 0$

垂直方向は

$R_A + F_{AC} \sin 30° = 0$

図3-17

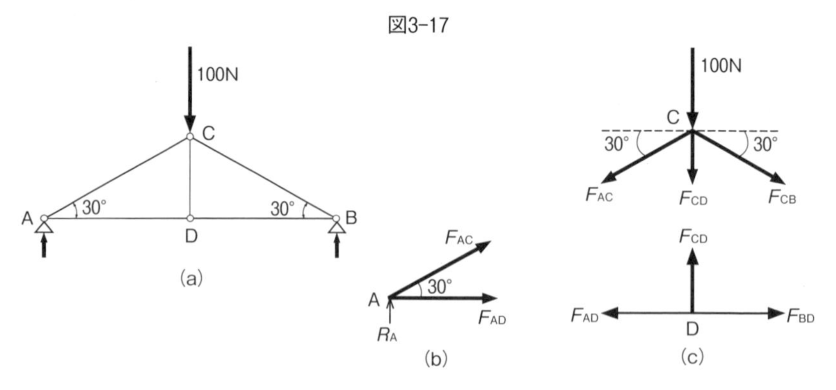

$$\begin{cases} F_{AC}\times\sqrt{3}/2+F_{AD}=0 \\ 50+F_{AC}\times 1/2=0,\quad F_{AC}=-100\ \text{〔N〕} \end{cases}$$

したがって，

$$-100\times\sqrt{3}/2+F_{AD}=0$$

$$F_{AD}=-(-100)\times\sqrt{3}/2\fallingdotseq 86.6\ \text{〔N〕}$$

C点のつり合い（図3-17の(c)）——

水平方向は，

$$-F_{AC}\cos 30°+F_{BC}\cos 30°=0$$

垂直方向は

$$-F_{AC}\sin 30°-F_{CD}-F_{BC}\sin 30°-100=0$$

$$\begin{cases} -(-100)+F_{BC}=0 \\ -(-100)\times 1/2-F_{CD}-F_{BC}\times 1/2-100=0 \end{cases}$$

したがって，

$$F_{BC}=-100\ \text{〔N〕}$$

$$F_{CD}=0$$

なお，D点のつり合いより

$$F_{BD}=F_{AD}=86.6\ \text{〔N〕}$$

以上のことをまとめれば，次のようになります。

反力はA，B点とも50Nです。各組子に生じる抵抗力（応力）は，ACが100N（圧縮）。AD，BDはともに86.6N（引張り）。BCは100N（圧縮）。なお，CDは0であり，この組子は力学上不要となります。

【例題3】 図3-18において，C点に500Nの垂直荷重がかかるとき，組子AC，BCに発生する応力の種類と大きさを求めよ。

[考えかた] つり合いの条件から節点Cに働いている全部の力の水平分力の和，および同じく垂直分力の和が，それぞれ0になるので，圧縮と引張りで符号を考えて計算で求めればよい。

[解答] 水平方向のつり合い——

$$-F_{AC}\cos 45°-F_{BC}\cos 60°=0\quad\cdots\cdots\cdots\cdots①$$

垂直方向のつり合い——

図3-18

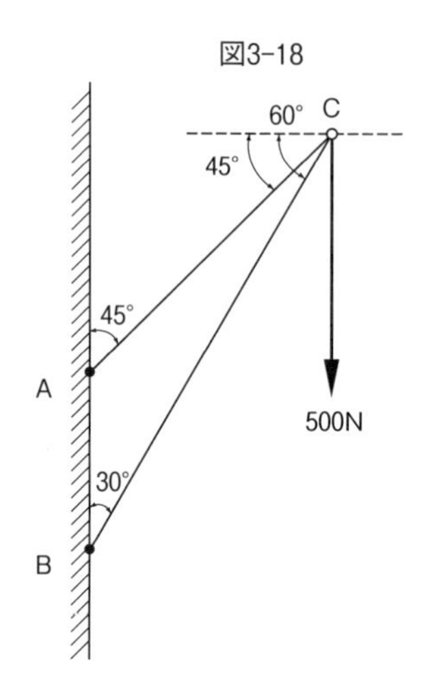

$-F_{AC}\ \sin 45° - F_{BC}\ \sin 60° - 500 = 0$ ……②

①と②から

$$\begin{cases} -F_{AC}\ 1/\sqrt{2} - F_{BC}\ 1/2 = 0 & \cdots\cdots③ \\ -F_{AC}\ 1/\sqrt{2} - F_{BC}\ \sqrt{3}/2 = 500 & \cdots\cdots④ \end{cases}$$

したがって，この連立方程式を解けばよい。

③－④

$-F_{BC}\ 1/2 + F_{BC}\sqrt{3}/2 = -500$

$(\sqrt{3}/2 - 1/2)F_{BC} = -500$

$F_{BC} = -1366$〔N〕<注5>

また，

$F_{AC} = -F_{BC} \times \sqrt{2}/2 = -(-1366) \times \sqrt{2}/2 \fallingdotseq 966$〔N〕

答――BCには圧縮力1366N，ACには引張り力966Nが生じる。

第4章

重　心

いきなり試験問題で申し訳ありませんが，**図4-1**を見てください。これは平成７年度の機械製図の技能検定に出題（真偽法）されたもので，“図の平面図形の図心は，a＝15mm の位置にある”――この記述が○（正しい）か×（誤り）か？ という問題です。

平面図形の図心Ｇの位置としてａの寸法を求める，というものです。図心というのはこの場合平面図形のいわば重心のことです。

この問題では図形が左右対称だから重心は対称軸線上にあることはすぐ判ることで，問題図でもＧと決めています。ところが，a＝15ということは，高さ30の1/2，つまり重心が上下の中央にあるといっている訳で，そんなことはあり得ないことは，これも感覚的にすぐ判ります。したがって解答は×です。この形のものを上下の真中で支えたら下の方が重くてつり合わないことは，一見して極めてはっきりしているからです。

では図心の正しい位置はどうなるか，それは真偽法という単なる○×式出題では，全く考える必要はありません。ａの寸法を求める問題でありながら，その値は求めなくてもよいのです。勘だけの×でOK，それで得点になります。

しかし，問題を提起したからには，話のはずみとはいえ，納得できそうな解説をする責任もありそうですから，これからお話しする理論を先取り

図4-1

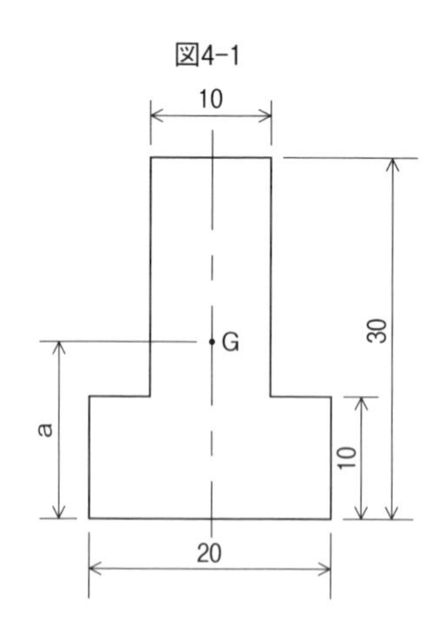

図4-2

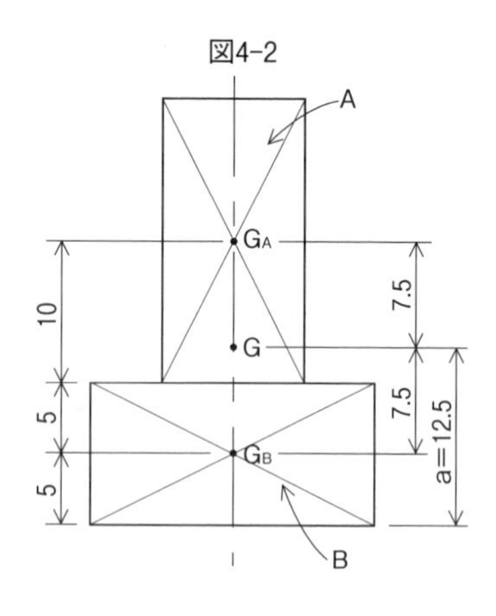

して，aの寸法を求めてみましょう。

図4-2のように，図形をAとBに分け，それぞれの重心をG_A，G_Bとします。すると，図形の重心はそのG_AとG_Bを結ぶ線の上にあります。ところで，AとBの面積は図の寸法数値からみて等しいので，重さは等しい訳で，そうなると重心はG_AとG_Bを結ぶ線の中央（中点）であるGの位置です。

つまり，$G_AG_B/2=(5+10)/2=7.5$

したがって，$a=5+7.5=12.5$〔mm〕ということになりました。$a=12.5$mmの点で上下，左右がつり合います。

1 重心とは

どんな品物でも，その物体の各部分はその部分の質量に比例する鉛直下向き<注1>の力を受けています。この力が重力です。

物体の各部分に働いている重力が，見掛け上１点に集まって作用すると考えられるその位置を重心といいます。例えば均質な棒では棒の中央，円板では円の中心にこのような点があるので，この点を支えてやると棒や円板が水平に安定します。また，物体を宙に吊るすと，吊るした点から引いた鉛直線上に重心が来て物体は静止します。したがって，物体の重心は物体を別々の点で吊るしたときの鉛直線の交点として求められます。

なお，幾何学で図形の図心といわれる点は，図形を均質な板（厚みは無限小）と考えたときの物理的な重心の位置と同じです。

このように，物体内には，もしその点を支えるならば，物体の姿勢にかかわらず必ずつり合いを保つという一定点があるのです。その一定点とは，前出“力のつり合い”でお話したつり合いの条件から，物体の各部分に働く重力のモーメントの和がちょうど０になる点です。この点のことを重力の中心（あるいは質量の中心），または重心というのです。つまり，物体に働く重力は，各部分の重力の大きさの和が重心に働いていると考えてよいわけです。

物体は無数の質点<注2>から成るものと考えられますから，それらの質点に働く重力（平行力となる）の合力は，物体の姿勢いかんにかかわらず重心に作用しなければなりません。したがって，重心の位置は，この合力の作用点の座標で表わすことができます。

2 重心の位置

いま，物体の任意の質点の重さを，w_1，w_2……w_n，これらの座標を，(x_1, y_1)，(x_2, y_2) …… (x_n, y_n)，物体の重さを，$W = w_1 + w_2 + \cdots\cdots + w_n$，重心の座標を，G(x, y) とすれば（図4-3参照），

X 軸の周りのモーメントは，

$w_1 \cdot x_1 + w_2 \cdot x_2 + \cdots\cdots + w_n \cdot x_n = W \cdot x$

Y 軸の周りのモーメントは，

$w_1 \cdot y_1 + w_2 \cdot y_2 + \cdots\cdots + w_n \cdot y_n = W \cdot y$

ですから，重心の位置は，

$$\left.\begin{aligned} x &= (w_1 \cdot x_1 + w_2 \cdot x_2 + \cdots + w_n \cdot x_n) / W \\ y &= (w_1 \cdot y_1 + w_2 \cdot y_2 + \cdots + w_n \cdot y_n) / W \end{aligned}\right\} \quad (1)$$

で表わされます。

なお，密度（質量密度；単位体積中の質量）が一定な（均質）物体のときは，W および w_1，w_2，……w_n は，それぞれ体積に，また，密度と厚さが一定な物体（均質な物体）のときは，それぞれ面積に置き代えることができます。

均質な物体の重心を図心ともいいます。

重心 G（図心）の二，三の例をあげれば，先ほどの一様な重さの棒（直線形）の中点，円板の中心のほか，正方形や矩形の板では対角線の交点，

図4-3

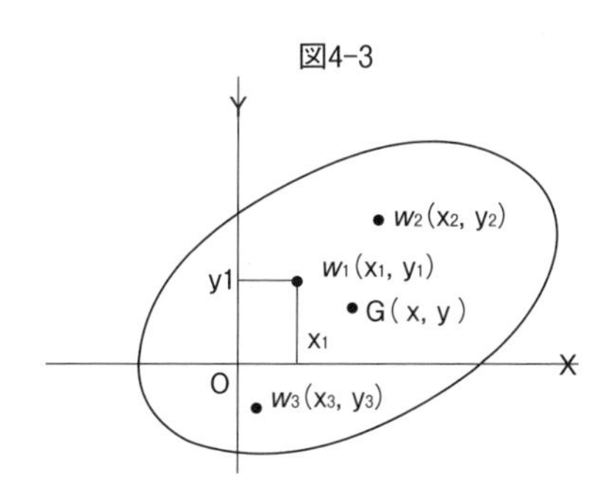

図4-4

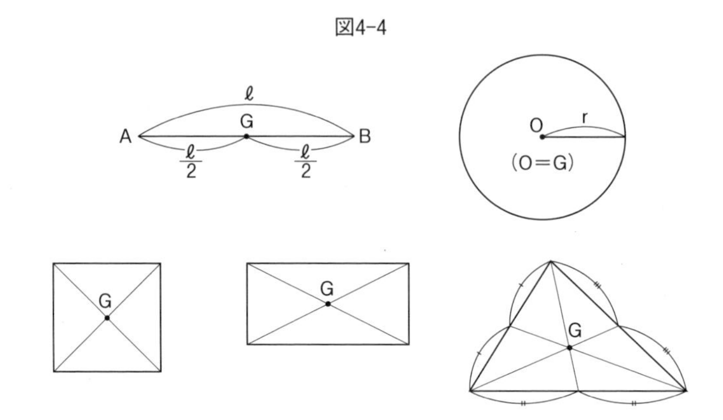

三角形の板では中線の交点です<注3>（図4-4）。

重心の位置を決定するについては，次のような原理（法則）があります。

(a) 物体の重心はただ１つであるから，ある２つの直線が各々重心を通るならば，その交点が重心である。物体中の一点を糸でつるせば，糸の延長線は重心を通る。同様に他の点をつるせばその糸の延長線も重心を通り，両者の交点として，重心を求めることができる。

(b) 均質の物体が対称軸または対称面をもつ場合，重心はその対称軸または対称面上にある。

(c) ２物体から成る物体系の重心は，各物体の重心を結ぶ直線を，両者の質量の逆比に内分する点である。

基本的図形および物体（立体）の重心——

材質と厚さが一様な平面形，あるいは，材質が一様な立体は，それぞれ重さの代わりに面積や体積が使えることから，重心は座標などの数式で示されます。主要な図形などの重心として便覧などの文献に載っているものの例を図4-5に示します。

図4-5　図心の例

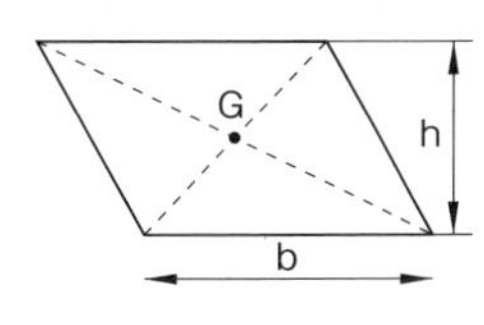

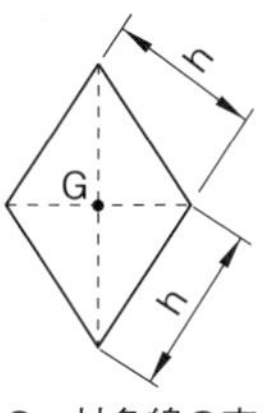

(a) 平行四辺形・菱形　　G；対角線の交点（互いに 1/2）

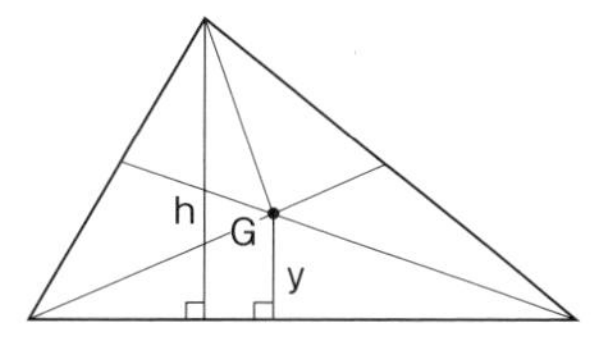

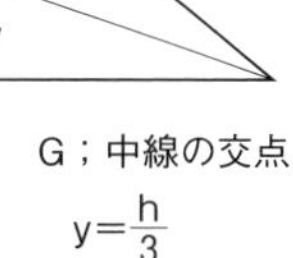

(b) 三角形　　G；中線の交点

$$y=\frac{h}{3}$$

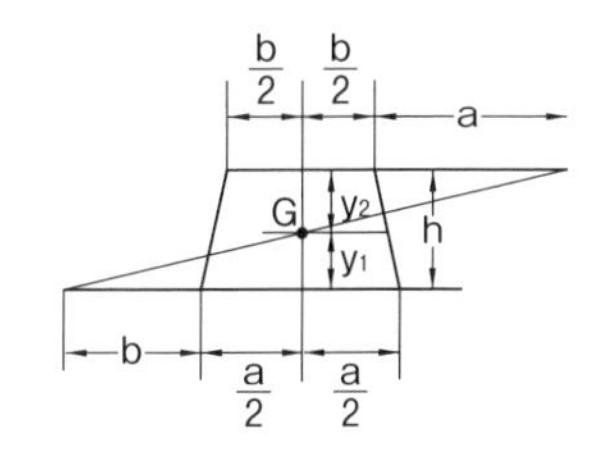

(c) 梯形

G；

$$y_1=\frac{2}{3}\cdot\frac{b+a/2}{a+b}\cdot h$$

$$y_2=\frac{2}{3}\cdot\frac{a+b/2}{a+b}\cdot h$$

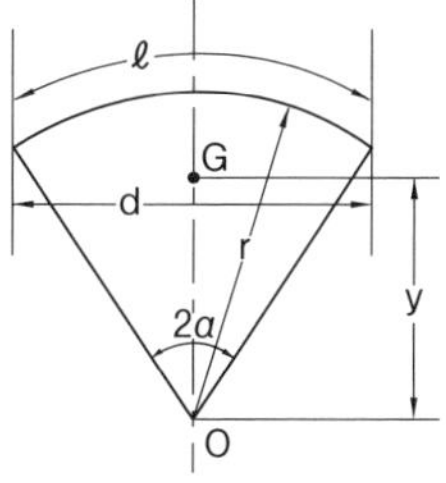

(d) 扇形

G；$y=\frac{2rd}{3\ell}=\frac{2}{3}\cdot\frac{r\cdot\sin\alpha}{\alpha}\cdot\frac{180^\circ}{\pi}$

半円　$y=0.424r$

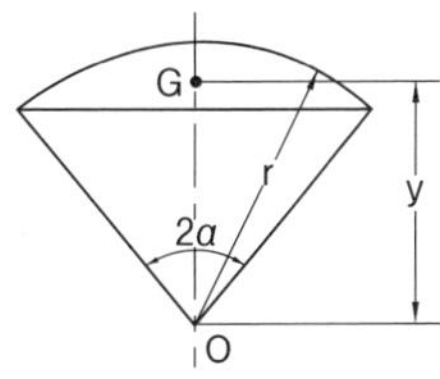

(e) 割円（弓形）

G；$y=\frac{2}{3}\cdot\frac{r^2\sin^3\alpha}{A}$

A；面積

$$A=\frac{1}{2}r^2\left(\frac{\alpha}{90^\circ}\pi-\sin 2\alpha\right)$$

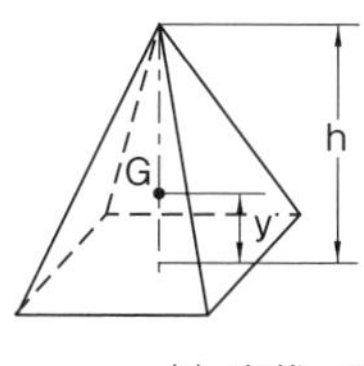

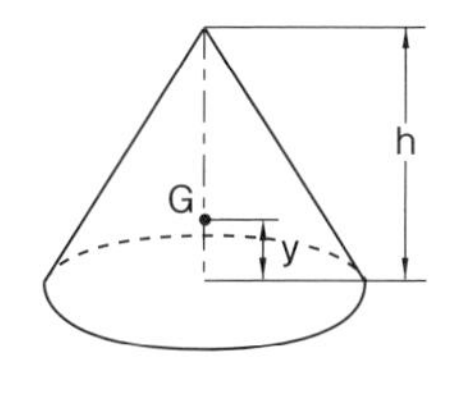

(f) 角錐・円錐

G；$y=\frac{h}{4}$

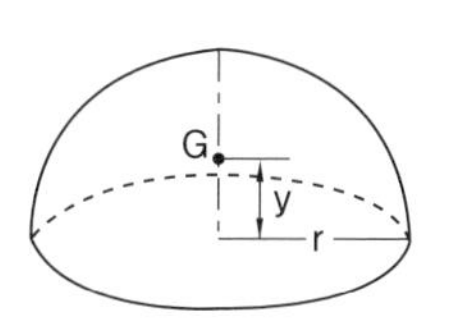

(g) 半球

G；$=\frac{3r}{8}$

3 図形の重心の求めかた

ここでは，実際にいくつかの事例について重心（図心）を求めてみましょう。

事例として**図4-6**(a)～(e)に示すものは，いずれも均質な板または立体であるとします。

求めかたの要点は，なるべく単純な図形の組み合わせとして考え，前項の位置決定の原則を当てはめて考えればよいのです。座標軸を設定する場合は，重心の位置をできるだけ示しやすいところに決めないと，計算に苦労します。

ところで，図形に切欠きや穴などの空間がある場合は，**図4-7**で説明するように，空間がないものとした重心のモーメントから，空間図形の重心のモーメントを差し引いて考えればよいのです。

図の場合，空間のない面積を S_1，その重心 G_1 の X 座標値を x_1 とし，空

図4-6

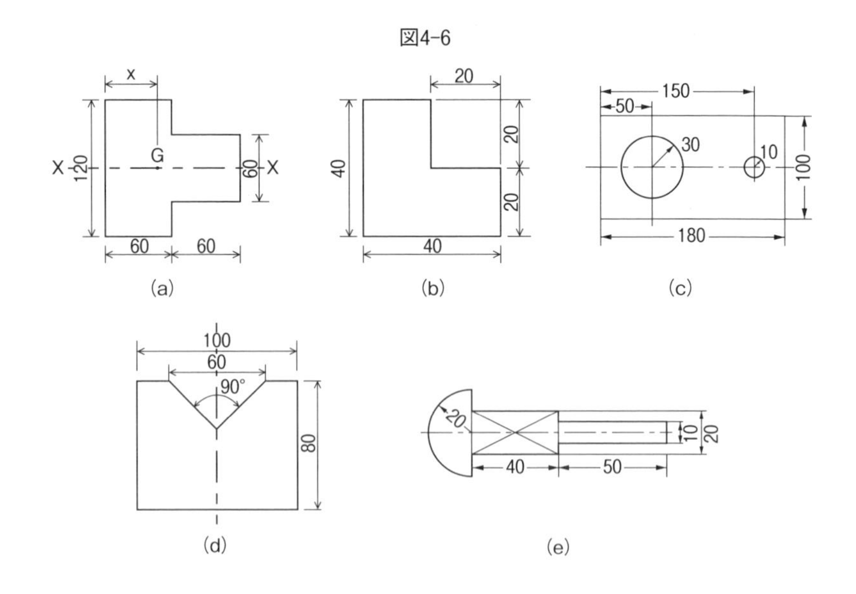

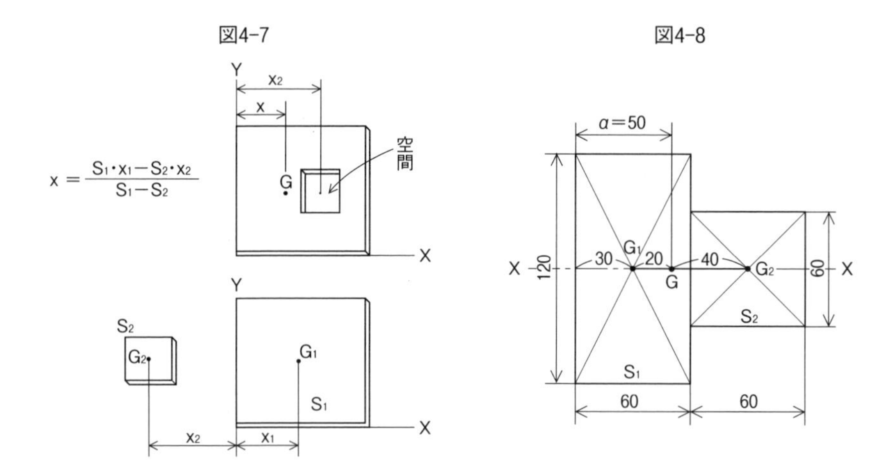

間図形の面積を S_2，その重心 G_2 の X 座標値を x_2 とすれば，G の X 座標値 x は次のように計算されます<注4>。

$$x=\frac{S_1\cdot x_1-S_2\cdot x_2}{S_1-S_2} \qquad (2)$$

各事例の考えかたと解答は，次のとおりです。

(a) ——

重心は対称軸線（XX）上にあります。ここで**図4-8**のように図を２つ（S_1，S_2）に分ければ，各々の重心は G_1，G_2 です。全体の重心は G_1G_2 間の G で，その位置は各々の面積 $S_1(120\times60=7200)$，$S_2(60^2=3600)$ の比（２：１）の逆比で G_1G_2 間を内分する点になります。したがって，a＝50［mm］です。

なお，重心が X 軸線上にあることから，式(1)を利用して次のように計算すれば簡単です。

重心の座標値を x，G_1 の座標値を x_1，G_2 の座標値を x_2 とすれば

$$x=(S_1\cdot x_1+S_2\cdot x_2)/(S_1+S_2)=\frac{7200\times30+90\times3600}{7200+3600}=50\ [\mathrm{mm}]$$

(b) ——

図4-9のように A，B の２つに分けます。面積 A の重心を G_A，その座標

図4-9

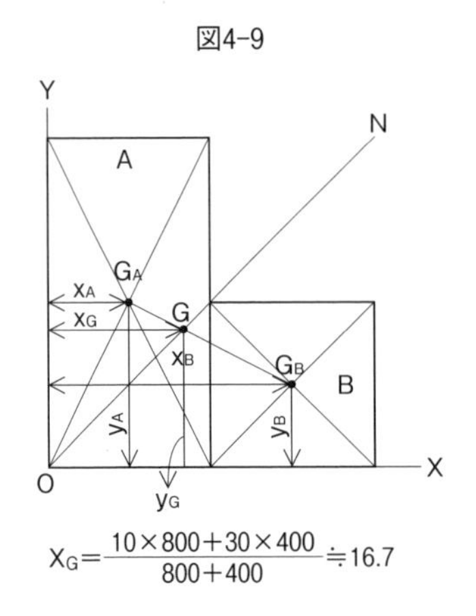

図4-10

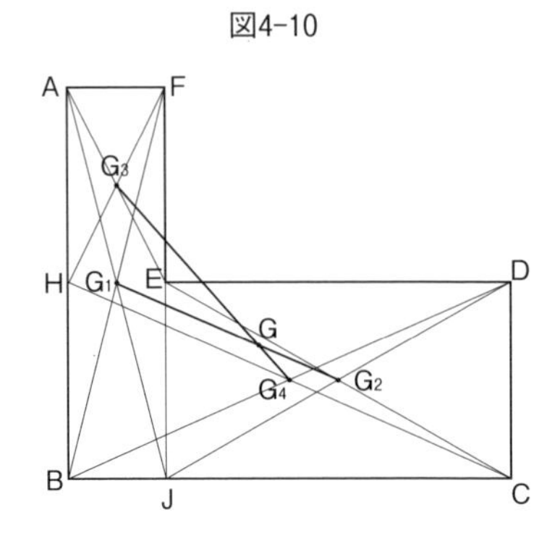

値を x_A, y_A，面積Bの重心を G_B，その座標値を x_B，y_B，図形の重心Gの座標値を X_G，Y_G として，次の式で求めます。

$$X_G = \frac{x_A \times A + x_B \times B}{A + B} = \frac{10 \times 800 + 30 \times 400}{800 + 400} \fallingdotseq 16.7 \text{〔mm〕}$$

この図形は0N線が対称軸になりますので，$Y_G = X_G$ です。

なお，作図でGを求めるには，Aの重心 G_A とBの重心 G_B を結ぶ直線と0N線の交点を求めればよいわけです。

また，参考までに一般にこのようなL字形図形の重心を作図で求める例を**図4-10**に載せておきます。まず，図形をABJFとEJCDの2つの長方形に分け，それぞれの重心 G_1，G_2 を求め直線で結びます。次に分けかたを変えて，AHEFとHBCDの2つの長方形に分け，それぞれの重心 G_3，G_4 を求め直線で結びます。そうすればその両直線の交点Gが重心です。

(c) ——

重心Gは横中心線（X軸）上にあります。**図4-11**のように左端の縦線をY軸，重心のX座標をxとします。B，Cの穴がない場合の長方形Aの面積をA，その重心の座標値を x_0(＝90)，面積Bの円の重心の座標値を x_1(＝50)，面積Cの円の重心の座標値を x_2(＝150) とすれば，式(2)の考えかたを応用して，次の式で計算します。

図4-11

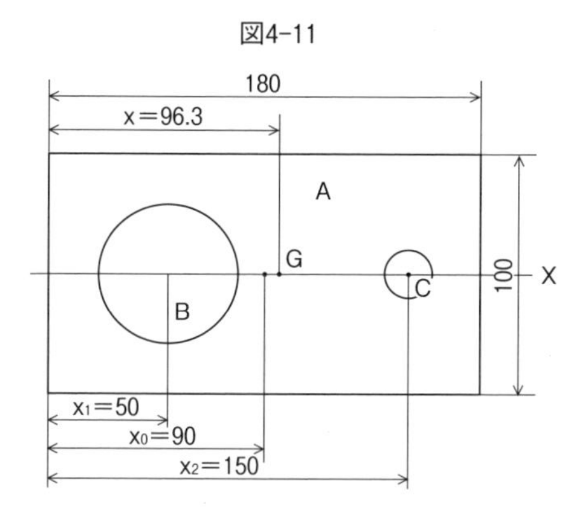

$$x=\frac{A\cdot x_0-B\cdot x_1-C\cdot x_2}{A-B-C}$$

ここで，$A=100\times180=18000$，$B=30^2\pi=2827.4$，$C=10^2\pi=314.16$

したがって，

$$x=\frac{18000\times90-2827.44\times50-314.16\times150}{18000-2827.44-314.16}\fallingdotseq96.3 \text{〔mm〕}$$

重心Gは中心線上，左端より96.3mmのところにあります。

(d) ——

図4-12のaのように底辺をX軸，縦の中心線をY軸とすれば，図形はY軸に対して対称形ですから，重心GはY軸上にあります。Gの座標値をy，長方形ABCDの面積をS_1，その図心（重心）をG_1，座標値をy_1，切欠きの三角形状の面積をS_2，図心（重心）をG_2，座標値をy_2としますと，yは次式で計算されます。

$$y=\frac{S_1\times y_1-S_2\times y_2}{S_1-S_2}$$

数値を当てはめれば

$$y=\frac{80\times100\times(80/2)-(60^2/4)\times(80-30/3)}{80\times100-60^2/4}\fallingdotseq36.197 \text{〔mm〕}$$

重心Gは中心線上で底辺から約36.2mmのところにあります。

図4-12

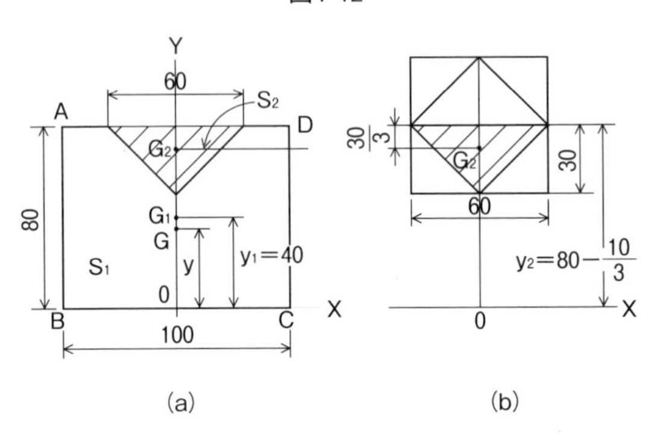

図4-13

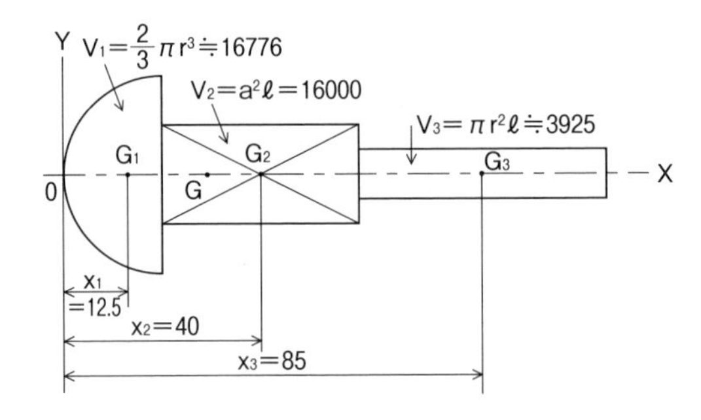

(e) ――

これは立体で3つの部分から成っており，重心Gは中心線（X軸）上にあります。立体を半球，正四角柱，円柱に分けて考え，**図4-13**のように中心線上の左端を原点とし，Gの座標値をx，半球，正四角柱，円柱の重心をそれぞれG_1, G_2, G_3，それらの座標値をそれぞれx_1, x_2, x_3，同じく体積をV_1, V_2, V_3とします。なお，半球の重心の座標値は**図4-5**(g)から考えて，この場合は

$x = r - 3r/8 = 8r/8 - 3r/8 = 5r/8$ です。

$$x = \frac{V_1 \times x_1 + V_2 \times x_2 + V_3 \times x_3}{V_1 + V_2 + V_3}$$

ここで，

$x_1 = (5/8) \times 20 = 12.5$

$x_2 = 20 + (40/2) = 40$

$x_3 = 20 + 40 + (50/2) = 85$

$V_1 = (2/3) \times \pi \times 20^3 \fallingdotseq 16755$

$V_2 = 20^2 \times 40 = 16000$

$V_3 = \pi \times 5^2 \times 50 \fallingdotseq 3925$

を上式に当てはめれば，

$$x = \frac{16755 \times 12.5 + 16000 \times 40 + 3925 \times 85}{16755 + 16000 + 3925} \fallingdotseq 32.25$$

したがって，重心は中心線上で左側の頭の先端から32.25mm のところにあります。

第5章

摩擦と力

1 すべり摩擦

1 静止摩擦

1）摩擦力

物体を水平な床面上に置いて力Pを加えると，その物体は動き出しますが，実際には，ある大きさ以上の力を与えないと物体は静止したままで動き出しません。これは物体と床の間に摩擦[注1]というものがあり，横に動かそうとする力Pに逆らう力F（外力Pと同じ大きさで向きが反対の力F）が床から物体に働くためです。この逆らう力Fを“摩擦力”といい，とくに，物体が静止しているときに働く摩擦力を“静止摩擦力”といいます。これは接触面の微細な凹凸のかみ合いとか，凝着から起きる現象といわれています。

静止摩擦力は，床（平面）に沿って物体を動かそうとするとき，初めて現われる力で，物体をどちらへ動かすかで生じる摩擦力の向きが変わって来ます。

図5-1(a)のように物体に力Pを加えると，摩擦力Fは物体の動きを妨げようとして，図のように左向きに働きますし，逆に(b)のように加えると，Fは右向きに働きます。物体に力を加えても動かない間は，FとPとは大きさが等しく向きが反対です。ということは，物体に働く2つの力はつり合っている，つまり，2つの力の和は0となるからです[注2]。

静止摩擦力Fは，常に接触面に沿って滑り動かそうとする外力Pと大

図5-1

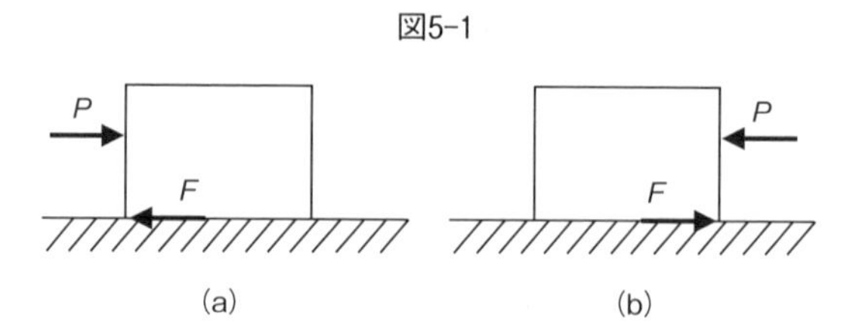

きさが等しくつり合いますが，Pがある値以上になった場合，静止摩擦力Fは一定限度以上には大きくなることができないため，つり合いが破れて($F<P$) 物体は運動を開始して床の上を滑り出します。その限界におけるつり合いを極限平衡といい，そのときの静止摩擦力を“最大摩擦力”といいます。

２）摩擦係数

物体が床の上に静止しているとき，物体には床からの垂直抗力P_Nが働きますが，最大摩擦力はP_Nが大きいほど大きくなります。つまり，最大摩擦力の大きさF_0は，物体が接触面からの垂直抗力P_Nに比例します（図5-2)。

図5-2

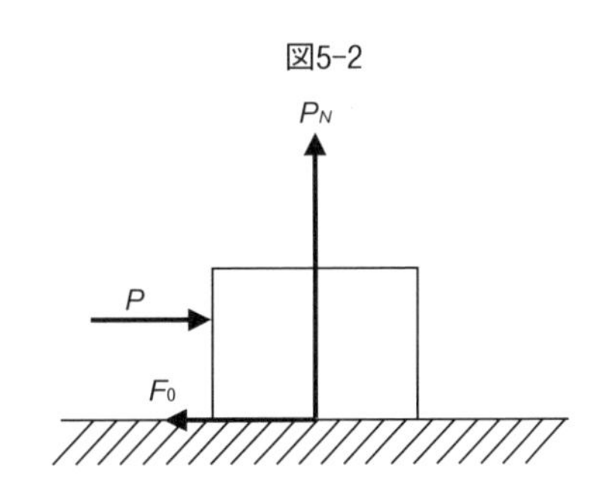

$$F_0 = \mu \times P_N \qquad (1)$$

この比例定数μを“静止摩擦係数”といい，材質や接触面相互の状態（湿度・温度，乾燥状態，潤滑剤の有無，面の粗さなど）に左右されますが，一般には接触面の大小に限らず一定値で，滑りやすいものほど係数は小さいのです。

一般に，物体が静止しているとき，摩擦力Fは最大摩擦力$F_0(=\mu P_N)$より小さいか，あるいは等しいので，

$$F \leqq \mu P_N \qquad (2)$$

の条件にあるとき物体は静止していて動きません。

最大摩擦以上の力で押せば，物体は床面を滑り始めますが，押すのを止めるとやがて止まります。このことは，滑り始めてからも床はやはり物体を止めようとする力を与えていることを示しているわけですから，この力も摩擦力ということになります。とくに後述の転がり摩擦と区別する場合は“滑り摩擦（力)”といいます。

なお，摩擦力の働くような床を，あらい床ということがあります。これに対し，摩擦がないような理想的な床をなめらかな床といい，静止摩擦

係数は0です。

静止摩擦係数の値ついて——

同じ質量のものなら，静止摩擦係数μの小さいものほど，小さな力で動かすことができます。μの値は物体の種類と床の種類との組み合わせで違い，実験的に決められています。便覧などに載っていますが，**表5-1**はその一例です。なお，実際には接触面の乾・湿，表面粗さ，圧力，速度，付着物などにより，場合によっては数値が2倍以上も異なることがあります。

表5-1　摩擦係数の一例

<注3>

物　　質	静止摩擦係数	動摩擦係数
鋼鉄と鋼鉄	0.15	0.03～0.09
鋳鉄と鋳鉄	0.16	0.15
鍛鉄と鋳鉄	0.19	0.18
鋼鉄と氷	0.027	0.014
樫（堅い木）と金属	0.6	0.4
樫と樫（木目に平行）	0.6	0.5
皮革と金属，木材	0.4	0.3
ガラスとガラス	0.9	0.4

【例題1】 質量2kgの物体が机の上に載っているとする。この物体と机との間の静止摩擦係数が0.55であるとして，この物体を横に引っ張って動かす最小限の力を求めよ。

［考えかた］物体を動かすには最小限として最大摩擦力だけの力が必要で，それを求めるには式(1)を使用します。垂直抗力 $P_N = 2 \times 9.8 = 19.6$〔N〕です。

［解答］$F_0 = 0.55 \times 19.6 = 10.78$〔N〕

3）摩擦角

図5-3のように，垂直抗力P_Nと最大摩擦力F_0で作られる長方形の対角線が，P_Nの方向となす角θを"摩擦角"といいます。

図5-4を見てください。床Bに置かれた物体Aに，斜めの力Pを加える場合，Pと接触面の垂線とのなす角θ（同図(b)）が小さい間は滑りません

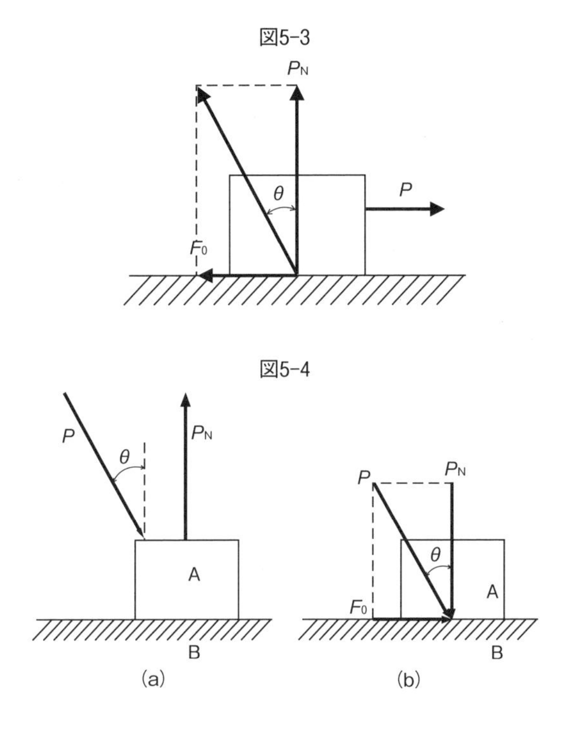

が，θ を次第に大きくしていき，ある角度になると滑り出します。その限界の角度 θ が摩擦角だということが納得できるしょう。

$F_0/P_N = \tan\theta$ であり，また式(1)から $F_0/P_N = \mu$ ですから，

$$\mu = \tan\theta \tag{3}$$

となります。つまり，摩擦角の正接の値が静止摩擦係数なのです。

図5-5を見てください。水平面と θ の角度をもつ斜面に重さ W の物体が静止しているとします。W を斜面に垂直な成分 $W\cos\theta$ と，斜面に平行な方向の成分 $W\sin\theta$ とに分け，斜面に平行な方向の力のつり合いを考えると，摩擦力 F は，$F = W\sin\theta$ で表わされます。

物体が滑り出す限界では，この F（$= W\sin\theta$）は最大摩擦力 F_0（$= \mu P_N$）に等しくなります。つまり，$F = \mu P_N$ ですから，$W\sin\theta = \mu P_N$ でなければなりません。

図5-5

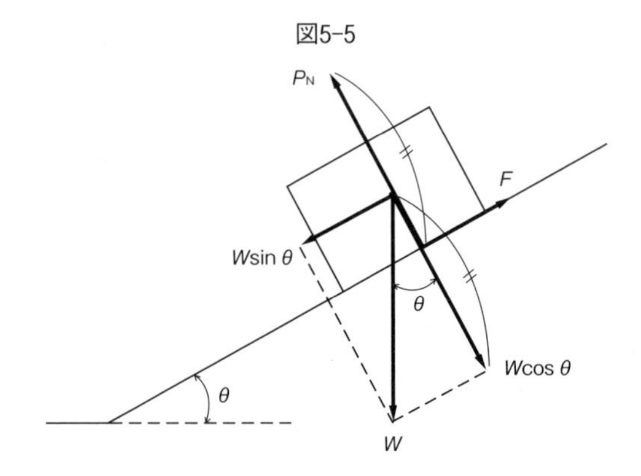

また，斜面に垂直な方向の力のつり合いを考えると，$P_N = W\cos\theta$ ですから，これを $W\sin\theta = \mu P_N$ に代入すると，$W\sin\theta = \mu W\cos\theta$ となります。

ここで，$W\sin\theta / W\cos\theta = \tan\theta$ ですから，$\tan\theta = \mu$ となります。つまり，斜面を傾けて行ったとき，物体が滑り出すその瞬間の角度を摩擦角といってよいことになるのです。なお，摩擦角は ϕ で表わすのが一般的です。

【例題２】 重さ20kgwの物体を水平面上で動き出させるために必要な力(N)を求めよ。ただし，摩擦角を30°とする。

[考えかた] 式(3)で摩擦角から静止摩擦係数を求め，式(1)で力を計算します。

[解答] $F_0 = \mu \times P_N = \tan 30° \times 9.8 \times 20 = 0.5774 \times 196 \fallingdotseq 113.17$〔N〕

【例題３】 水平面と30°の角度をなす斜面に重さ30kgwの物体が置かれている。物体と斜面との静止摩擦係数が0.5であるとき，(1)斜面に平行な力を加えて，この物体を斜面に沿って下の方に動かすには，最低どれだけの力が必要か。(2)逆に引き上げるには，最低どれだけの力が必要か。

[考えかた] 加える力を P，摩擦力を F とします（**図5-6**）。(1)物体は下方に動こうとしますから，F は斜面に沿って上向きに働きます。斜面に垂直方向のつり合いから $P_N = W\cos\theta$ となり，また斜面に平行方向のつり合いから　$P + W\sin\theta = F$ となります。つまり $P = F - W\sin\theta$。そして物体が滑り出す直前で $F = \mu P_N$ であることを考えればよいのです。(2)$P_N =$

図5-6

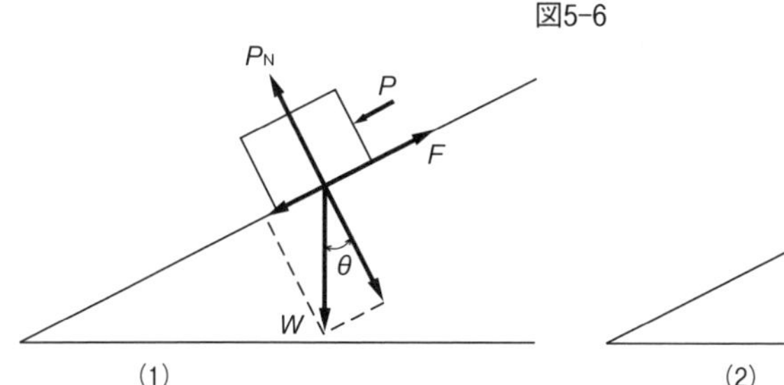

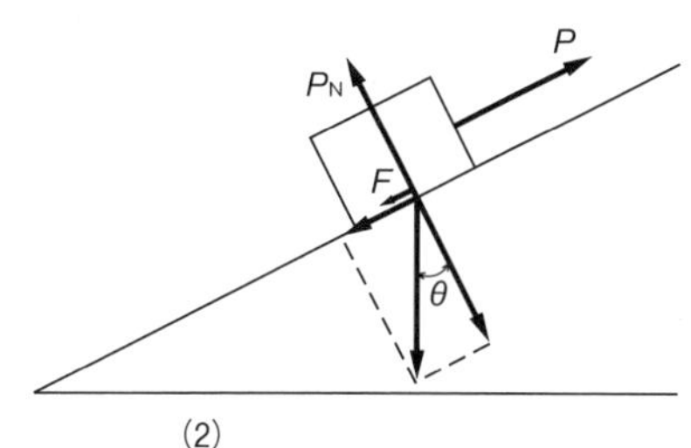

$W\cos\theta$ は同じですが，F は斜面に沿って下向きに働きます。斜面に平行方向のつり合いから　$P=F+W\sin\theta$ となります。

[解答]（1）$P_N=W\cos\theta$ だから，物体が滑り出す直前では

$F=\mu W\cos\theta=0.5\times30\times\sqrt{3}/2\fallingdotseq16.89$

これを $P=F-W\sin\theta$ に当てはめると，

$P=16.89-30\times0.5$　$P=1.89$　単位Nにして

$1.89\times9.8\fallingdotseq18.52$〔N〕……………答

（2）F は同じ16.89　$P=F+W\sin\theta$ に当てはめると，

$P=16.89+30\times0.5=31.89$　　単位Nにして

$31.89\times9.8\fallingdotseq312.52$〔N〕…………答

くさび（楔）について——

図5-7(a)はくさびを打ち込む場合，(b)は引き抜く場合を示しています。(a)において，くさびに働く外力は，打ち込む力 P，側面に垂直な力 Q と平行の摩擦力 F の３つです。

くさびの中心線からの側面の傾斜角を α とすれば，これら３力の中心線の方向のつり合い（滑ろうとする直前の状態，極限平衡）の関係は，

$P=2(Q\sin\alpha+F\cos\alpha)$，摩擦の性質から $F=\mu Q$ ですから，これを代入すれば，

$P=2Q(\mu\sin\alpha+\cos\alpha)$

同様に(b)においては

$P+2Q\sin\alpha=2F\cos\alpha$，$F=\mu Q$ ですから，これを代入すれば，

図5-7

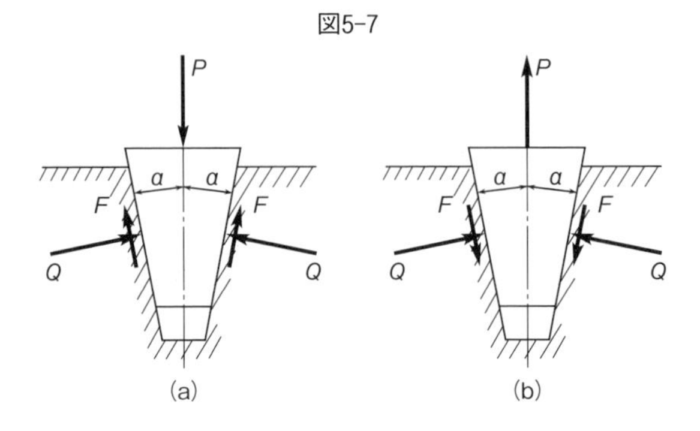

$P=2Q(\mu\cos\alpha-\sin\alpha)$

この式において，$\sin\alpha=\mu\cos\alpha$とすれば，$\mu=\sin\alpha/\cos\alpha=\tan\alpha$，つまり摩擦角$\phi=\alpha$ならば$P=0$となりますから，くさびを抜くのに力はいりません。このことは，くさびが自然に抜け出せないようにする，つまり自締作用（セルフ・ロック）をさせるためには，αを摩擦角ϕより小さくすればよいことを示しています。

【例題 4】 ある物体間に打ち込まれたくさびが自然には抜け出さないためには，くさびの角度を何度にすればよいか。ただし，くさびの面と物体の摩擦係数を0.25とする。

[考えかた] 図5-7においてαを摩擦角より小さくすればよい訳ですから，摩擦係数μから摩擦角ϕを求め，それより小さい角度（2α）が答です。

[解答] $\mu=\tan\phi$，$0.25=\tan\phi$

$\phi\fallingdotseq 14°$ したがって $\alpha<14°$

求めるくさびの角度2αは28°以下。

2 運動摩擦

静止状態の物体が滑り始めて（動き始めて）運動状態になりますと，静止摩擦力Fより小さい値の摩擦力が接触面内に運動方向と逆向きに働きます。運動している物体に働く摩擦力を“動摩擦力”といい，大きさをF'

とすれば，静止摩擦と同様に垂直力 P_N に比例します（$F' = \mu' \times P_N$）。この比例定数 μ'を“動摩擦係数”といいます。

F'は一般に最大摩擦力よりも小さいので，動摩擦係数 μ'は静止摩擦係数より小さくなっています（**表5-1**参照）。なお，室温大気中の物体の乾燥面の動摩擦係数は，極めて低速の場合を除き，一般に静止摩擦係数の1/2程度と考えてよいようです（極めて低速の状態では静止摩擦係数の値に近づく）。

摩擦の法則——

一般に摩擦に関しては次の３つの事柄が成り立ちます。

(a) 摩擦は接触面間に加えられる垂直力に比例し，接触面積の大小に無関係である。

(b) 動摩擦は滑り速度の大小に無関係である。

(c) 一般に動摩擦係数は静摩擦より小さい。

これを摩擦の法則といいます。ただし，接触面の圧力がとくに大きい場合や小さい場合および速度が極めて低い場合には，この法則が当てはまらないことがあります。

【例題５】 傾き角30°の斜面上を，重さ W の物体が等速度で滑り落ちているときの動摩擦係数はいくらか。

[考えかた] 等速度という条件に注目してください。等速度で滑り落ちるということは，滑り落ちようとする力，つまり W の斜面方向の分力とその反対向きの力である動摩擦力とがつり合っているということです。

[解答] W の斜面方向の分力を P，動摩擦力を F とすれば，$P = W\sin 30°$，$F = \mu \cdot W\cos 30°$ で，$P = F$ ですから，両式の右辺は等しいわけで，

$$W \sin 30° = \mu \cdot W \cos 30°$$

$$\mu = W \sin 30° / W \cos 30° = \tan 30° \fallingdotseq 0.577 \qquad \cdots\cdots\cdots\cdots\cdots\cdots\text{答}$$

2 転がり摩擦

ころや車輪が転がるときにも，接触面に運動を妨げような力（摩擦）が働きます。ちょっと考えれば，接触面の微細な凹凸によるかみ合いが摩擦の原因だから，ころが平らな水平面上を滑らずに転がる場合には，摩擦現象は起こらないはずですが，実際には運動を妨げる転がり抵抗がありますので，これを“転がり摩擦”といいます。

これは物体（ころ）の重量による弾性変形などで，接触圧力の分布が転がるとき非対称になるために起こるとされています。したがって，水平面からの鉛直方向の反力 P_N は図5-8に示すように，ころにかかる荷重の位置よりfだけずれて先行し，両方の鉛直力は偶力となって抵抗モーメント M は，

$$M = f \cdot P_N \tag{4}$$

となります。

つまり転がり摩擦はモーメントで表わされます。そしてfが転がり摩擦係数になります。このfは長さの単位をもち，接触面の性質や状態だけでなく，圧力，ころの半径などによって決まりますので，滑り摩擦係数とは少し意味が異なります。一般に転がり摩擦は滑り摩擦に比べてはるかに小さい値です。

図5-8

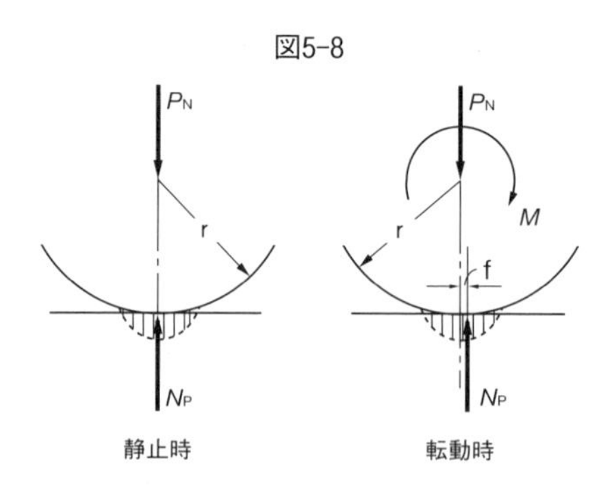

参考までに表5-2に転がり摩擦係数の一例を載せて置きます<注3>。

表5-2　転がり摩擦係数（fcm）の一例

物　　質	fの値（cm）
鋼鉄と鋼鉄	0.002～0.005
鋳鉄と鋳鉄	0.002～0.005
焼入れ鋼球と鋼軸受	0.0005～0.001
堅い木と堅い木（樫など）	0.05～0.08

なお，転がり抵抗は図5-9のように，転がし始めるために，ころの中心または上部に加える必要な力FまたはF'によって表わすこともあります。このときは，

$F=(f/\mathrm{r})P_{\mathrm{N}}$ あるいは $F'=(f/\mathrm{d})P_{\mathrm{N}}$

となります。

図5-9

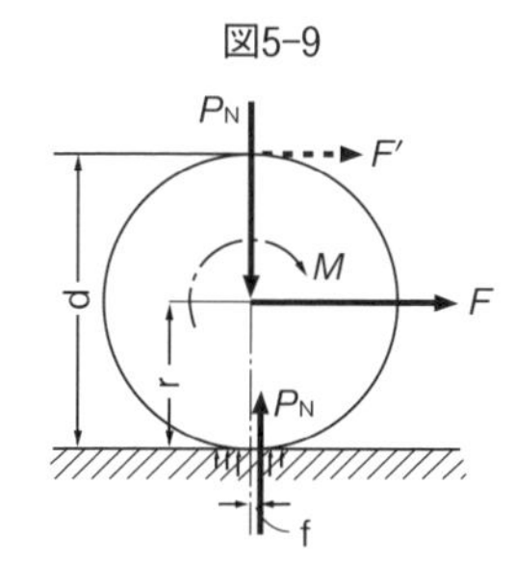

また，転がり摩擦の表わしかたとして，直圧力1t当たりの転がり抵抗の力の大きさ（kgw）があります。これは鉄道車両の転がり抵抗を示す場合に用いられています。

【例題6】 重量500kgwの物体を，径60mmのころ2個を使って移動させたい。力は物体に水平方向に加えるものとすれば，少なくともどれだけの力〔N〕が必要か。ただし，転がり摩擦係数は，機械ところが0.01cm，ころと床が0.03cmであるとする。

[考えかた] この物体を動かすのに必要なモーメントが，物体ところ，ころと床の転がり摩擦力の総和に等しいとして計算します。必要なモーメントは加える力をFとすれば$F\times 6$〔N·cm〕です。

[解答]

転がり摩擦力の総和は，

$2\times 0.01\times 9.8\times 500/2+2\times 0.03\times 9.8\times 500/2=49+147=196$〔N〕

$F\times 6=196$　　$F=32.7\mathrm{N}$ ………………答

第6章

運動と力，速度

1 運動とは

1 変位と経路

ある物体が時間とともにその位置を変えることを“運動”といいます。つまり，運動とは物が動いている力学上の状態のことです。例えば，動物が歩いたり走ったりしている状態，りんごが重力のために落下している状態，地球が太陽の周りを運行している状態など，いずれも力学の対象となる運動です。

物体が位置を変えることを“変位”といい，その物体が変位するために，通った道を“経路”といいます。変位は，始点と終点の位置で決まり，大きさと方向を持つのでベクトル量です。

したがって，図6-1(a)のように位置Aにあった物体が，ある経路をたどってBに変位したとき，仮りに経路の中間点Cを考えて(b)のように置き換えると，変位のベクトル$\overline{\mathrm{AB}}$は，ベクトル$\overline{\mathrm{AC}}$と$\overline{\mathrm{CB}}$との和になることは，力の合成の場合と同様に考えてよいのです。

図6-1

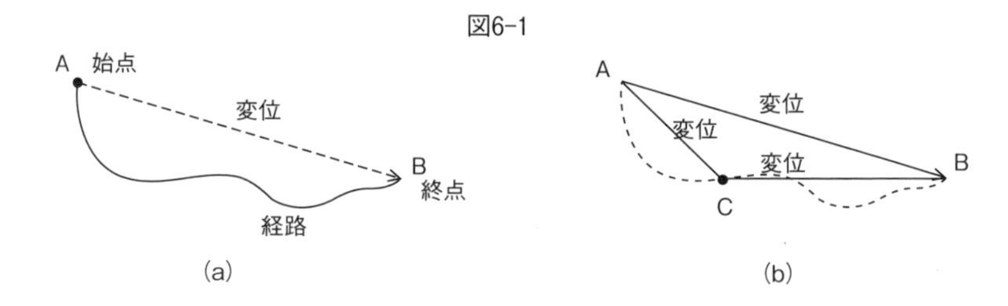

2 運動と速度

運動の状態を知るためには，どれだけの時間にどの方向にどれだけの距離（長さ，変位量）進んだかを知らなければなりません。つまり，時間，距離，方向の3要素が必要です。

ところで，単位時間当たりに進んだ距離（変位）を“速さ”といい，進んだ方向も一緒に考えたものを“速度”といいます。したがって，速さはスカラーであり，速度はベクトルです。SI 単位では，１秒間に１メートル進む速さ（メートル毎秒）を単位とし，m/s で表わします。

速度の変わりかたのようすを示すのが加速度であり，その加速度は１秒間に速さを１秒当たり１メートルだけ変えるものを単位として m/s^2（メートル毎秒毎秒）で表わすことも，すでにお話し済みです。

１）速度の合成

いま走っている電車の速度を v_1 とします。この電車の中で，電車の進行方向に電車に対して v_2 の速度で歩く人がいるとします。

図6-2(a)に示すように，地面から見るとこの人は

$$v = v_1 + v_2 \qquad (1)$$

の速度で動いています。もし**図6-2**(b)のように，人が電車の進行方向と逆

図6-2

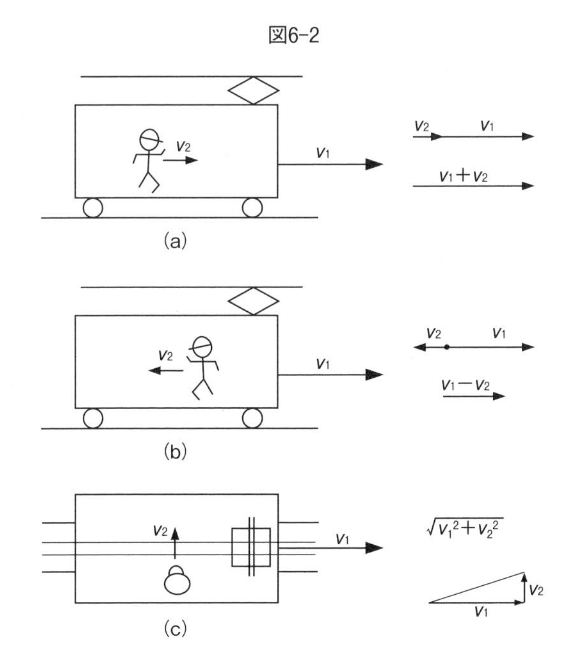

に歩けば，地面から見ると，この人は，$v=v_1-v_2$の速度で動いていることになります。さらに，図6-2(c)のように電車の進行方向と直角な向きに人が歩いたとします。この場合，単位時間の間に電車はv_1だけ進み，また人はそれに直角にv_2だけ動くから，地面から見ると，人は前方にv_1，横にv_2進んだことになります。したがって，人の速度ベクトルvは地面から見ると，v_1とv_2とのベクトル和として表わされます。つまり，人の速度は地面から見ると，三平方の定理から，

$$v=\sqrt{{v_1}^2+{v_2}^2} \tag{2}$$

で求められます。

2）相対速度

２つの物体が運動しているとき，一方の物体から見た他方の物体の運動を相対運動といい，このときの速度を相対速度といいます。例えば，走る車中から見る雨は斜めに見えます。地面に対する車の速度をv_1，雨の速度をv_2とすれば，地面は車に対して$-v_1$で動き，雨は地面に対してv_2で動きますから，雨の車に対する速度をvとしますと，vはv_2と$-v_1$の和，$v_2+(-v_1)$で，$v=v_2-v_1$となります。

3 運動の法則

運動の法則とは，物体の運動現象に関する３つの法則で，力学における基本的な法則であって，私どもの身の周りで起こるすべての力学的な現象は，この法則を用いて説明することができます。もっとも材料力学の話には直接の関係はなさそうですが，力を扱う記事ではこの法則が常にかかわっていますので，公理のように認識しておかなくてはなりません。

1）慣性の法則（運動の第一法則）

物体に力が働かないと，物体はいつまでも静止しているか，または，等速直線運動を続けます。つまり静止している物体はいつまでも静止しているし，動いている物体はいつでも等速で動いています。これを慣性の法則といいますが，ニュートンが発表した文献の最初に述べられていますので，

これを運動の第一法則といいます。

例えば，走っている電車が急ブレーキをかけると，乗客は倒れそうになりますが，これは慣性の法則によります。

2）力＝質量×加速度（運動の第二法則）

物体に絶えず力が作用すると，加速度を生じ，その大きさは力の大きさに比例し，その方向は力の方向と一致します。力を F，物体の大きさ（質量）を m，加速度を a とすると，$F=ma$。物体の重さを W，重力の加速度と g とすると $F=(W/g)\cdot a$ となります。

例えば，野球やゴルフの打球は放物線を描きますが，これはこの運動の第二法則によって説明できます。

3）作用・反作用の法則（運動の第三法則）

作用には常に，これに等しく向きが反対の反作用があります。つまり，物体Ａから物体Ｂに力 F を及ぼすとき，必ず物体Ａには物体Ｂから $-F$ の力が働きます。例えば図6-3のように小舟に乗った人が竿で岸辺を突けば（作用）舟は岸辺を離れます（反作用）。この現象は作用・反作用の法則によるものです。

この法則は，物体Ａ，Ｂが静止していても，また運動していても成り立ちます。例えば，２人の人が手を引き合うとき，互いに相手を同じ力で引っ張りますが，このことは，２人が動いていても成り立つのです。

図6-3

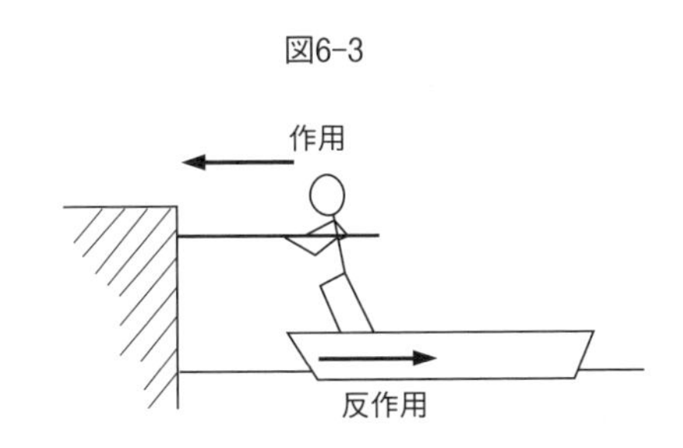

2 等加速度運動

1 等加速度運動とは

物体がある一定の加速度をもって運動するとき，この運動を等加速度運動といいます。例えば，落下運動，物体が斜面を滑り落ちるときの運動などで，自然界に起こる物体の運動は等加速度運動とみなせる現象は多いものです。

物体が加速の状態にあるとき，一定の加速度を a とすれば，時間が t だけ経つとその物体の速度は at だけ増加します。逆に減速の状態にあるときは，物体の速度は at だけ減少します。したがって，時刻 0 における物体の速度（初速度）を v_0 とすれば，物体が加速状態にあるとき，時刻 t における速度 v は，

$v=v_0\pm at$ （＋は加速，－は減速）

で表わされます。

なお，加速度は増加の場合を＋，減少の場合を－とすると上式は，

$$v=v_0+at \qquad (3)$$

でよいわけです。

次に，時間 t の間に動いた距離を S とすると，S は平均速度×時間ですから，平均速度を $(v_0+v)/2$ とすると，

$$S=\frac{v_0+v}{2}\cdot t=\frac{v_0+(v_0+at)}{2}\cdot t$$

となります。これを整理すれば，

$$S=v_0t+\frac{1}{2}at^2 \qquad (4)$$

式(3)，(4) から t を消去すれば，

$$v^2-v_0^2=2aS \text{〈注1〉} \qquad (5)$$

となります。

【例題1】 時速30kmで走っているとき急ブレーキをかけて停止するまでに距離10mを必要とする自動車がある。この自動車で時速60kmの速度から急ブレーキをかけた場合，停止するまで何秒かかるか。またその間に走る距離を求めよ。

[考えかたと解答] 式(5)を利用して，この自動車のブレーキの能力（出すことができる加速度の大きさ a）を求めてから，時間 t と距離 S を計算すればよいのです。

まず，時速（km/h）を秒速（m/s）に換算して，時速30kmは30×1000/3600≒8.334〔m/s〕，60kmは16.667〔m/s〕とします。

$v^2-v_0{}^2=2aS$ から a を求めて

$a=(v^2-v_0{}^2)/2S=0-8.334^2/2\times10=-3.473$〔$m/s^2$〕

加速度 $a=(v-v_0)/t$ ですから，時間 t は

$t=(v-v_0)/a$　で求められます。

$t=(0-16.667)/-3.473\fallingdotseq4.8$〔秒〕

制動距離は $v^2-v_0{}^2=2aS$ から S を求めて

$S=(v^2-v_0{}^2)/2a=0-16.667^2/2\times(-3.473)\fallingdotseq40$〔m〕

したがって，答は4.8秒と40m<注2>です。

2　物体の落下運動

物体が落下するとき，実際には空気の抵抗が働くので，物体の軽重・大小で落下速度は異なりますが，真空中のように空気の抵抗がなければ，物体の落下運動は，重力の加速度 g の等加速度運動です。

したがって，$a=g$ ですから，式(3)～(5)が成立し，落下距離をhとすれば，

$$v=v_0+gt \tag{6}$$

$$\mathrm{h}=v_0t+\frac{1}{2}gt^2 \tag{7}$$

$$v^2-v_0{}^2=2g\mathrm{h} \tag{8}$$

となります。

【例題２】 橋の上から，小石を静止の状態から落としたら３秒で水面に達した。橋の水面からの高さを求めよ。ただし空気の抵抗は無視する。

［考えかたと解答］ 式(7)を使えばよく，初速 v_0は静止の状態ですから０。g は9.8 m/s^2 として

$$h=\frac{1}{2}gt^2=\frac{1}{2}\times 9.8\times 3^2\fallingdotseq 44〔\mathrm{m}〕\cdots 答$$

なお，もし小石が水面に達したときの速度も求めるとすれば，式(6)を使い，$v_0=0$ だから $v=gt$ として，$v=9.8\times 3$ で速度は29.4m/s となります。

斜面上の落下運動について――

斜面上にある物体は，この斜面に沿って落下運動を行ないます。自由落下と違ってこの物体には重力以外に斜面からの垂直抗力が働きます。

摩擦が無視できる滑らかな斜面上（水平面と角度 θ をなす）を質量 m の物体が落下するとします。**図6-4**のように，物体に働く重力 $W=mg$ を斜面に垂直な成分 W_1と斜面に平行な成分 W_2に分解して考えると，垂直抗力 N は，$N=W_1=mg\cos\theta$ となります。

また，斜面に平行な方向では，物体には $W_2=mg\ \sin\theta$ の力だけが働きます。加速度を a とすると，$W_2=ma$ から，$ma=mg\ \sin\theta$ により，この物体の加速度 a は，

$$a=g\ \sin\theta \tag{9}$$

であり，この物体は加速度 $g\ \sin\theta$ での等加速度運動になります。

図6-4

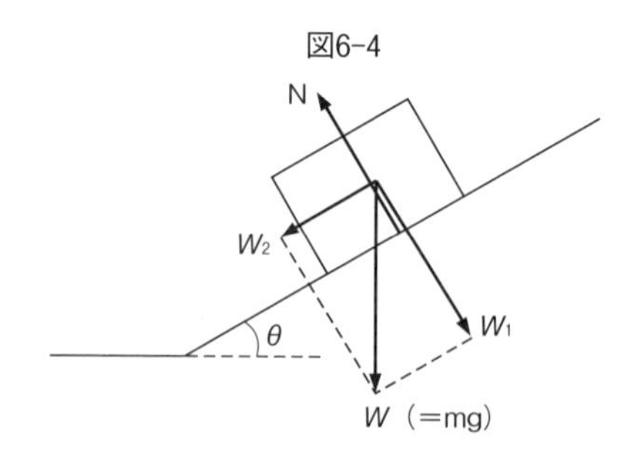

【例題3】 水平面と θ の傾きを持つ滑らかな斜面上にある物体を，高さ h のところから静かに落下させたとき，物体が水平面に達するまでの時間と，達したときの物体の速度を求めよ。

[考えかた] 物体は加速度 $g \sin\theta$ で斜面に沿って等加速度運動をしますので，t 時間経ったとき物体の進む距離 S は，

$$S=\frac{1}{2}(g \sin\theta)t^2$$

$S=\mathrm{h}/\sin\theta$ ですから（**図6-5**），上式から t を求めます。そして速度は，$v=(g \sin\theta)t$ に求めた t を代入すればよいのです。

図6-5

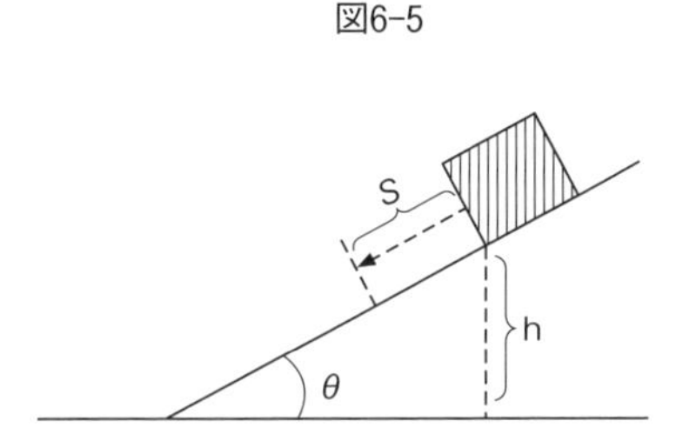

[解答] 次式の通りです。

$$t=\frac{1}{\sin\theta}\sqrt{\frac{2\mathrm{h}}{g}}$$

$$v=\sqrt{2g\mathrm{h}}$$

3　放物運動

水平方向に物体を投げると，その物体は投げた方向と鉛直方向で作られる平面内で運動します。この運動は**図6-6**に示すような軌跡を描きます。これは，時間が経つとともに鉛直方向の速度（分速度）は重力の加速度 g のために変化しますが，水平方向の分速度は変化しないことを示しています。このような軌跡を放物線といい，その運動を放物運動といいます。

図6-6のように，物体を投げ出す点を原点にとり，水平方向に X 軸，鉛直下方に Y 軸をとります。この物体には時刻 0 で物体は原点 O にあるとし，水平方向に初速度 v_0 で投げ出されたとします。

物体に働く力は，空気の抵抗などを無視すれば重力だけです。つまり，X 方向には力は働かないわけで，慣性の法則（運動の第 1 法則）より，X 方向では等速運動です。この速度は v_0 ですから，時刻 t に物体のある点の

図6-6

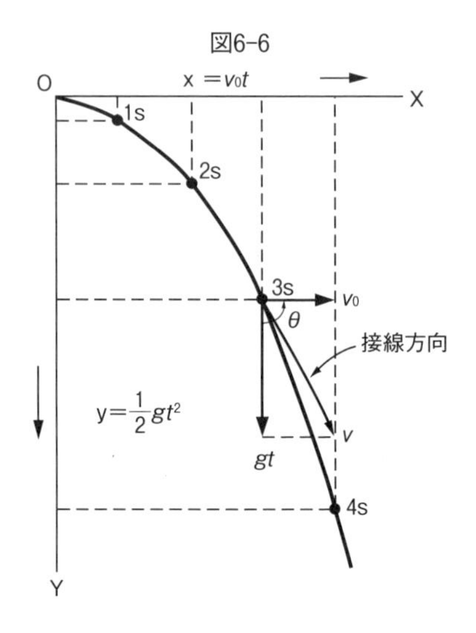

X 座標 x の値は，

$$x = v_0 t$$

Y 方向では物体は等加速度運動ですので，時刻 t の Y 座標 y の値は，

$$y = \frac{1}{2}gt^2$$

と表わされます。ここで上記 2 つの式から t を消去すれば<注3>，

$$y = \frac{g}{2v_0^2} \cdot x^2$$

これが物体の描く軌跡を示す式で，その軌跡は放物線になるわけです。

3 運動量

1 運動量と力積

1）運動量

運動している物体では，質量や速さが大きいほど，その物体は激しい（強い）運動をしているわけで，その運動の強さを示す量を運動量といい，質量 m と速度 v との積で表わします。したがって，単位はkg·m/sです。物体の質量を m，重さを W，速度を v とすれば，運動量 mv は，

$$mv=\frac{W}{g}\cdot v \tag{10}$$

速度 v_0 で直線運動する重さ W の物体が，運動の方向に力 F を時間 t の間受けて速度 v に変化したとします。このとき加速度 a は $(v-v_0)/t$ で，次の式が成り立ちます。

$$F=\frac{W}{g}\cdot a=\frac{W}{g}\cdot\frac{v-v_0}{t}=\left(\frac{W\cdot v}{g}-\frac{W\cdot v_0}{g}\right)/t \tag{11}$$

これにより，運動量の変化の割合は力の大きさに等しいということが判ります。

2）力積

式(11)から，

$$F\cdot t=\left(\frac{W\cdot v}{g}-\frac{W\cdot v_0}{g}\right) \tag{12}$$

この左辺の力 F と時間 t との積 $F\cdot t$ を力積といいます。この式は，運動量の変化は，その間もに受けた力積に等しいことを示しています。単位はN·sです。

【例題4】 岸辺に浮かんで静止している質量 m_1 kgのボートに乗っている質量 m_2 kgの人が，水平方向に v m/sの速さで岸に飛び移ったとする。このときのボートが受けた力積の大きさと，ボートが動き出すときの速さを

図6-7

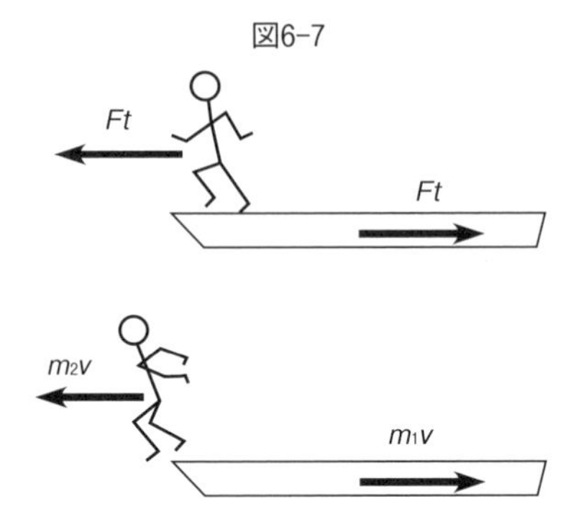

求めよ。

[**考えかたと解答**] 人が岸に飛び移るためにはボートに加える力を F〔N〕，加えた時間を t〔s〕とすると，ボートが人から受けた力積は $F \cdot t$ です（**図6-7**）。このとき作用・反作用の法則により，人がボートから受けた力の大きさも時間も等しいから，ボートの受けた力積の大きさは，人の受けた力積，つまり人の運動量の変化として求められます。

ボートの受けた力積は，

$m_2v-0=m_2v$〔N·s〕 ……答

ボートの速さを v_1〔m/s〕とすると，

$m_1v_1-0=m_2v \quad \therefore v_1=m_2v/m_1$〔m/s〕 ……答

2 運動量保存の法則

図6-8(a)のように，質量 m_1，m_2 の物体A，Bが速度 v_1，v_2（$v_1>v_2$）で同方向に運動しているとします。AはBより速いのでBに追い着き両者は衝突します（**図6-8**(b)）。A，Bが衝突したとき，Bに F の力が働くとすれば，作用・反作用の法則により，Aには $-F$ の力が働きます。力の作用した時間を t とし，衝突した後にA，Bの速度は v_1'，v_2' になったとします（**図6-8** (c)）。

運動量と力積との関係により，物体Aに働く力積は（**図6-8**(b)），$-F\cdot$

図6-8

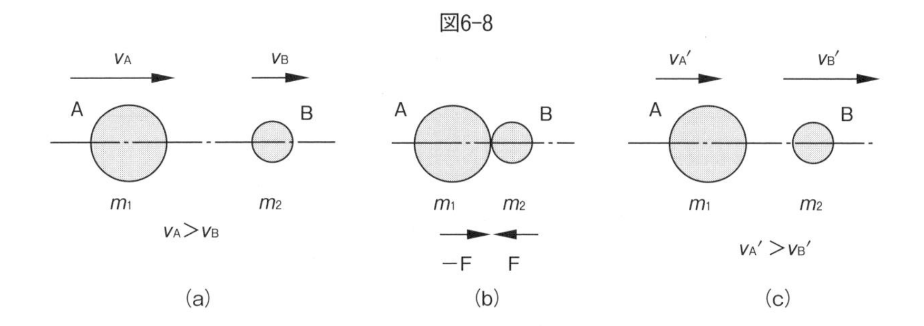

$t = m_1 v_1' - m_1 v_1$，物体Bに働く力積は，$F \cdot t = m_2 v_2' - m_2 v_2$ です。この2つの式の両辺を加えて t を消去すれば，

$$m_1 v_1 + m_2 v_2 = m_1 v_1' + m_2 v_2' \tag{13}$$

となります。つまり，それぞれの物体の運動量は変わるが，運動量の和は一定に保たれる，ということが判ります。いい換えれば，物体AとBの全運動量が保存されることを，運動量保存の法則といいます。

3　衝突

いまお話したように，2つの物体が衝突するとき，衝突直前の全運動量と直後の全運動量とは等しい。つまり運動量保存の法則が成り立ちます。

一般に物体は他の物体にぶつかると跳ね返ります。このとき，当たるときの速度を v，跳ね返る速度を v' すれば，v' は v に比例することが実験的に確かめられています。

$v' = e \cdot v$ の比例定数 e を跳ね返り係数または反発係数といいます（$e = v'/v$）。反発係数は物体を作り上げている物質の種類によって決まる定数で，$1 \geqq e \geqq 0$ となります。$e = 1$ の場合の衝突を弾性衝突（完全弾性衝突）といいますが，一般には $e < 1$ であり，この場合の衝突を非弾性衝突といい，とくに $e = 0$ のときは，2つの物体は衝突後一体となって運動します。この場合の衝突を完全非弾性衝突といいます。

表6-1に反発係数 e の値の一例を載せておきますので，あくまで一つの

表6-1　反発係数値の一例

材　　質	e	材　　質	e
ガラスとガラス	0.95	木と木	0.50
鋳鉄 と 鋳鉄	0.65	黄銅 と 黄銅	0.35
鋼 と 鋼	0.55	鉛 と 鉛	0.20
コルクとコルク	0.55		

実験値として参考にしてください。

図6-8(a)で 物体A，Bが近づくときの速度（相対速度）は $v_1 - v_2$，離れる速度は $v_2' - v_1'$ ですから，図6-8(b)を衝突と考えれば，反発係数 e は

$$e = \frac{v_2' - v_1'}{v_1 - v_2} \tag{14}$$

式(13)，(14)から，次式が得られます<注4>。

$$\left.\begin{aligned} v_1' &= v_1 - \frac{m_2(v_1 - v_2)}{m_1 + m_2}(1+e) \\ v_2' &= v_2 + \frac{m_1(v_1 - v_2)}{m_1 + m_2}(1+e) \end{aligned}\right\} \tag{15}$$

【例題5】 一直線上を速度1.2m/sで運動している質量1kgの球Aが，同じ直線上に静止している質量2kgの球Bに衝突した。反発係数を0.7として衝突後の両球の速度を求めよ。

[考えかたと解答] 衝突後のAの速度を v_1'，Bの速度を v_2' として式(15)を利用します。

$$v_1' = 1.2 - \frac{2 \times (1.2 - 0)}{1+2} \times (1+0.7) = -0.16$$

$$v_2' = 0 + \frac{1 \times (1.2 - 0)}{1+2} \times (1+0.7) = 0.68$$

A＝－0.16m/s，B＝0.68m/s　………答

Aは0.16m/sの速度で跳ね返り，B は0.68m/sの速度で動き始めるわけです。

第7章

荷重と応力

1 荷　重

1 荷重と，その表わしかた

物体（例えば，機械部品や構造物，またはその材料）に，外部から加わる力（働いている力，作用する力ともいう）のことを一般に“荷重”といいます。

図7-1のように，物体Aをプレスで圧縮する場合，物体Aは P〔kgw〕の荷重を受けていることになります。

このとき，荷重が働いていることを示す場合は，荷重は力ですから<注1>図中にあるように，矢印でその方向と大きさ（ベクトル）を書いて表わすのが普通です。

図7-1　荷重の表わしかた

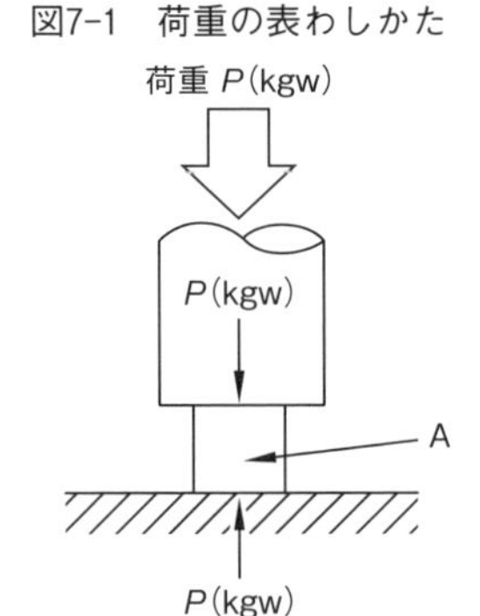

2 荷重の種類と分類

1）荷重のかかる方向による分類

荷重は物体にかかるときの方向からみれば，次の5つに分類されます（図7-2のa～e）。

(a) 引張り荷重……物体を引き伸ばす方向に働く力
(b) 圧 縮 荷 重……物体を押し縮める方向に働く力
(c) 曲 げ 荷 重……物体を曲げる（円弧状にたわます）方向に働く力
(d) せん断荷重……物体を挟み切る方向に働く力
(e) ねじり荷重……物体をねじ切る方向に働く力

2）荷重のかかる状態による分類

荷重は，物体に作用する状態からみれば，静荷重と動荷重に分けられます。

図7-2　荷重の分類

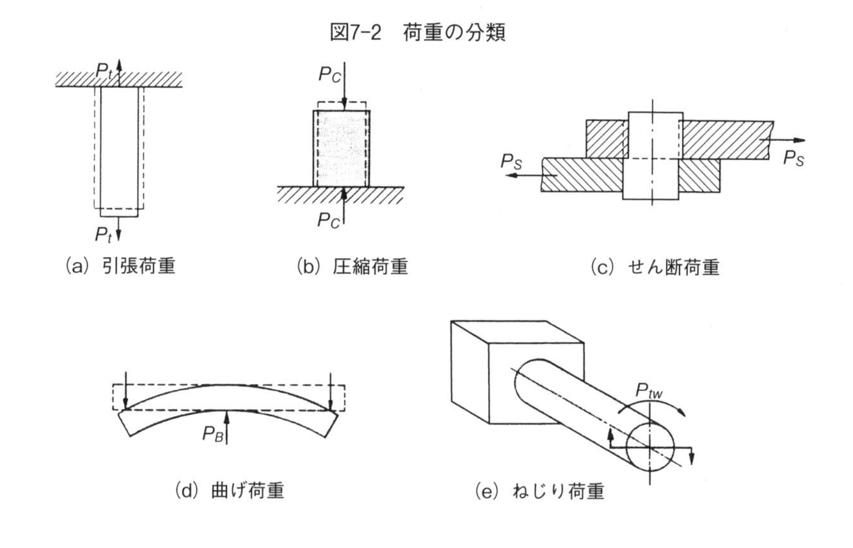

表7-1　荷重のかかりかたによる分類

荷重の種類		内　容
静荷重		一度荷重がかかれば，その荷重が静止して，その作用が，常に変らない状態にあるもので，静止した〈おもり〉を吊り下げた場合は，その一例。
動荷重	繰返し荷重	一方向の荷重が連続的に繰返す場合。
	交番荷重	方向の逆の荷重が交互に働く場合で，クランク機構におけるリンクなどがその例。
	衝撃荷重	瞬時的に急激におきる荷重で，ハンマによる打撃，金敷などが，その例である。

(a) 静荷重……方向や大きさが一定であって，時間的に変化のない力

(b) 動荷重……静荷重に対し，物体に加えられる荷重が時間とともに方向や大きさが変わる力で，表7-1に示すように次の３つに分けられます<注2>。

繰返し荷重，交番荷重，衝撃荷重

3）荷重の分布による分類

荷重が作用する位置（分布状態）からみれば，次の２つのものがあります。

図7-3　荷重の分布の状態による分類

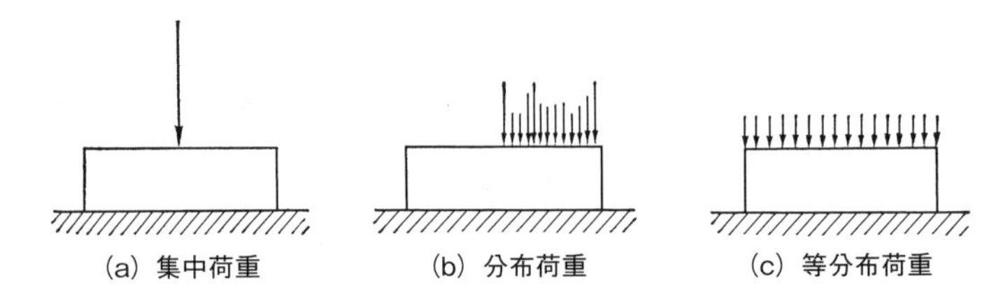

(a) 集中荷重……物体に作用する力が一点に集中してかかっている荷重（図7-3 a）。

(b) 分布荷重……物体のある部分に広がってかかっている荷重（図7-3 b, c）。
このうちで，一様に均一な大きさでかかっている荷重を“等分布荷重”という（図7-3 c）。等分布荷重で，かかっている幅が一定であれば，単位長さ当たりの荷重の大きさは一定。

2 応　力

1 応力とは

物体に外部から力が働く（荷重がかかる）とき，その力が小さい間は物体は全然変化しないように見えますが，力が次第に大きくなると，物体は変形し，遂には壊れてしまいます。

物体に加わる力があまり大きくない間は，物体は変形したり破壊したりしないように，加わる力（荷重）に抵抗する力が物体の内部に生じていると考えます。

つまり，加わる力がある大きさ以下のときには，物体は多少変形しても，力を取り去ると物体は初めの状態に戻ることから，物体の内部には戻す力（抵抗力）が生じていると考えるのです。

このように，加わる力に応じて物体はわずかに変形（理論的に極く微小）を起こすと同時に，作用・反作用の原理により，物体の内部にその力（荷重）に抵抗する力が発生します。この内部に生じる抵抗力を全応力，またはたんに“応力”といいます。

応力の概念の理解――図7-4のような例を考えるとよいでしょう。

指先で消しゴムを図のようにつかんで，指先に力Ｐを加えると，消しゴムは点線のように変形しますが，指先には，逆に，あたかも消しゴムからは押し返すような力（抵抗力 σ）があることを感じるでしょう。この抵抗力 σ が応力（この場合圧縮応力）といわれるものです。

このとき，物体に働く荷重とその物体内部に生じる全応力は等しいことになります。

図7-4

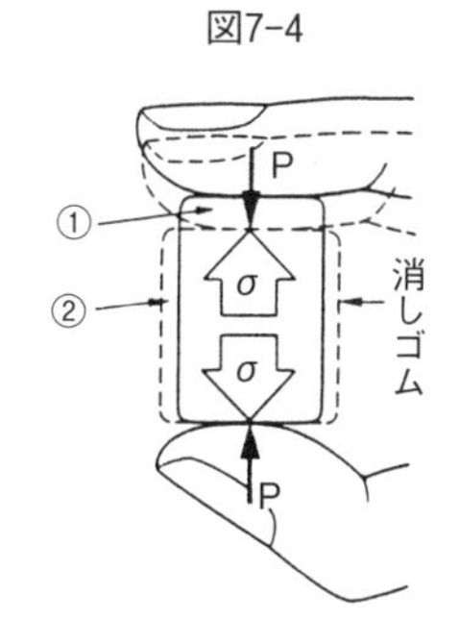

応力の単位——全応力はkgf，単位面積当たりの応力は一般にkgf/cm^{2}またはkgf/mm^{2}で表わします。

ただし，SI単位への移行により，今後は全応力（力の大きさ）はN（ニュートン），応力は単位面積当たりの力として，N/m^{2}またはN/mm^{2}となります。なお，N/m^{2}にはPa（パスカル）という単位名が与えられます。

2 応力の種類

荷重の種類に対応して，次の5種類に分けられます（図7–5～図7–8参照）。このうち引張り・圧縮・せん断の3つは，一般に単純応力と呼ばれます。なお，引張りと圧縮応力は，切断面に直角に働くので，とくに垂直応力と呼ばれます。

1）引張り応力

物体が引張り荷重を受けて伸びようとするとき，物体が抵抗して元の状態に縮もうとして物体内部に生じる応力（σ_t）。

2）圧縮応力

物体が圧縮荷重を受けて縮もうとするとき，物体が抵抗して元の状態に伸びようとして物体内部に生じる応力（σ_C）。

3）せん断応力

物体がせん断荷重を受けるとき，物体がそれに抵抗して元の状態に戻そうとして切断面（切り口）に沿って生じる応力（σ_τ）。

いろいろな応力の作用——

(a) キーに働く応力……主としてせん断応力が働きます（図7–6）。

(b) コイルばねに働く応力……コイルばねを圧縮した場合，全体的には圧縮を受けていますが，ばねの素線の各断面には，せん断応力が生じています（図7–7）。

(c) ねじりによる応力……ねじり荷重を受ける棒では，主としてせん断応力が断面に生じています。

図7-5　応力の種類

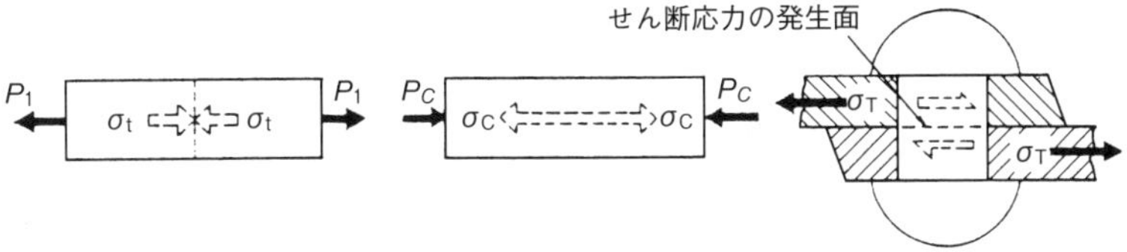

(a) 引張り応力　(b) 圧縮応力　(c) せん断応力

図7-6　キーに働く力

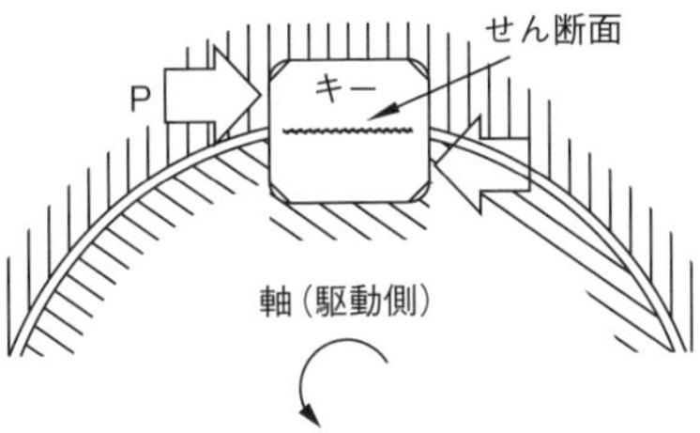

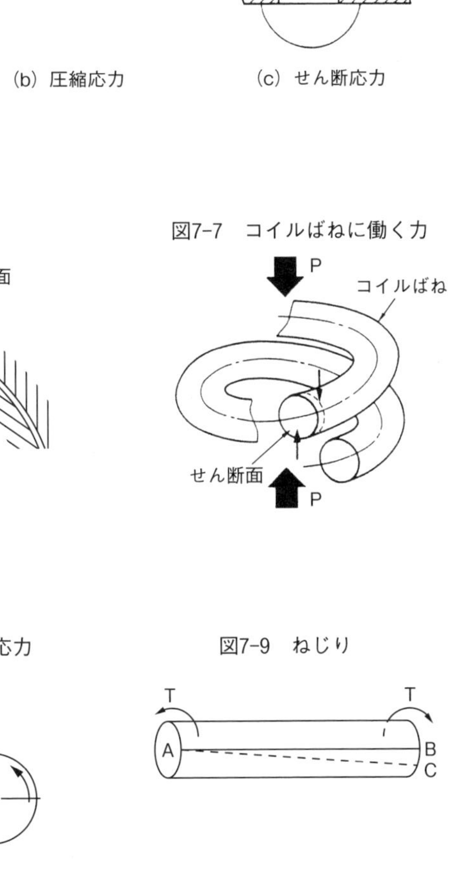

図7-7　コイルばねに働く力

図7-9　ねじり

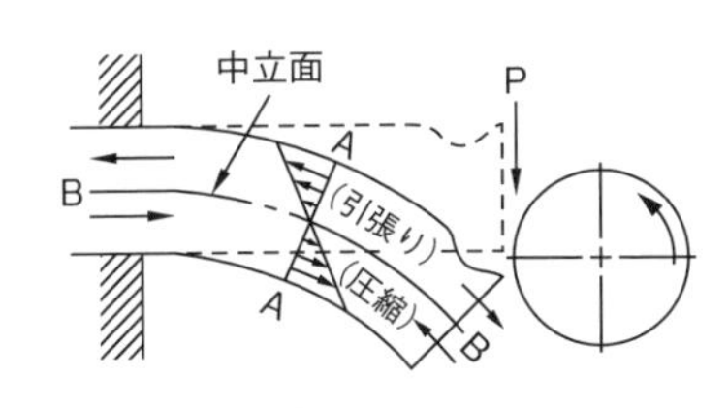

図7-8　バイトに働く曲げ応力

４）曲げ応力

物体が曲げ荷重を受けるときは，物体を元の状態に戻そうとして物体内部に生じる複合応力（引張りと圧縮応力）。

例えば図7-8のような切削中の旋盤のバイトのシャンクの断面 A－A に働く応力を考えますと，(a) シャンクの上部では引張り力が作用するので断面 A－A には上部ほど大きい引張り応力が生じ，(b) シャンクの下部では逆に圧縮力による圧縮応力が生じます。そして，(c) シャンクの中央 B－B には伸びも縮みもしない面（中立面）が生じることになります。

5）ねじり応力

物体がねじり荷重を受けるときは，例えば丸棒でみると図7-9のように，軸の周りに偶力 T が作用するわけで，棒はねじられて AB は AC に移ります。これがねじりで，この場合棒の断面には面に平行な回転滑りが起き，それを元に戻そうとする抵抗力，つまりせん断応力が生じます。

ねじりによって生じるせん断応力を，とくにねじり応力といいます。

3 応力の計算

たんに応力というときは，物体の断面（切り口）の単位面積当たりの応力をいいます。応力を σ，全応力を σ_0，荷重を P，断面積を A とすれば，

$$\sigma = \sigma_0/\mathrm{A} = P/A \quad 〔\mathrm{N/mm^2}\text{ など}〕 \qquad (1)$$

なお，σ は垂直応力の意味で，引張り応力と圧縮応力を区別する必要があるときは，引張り応力を σ_t，圧縮応力を σ_C とすることがあります。また，せん断応力は τ で表わし，荷重を P，断面積を A とすれば，上式と同様 $\tau = P/A$ です。

【例題 1】 直径50mm の丸棒に50t の引張り荷重を加えるとき，この丸棒に生じる引張り応力の大きさはいくらか（図7-10）。

図7-10

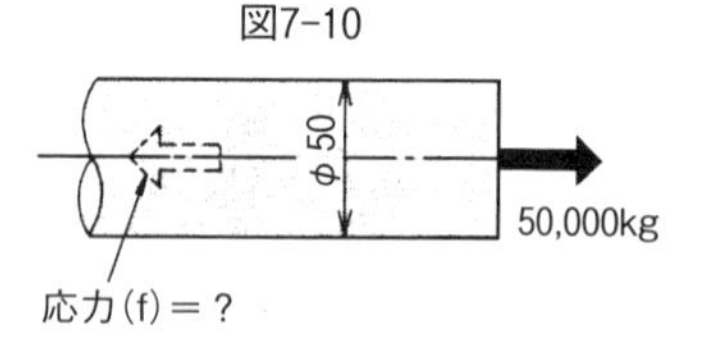

［考えかたと解答］ 式(1)で σ を求めます。

$\sigma = P/A$ で，$P = 50000\mathrm{kgf}$，$A = \pi \mathrm{r}^2 = \pi \times 25^2 \fallingdotseq 1963\mathrm{mm}^2$　したがって，

$\sigma = 50000/1963 \fallingdotseq 25.47$ 〔$\mathrm{kgf/mm^2}$〕

SI 単位に直すと，

$25.47 \times 9.8 = 249.6$〔N/mm²〕……答

【例題2】 図7-11に示すようなボルトの軸に直角に2000kgfのせん断荷重がかかる場合，軸の直径を20mmとすれば，軸にかかるせん断応力はいくらか。

[考えかたと解答] 式(1)で$\sigma(\tau)$を求めます。$\tau = P/A$で，

軸の断面積 $A = \pi r^2 = \pi \times 10^2 \fallingdotseq 314\ \mathrm{mm}^2$

$\tau = 2000/314 \fallingdotseq 6.37\mathrm{kgf/mm}^2$

SI単位に直すと，

$6.37 \times 9.8 = 62.43$〔N/mm²〕……答

【例題3】 図7-12に示すような継手に2000kgfの引張り荷重がかかる場合，これをつないでいる直径20mmのピンには，どのような応力が生じるか。

[考えかたと解答] ピンの断面積は$A = \pi r^2 = \pi \times 10^2 \fallingdotseq 314$〔mm²〕になりますが，このピンには2個所にせん断応力が生じるので，せん断面の断面積は2倍になることに注意してください。

$\tau = 2000/314 \times 2 \fallingdotseq 3.18$〔kgf/mm²〕

SI単位に直すと，

$3.18 \times 9.8 = 31.16$〔N/mm²〕 ………答

【例題4】 図7-13のように2000Nの力を伝えるベルト車（半径250mm）が直径50mmの軸にキー（寸法15×10×60〔mm〕）で固定されている。

このときキーに生じるせん断応力と圧縮応力を求めよ。

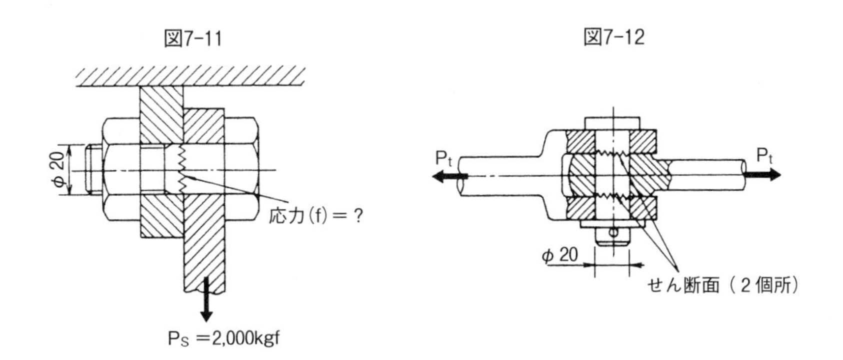

図7-13

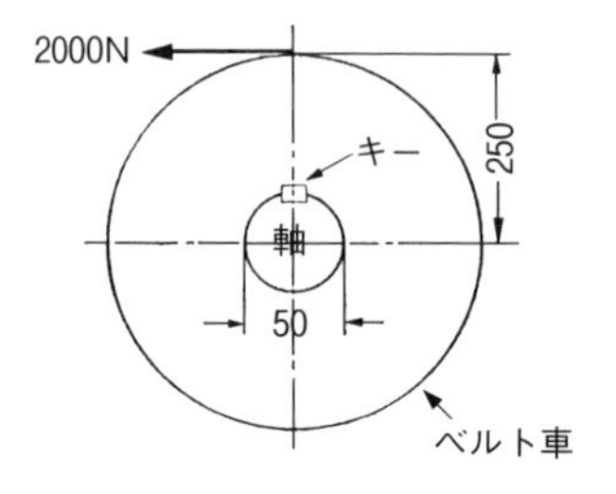

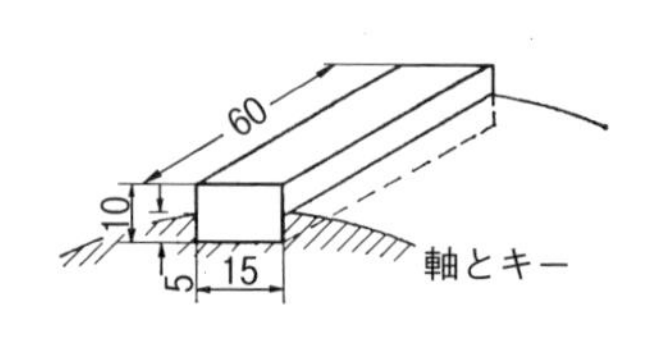

［考えかたと解答］まず，キーに作用する力（荷重）Fを求めます。ベルト車によるトルク（回転の原動力として軸の回りに受けるモーメント）を軸に伝えるのですから，$F\times50/2=2000\times250$で$F$が求まります。この$F$により，せん断応力はキーの接線方向の断面（15×60），圧縮応力は荷重に対して垂直方向の断面（5×60）に生じますから，応力を求める式(1)を使って計算します。

［解答］$F\times50/2=2000\times250$から

$$F=2000\times250/25=20000\ [\mathrm{N}]$$

せん断応力$\tau=F/A$に，$F=20000$，$A=15\times60$〔mm^2〕を代入して，

$\tau=20000/15\times60=22.2$〔$\mathrm{N/mm}^2$〕

圧縮応力$\sigma=F/A$に，$F=20000$，$A=5\times60$〔mm^2〕を代入して，

$\sigma=20000/5\times60=66.7$〔$\mathrm{N/mm}^2$〕

$\tau=22.2\mathrm{N/mm}^2$，$\sigma=66.7\mathrm{N/mm}^2$……答

図7-14

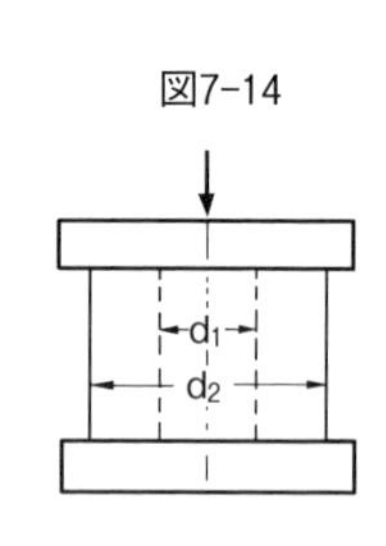

【例題5】図7-14に示すような中空円筒を2枚の板の間に挟み，10トンの荷重で圧縮するとき，この円筒に生じる応力を700kgf/cm²にとどめるには，外径d_2をいくらにすればよいか。ただし，d_1を2cmとする。

［考えかたと解答］圧縮荷重に対しこの材料に許されている圧縮応力の限度である700kgf/cm²の応力を生じるような断面積を考え，外径を計算すれ

ばよいのです。なお，この問題では直径寸法を求めていますので，単位数値が新単位でなくても途中で換算する必要など全くありません。

$\sigma = P/A$ から，$A = P/\sigma$　円筒の断面積は直径 d_2 の円の面積から，中空部分の円の面積を引いたものですから，円筒断面積 A は，

$$A = \frac{\pi}{4} d_2^2 - \frac{\pi}{4} d_1^2 = \frac{\pi}{4}(d_2^2 - d_1^2) = \frac{P}{\sigma}$$

$$d_2 = \sqrt{\frac{4P}{\pi\sigma} + d_1^2}$$

これに，$\sigma = 700\text{kgf/cm}^2$，$P = 10000\text{kgf}$，　$d_1 = 2\text{cm}$ を代入し，

$$d_2 = \sqrt{\frac{4 \times 10000}{\pi \times 700} + 2^2} \fallingdotseq 4.71\text{cm}$$

【例題6】 図7-15(a)のようなボルトで7トンの荷重を支えるには，ボルトの直径dと頭の厚さhをいくらにすればよいか。ただし，このボルトに生じる応力の限度は，引張り応力で100N/mm^2，せん断応力で70N/mm^2とする。

［考えかた］ $\sigma = P/A$ から，$A = P/\sigma$

$A = \pi r^2 = P/\sigma$　$r = \sqrt{P}/\pi\sigma$　から

ボルトの直径 $d = 2\sqrt{P}/\pi\sigma$ となります。

せん断応力 τ は，図7-15(b)のように円筒面 πdh に生じているので，この円筒面積を A として $\tau = P/A$ に代入して（$\tau = P/\pi dh$）h を計算すればよいのです。なお，P は7000×9.8で，68600N。

図7-15

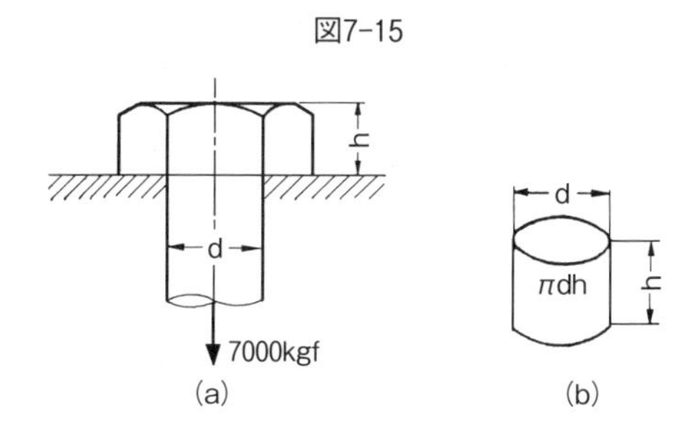

[解答] $d=2\sqrt{P/\pi\sigma}$ に $P=68600$N，$\sigma=100$N/mm^{2}を代入して，

$d=2\sqrt{68600/\pi\times100}=29.6$〔mm〕

$\tau=P/\pi dh$ から，$h=P/\pi d\tau$　これに $P=68600$N，$d=29.6$mm，$\tau=70$ N/mm^{2}を代入して，

$h=P/\pi d\tau=68600/\pi\times29.6\times70=10.54$〔mm〕

$d=29.6$mm，$h=10.54$mm…………答

第8章

応力とひずみ

1 ひずみ

1 ひずみとは

物体に力（荷重）が働くと，物体内部には応力が生じ，極めてわずかでも変形します。この変形を“ひずみ”といいます。

引張り荷重によって起こるひずみを“引張りひずみ”，圧縮荷重によって起こるひずみを“圧縮ひずみ”，せん断荷重によって起こるひずみを“せん断ひずみ”といいます（図8-1）。

ひずみは，働く荷重または生じる応力の大きさに比例しますが（弾性ひずみ），その大きさがある値を越えると，比例しなくなり，荷重を取り去ってもひずんだままで，もとに戻らなくなります（永久ひずみ，塑性ひずみ）。

図8-1　ひずみの種類

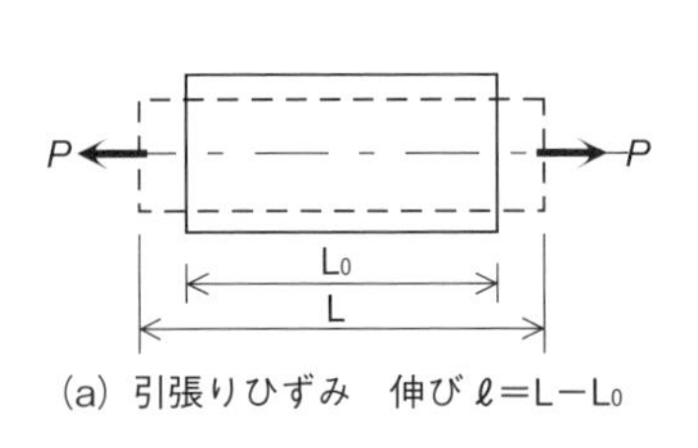

(a) 引張りひずみ　伸び $\ell = L - L_0$

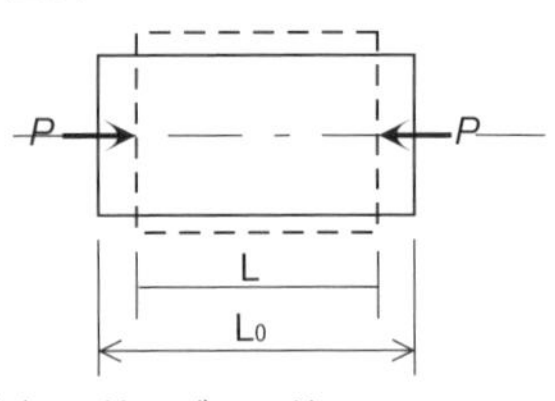

(b) 圧縮ひずみ　縮み $\ell = L_0 - L$

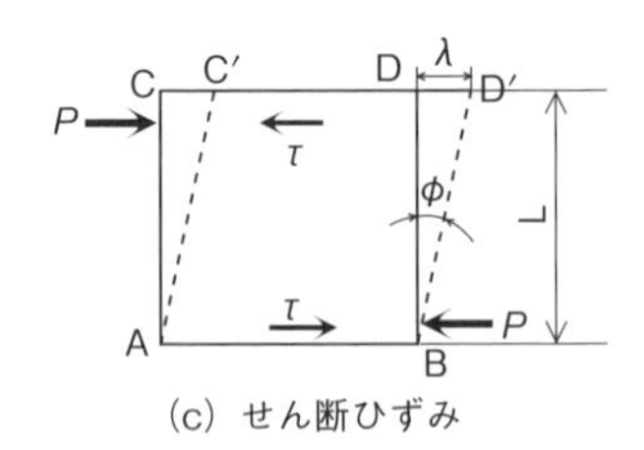

(c) せん断ひずみ

2 ひずみの表わしかた

ひずみは一般に百分率（%）で表わします。引張りひずみと圧縮ひずみの求めかたは次のとおりです。ただし，L_0：元の長さ，L：ひずんだ後の長さ。

$$\text{引張りひずみ}\ \varepsilon_t = \frac{\text{伸びた長さ}}{\text{元の長さ}} \times 100 = \frac{L - L_0}{L_0} \times 100(\%)$$

$$\text{圧縮ひずみ}\ \varepsilon_C = \frac{\text{縮んだ長さ}}{\text{元の長さ}} \times 100 = \frac{L_0 - L}{L_0} \times 100(\%)$$

つまり，ひずみを ε，元の長さを L，伸縮の変形量（$L - L_0$の絶対値）を ℓ とすれば，

$$\varepsilon = \ell / L \qquad (1)$$

です。

なお，せん断ひずみは，次のように考えます。

図8-1の(c)において，平面CDをABに対して滑らせるためにCD面に，面に平行な応力であるせん断応力 τ が働いたとします。そのときCD面がAB面に対して相対的に λ だけ移動し，C′D′面に来たとすると，$\lambda / L = \phi$（ϕ はラジアン）をせん断ひずみというのです。つまり，

$$\text{せん断ひずみ}\ \gamma = \frac{\lambda}{L} = \tan\phi \fallingdotseq \phi \qquad (2)$$

となるからです[注1]。

【例題１】 ある棒材の引張りひずみが0.16%であるとき，荷重の加わる前の棒の長さが1.5mであるとすれば，棒はいくら伸びたか。

［考えかた］ 式(1)を使って ℓ を求めます。$\ell = \varepsilon \times L$。与えられた数値は，$\varepsilon = 0.16\% = 0.0016$，$L = 1500\text{mm}$

［解答］ $\ell = \varepsilon \times L = 0.0016 \times 1500 = 2.4$〔mm〕………答

【例題２】 伸びが0.6mm，ひずみが0.0003であるとき，元の長さを求めよ。

［考えかた］ 式(1)を変形して $L = \ell / \varepsilon$ 与えられた数値 $\ell = 0.6$，$\varepsilon = 0.0003$ を当てはめます。

[解答] $L=0.6/0.0003=2000$〔mm〕……答

3 ポアソン比とポアソン数

前に応力の概念図で説明した消しゴムの図ではっきり判るように，変形（ひずみ）は荷重のかかる方向と荷重に直角方向との両方に生じます。荷重方向のひずみを“縦ひずみ”，直角方向のひずみを“横ひずみ”といいます。

図8-2で考えれば，棒に引張り荷重Pを加えると，その棒は荷重方向に伸びて縦ひずみを生じると同時に，荷重と直角方向には縮んで横ひずみを生じます。

この場合，縦ひずみ ε に対する横ひずみ ε_1 の割合つまり横ひずみ ε_1 と縦ひずみ ε との比 $\varepsilon_1/\varepsilon=\nu$ をポアソン比といい，またポアソン比の逆数 m（$=1/\nu$）をポアソン数といいます。

ポアソン比 $\nu=\varepsilon_1/\varepsilon=1/m$　(3)

ポアソン数 $m=1/\nu=\varepsilon/\varepsilon_1$　(4)

普通一般の材料は，常温では $\nu<0.5$（$m>2$）であり，高温では ν は0.5に近づきます。

ポアソン比は弾性限度内（次項）であれば，材料の種類によって一定の値を示します。その一例を上げると，鋼0.28～0.3，鋳鉄0.2～0.29，銅0.337,

図8-2　引張りによる縦ひずみと横ひずみ

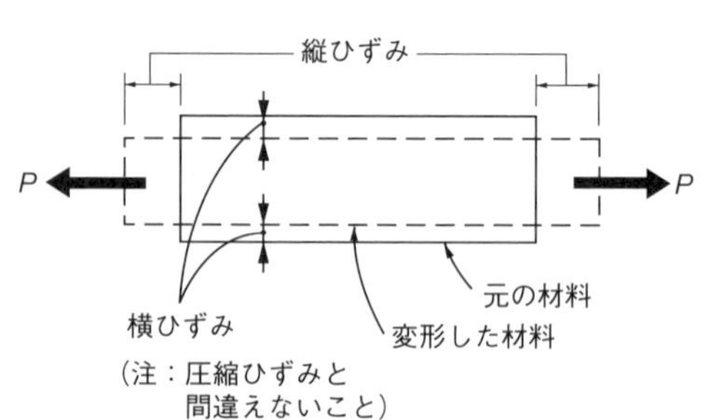

アルミニウム0.34，ゴム0.46～0.49などとなっています。

【例題３】 断面が一辺40mm，長さ100mmの軟鋼製角棒（正方形断面）が，圧縮荷重を受けたため，0.56mm縮んだという。このとき断面はいくらになるか一辺の長さを求めよ。ただし，軟鋼のポアソン比を0.28とする。

[考えかた] **図8-2**で横ひずみを考えればよいのです。したがって，式(3)と(1)と使って ε_1 を求めてから，断面積を求めます。与えられた数値は，ポアソン比 $\nu=0.28$，$\ell=0.56$mm，$L=100$mm。

[解答] 求める ε_1 は $\varepsilon_1/\varepsilon=1/\mathrm{m}$ から

$\varepsilon_1=(1/\mathrm{m})\varepsilon=(1/\mathrm{m})(\ell/L)=0.28\times0.0056=0.001568$

一辺の長さは

$40(1+\varepsilon_1)=40(1+0.001568)\fallingdotseq40.06$〔mm〕…………答

なお，断面積は$40.06^2\fallingdotseq1605$〔$\mathrm{mm}^2$〕

2 弾性限度

1 弾性

ゴムは引張ると伸びるが，手を離して引張り力を取去ると元の状態に戻ります。このように，外力を加えると変形するが，取去ると元の状態に戻る性質を“弾性”といいます。

物体は荷重を受けるとその内部に荷重に抵抗する応力が生じ，同時にわずかでもひずみも生じますが，ある範囲内の大きさであれば，荷重を取去ると物体はひずみがなくなって元の状態に戻るのが普通です。そういう物体を“弾性体”といいます。

しかし，荷重がある限度以上に大きくなると，荷重を取去っても元の形には戻らず，変形したままになります。これは，荷重によって物体内部に発生する抵抗力の大きさ，つまり応力の限度が荷重より小さかったからです。このときの変形量を“永久ひずみ”といいます。この永久ひずみを起こさない範囲で，荷重によって生じる応力の限度を“弾性限度”といいます。

一般に弾性限度が増加すると，物体はよく弾むようになります。例えば鋼球を焼入れすると，よく弾むようになるのは，このためです。

塑性について——弾性に対し，粘土のように，一度外力を加えて変形を与えると，その後外力を取去っても元の形に戻らない性質を“塑性”といいます。また，物体に弾性限度を越えて荷重を増加すると，永久ひずみを生じますが，これが“塑性変形”といわれるものです。プレスによる曲げ，絞りなど，素材に荷重を加えて成形することを塑性加工というわけです。

2 フックの法則

弾性限度の範囲内では，ひずみの量 ε は応力の大きさ σ に比例します（$\varepsilon \propto \sigma$）。これをフックの法則（$\varepsilon = a\sigma$）といいます。厳密には比例限度

（後述）の範囲内までですが，実際には弾性限度内として構いません。

つる巻ばねの伸縮――大きさFの力を加えたとき，xだけ長さが伸びた（縮んだ）とすれば，フックの法則から，次式が成り立ちます（図8-3）。

$$F=k\cdot x \tag{5}$$

このときの比例定数kは“ばね定数”といわれ，そのばねを単位長さだけ伸ばす（縮める）のに要する力の大きさを表わし，kgf/mm，N/mなどの単位で示されます。ばね定数は大きいほど強い（固い）ばねということになるわけです。

図8-3　ばね

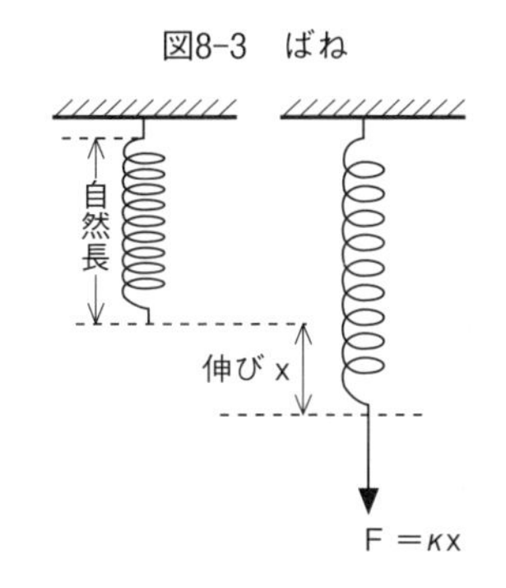

3　弾性係数

フックの法則（$\varepsilon=a\sigma$）に従うひずみと応力の比例定数aを“弾性係数”といい，次式で求めます。単位をつければkgf/cm^2またはN/mm^2などになります。

弾性係数＝応力／ひずみ＝(定数)

したがって，弾性係数が大きいほどその材料はひずみにくく，小さいほどひずみやすい材料といえます。なお，弾性係数には，応力とひずみの種類により縦弾性係数と横弾性係数とがあります。

1）縦弾性係数（E）

引張り応力あるいは圧縮応力を受ける場合の弾性係数を，“縦弾性係数”または“ヤング率”と呼び，記号Eで表わします。単位はkgf/cm^2またはkgf/mm^2。

E＝引張り(圧縮)応力／引張り(圧縮)ひずみ

$$E=\sigma/\varepsilon, \tag{6}$$

$\sigma=P/A$（P＝荷重，A＝断面積）と式(1)，(4)から

$E = PL/A\ell$　(7)

2）横弾性係数（G）

材料をせん断するときに生じるせん断応力 τ と，せん断ひずみ γ との比を“横弾性係数”または“剛性係数”と呼び，記号 G で表わします。単位は kgf/cm^{2}または kgf/mm^2。

G＝せん断応力／せん断ひずみ

$G = \tau/\gamma$　(8)

なお，$\sigma = P/A$ と式(1)から

$\tau = P/A, \ \gamma = \lambda/L$

したがって，

$G = PL/A\lambda$　(9)

3）体積ひずみと体積弾性係数（K）

弾性体の全表面に一様な力 P が作用するとき（例：水圧）生じる体積の変化 ΔV を，元の体積 V で割ったものを体積ひずみ（ε_V）といいます。そして，P によって生じる応力 σ と ε_V との比を体積弾性係数といい，記号 K で表わします。

$K = \sigma/\varepsilon_V$　(10)

4）弾性係数間の関係

縦弾性係数（E），横弾性係数（G），ポアソン比（ν）の間には，次の関係があります。

$E = 2G(1+\nu)$　(11)

または，$K = E/3(1-2\nu)$

なお，縦弾性係数（E），横弾性係数（G），体積弾性係数（K），およびポアソン比（ν）のうちの２つが決まると，他の２つは誘導できます。**表8-1**はその一覧です。

【例題４】 直径10mm，長さ1000mm の軟鋼丸棒を，１mm 伸ばすのに要する引張り力〔kgf〕を求めよ。ただし縦弾性係数 E を2.1×10^4kgf/mm^{2}とする。

[考えかた] 式(7)を変形して P を求めます。

表8-1　弾性係数間の関係

	E, ν	G, ν	E, G	E, K	G, K
E	E	2(1+ν)G	E	E	9KG/(3K+G)
G	E/2(1+ν)	G	G	3EK/(9K−E)	G
K	E/3(1−2ν)	2(1+ν)G/3(1−2ν)	EG/3(3G−E)	K	K
ν	ν	ν	(E−2G)/2G	(3K−E)/6K	3K−2G/3(2K+G)

$E=PL/A\ell$，$P=EA\ell/L$

与えられている数値は $E=2.1\times10^4$kgf/mm^2，$A=\pi\times(10/2)^2=78.5$mm^2，$\ell=1$ mm，$L=1000$mm

[解答] $P=\dfrac{EA\ell}{L}=\dfrac{2.1\times10^4\times78.5\times1}{1000}=1648.5$〔kgf〕

【例題５】 直径 40mm，長さ1000mm の軟鋼丸棒を 39200N の力で引張ったら，0.152mm 伸びたという。応力とひずみはいくらか。また，ヤング率はいくらか。

[考えかた] 応力 σ は $\sigma=P/A$，ひずみ ε は式(1)，ヤング率（縦弾性係数）E は式(7)を利用すれば求められます。与えられた数値は

$P=39200$N，$A=\pi\times(40/2)^2=1256$mm^2，$\ell=0.15$mm，$L=1000$mm

[解答] 応力 σ は $\sigma=P/A=39200/1256=31.21$N/mm^2

ひずみ ε は $\varepsilon=\ell/L=0.15/1000=0.00015$

ヤング率 E は $E=PL/A\ell\dfrac{39200\times1000}{1256\times0.15}=208067.9$N/mm^2………答

なお，単位を kgf/mm^{2}に変えれば

208067.9/9.8≒21231.4〔kgf/mm^2〕

【例題６】 直径40mm の銅製丸棒に，49000N(5000kgf)の引張り荷重を加えるとき，この丸棒に生じる縦ひずみと横ひずみを求めよ。ただし，縦弾性係数を1.25×10^4kgf/mm^2，ポアソン数を３とする。

[考えかた] 縦ひずみ ε は，応力 $\sigma=P/A$ と式(6)から求め，横ひずみ ε_1は式(4)を利用して求められます。与えられている数値は

$P=49000\text{N}$, $A=\pi\times(40/2)^2=1256\text{mm}^2$,

$E=1.25\times10^4\text{kgf/mm}^2=122500\text{N/mm}^2$, $\text{m}=3$

[解答] 式(6)から，$\varepsilon=\sigma/E$,

$\sigma=\dfrac{P}{A}$を代入すると，

$$\varepsilon=\frac{P}{EA}=\frac{49000}{1256\times122500}=0.000318$$

式(4)から

$$\varepsilon_1=\frac{\varepsilon}{\text{m}}=\frac{0.000318}{3}=0.000106$$

縦ひずみ 0.000318(0.0318%)
横ひずみ 0.000106(0.0106%) }…………答

【例題7】ある鋳鉄材料に0.002ラジアンのせん断ひずみが起きている場合，その材料内部に生じているせん断応力を求めよ。ただし，鋳鉄の横弾性係数を$3.5\times10^3\text{kgf/mm}^2$（$3.43\times10^4\text{N/mm}^2$）とする。

[考えかた] 式(2)から，せん断ひずみγは$\gamma=\phi$（ラジアン）ですので，式(6)からせん断応力τが求められます。

[解答] 式(8)から

$\tau=\phi G=0.002\times3500=7$〔$\text{kgf/mm}^2$〕

7 kgf/mm²または68.6N/mm² ……答

3 応力－ひずみ線図

材料の試験片を引張り試験機にかけて引張ったときの破壊までの応力とひずみの関係を，横軸にひずみ（伸び），縦軸に応力（荷重）をとり，その関係をグラフで表わした図を“応力－ひずみ線図”と呼びます（S-S曲線ともいいます）。

図8-4はその一例ですが，このように材料の種類によって応力－ひずみ線図の形は異なります。

軟鋼の応力－ひずみ線図について――

工業的に最も広く使用される軟鋼の応力－ひずみ線図は，図8-5(a)のようになります。

図において，0からAまでは荷重（応力）を増やして行くと，伸び（ひずみ）は直線的に変化します。つまり正比例しますのでA点を“比例限度”と呼びます。

A点からB点までは，荷重を増やしても必ずしも正比例しては伸びませんが，荷重を除くと元の長さには戻ります。このB点が弾性限度です。

さらに荷重を増やして行くと，C点では荷重をそれ以上かけなくても伸びだけが一時的に進行します。この点を“降伏点”と呼びます。降伏点で

図8-4　応力とひずみ

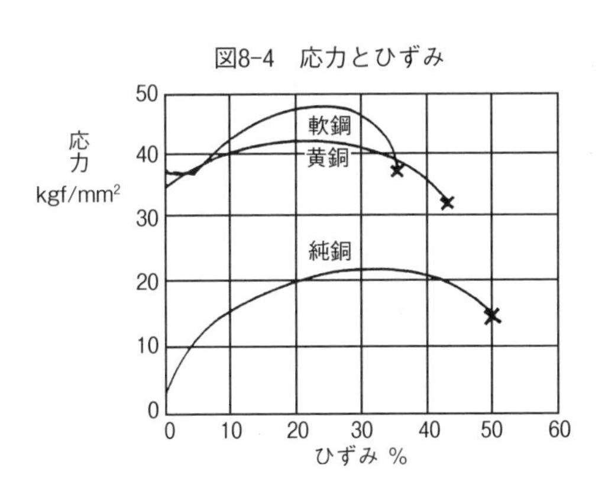

図8-5　応力ーひずみ線図

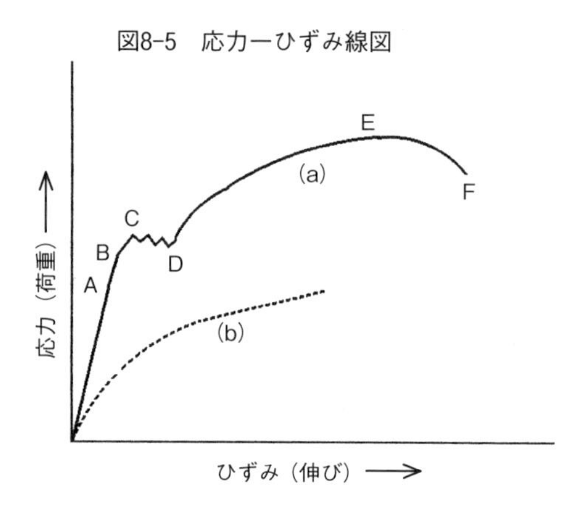

はCD間のように応力がわずかに変動します。そこで，とくにC点を“上降伏点”，D点を“下降伏点”といいます。

D点からは荷重（応力）の増加に伴って，伸び（ひずみ）も増加しますが，その増加具合は直線ではなく，荷重の増加率に比べ，伸びの増加率が次第に大きくなる極大曲線となります。そしてE点において応力は最大になります。これを材料の“極限強さ”，または“破壊強さ”といい，この材料の耐えられる最大応力を示すものです。金属材料などの“引張り強さ”は，この極限強さのことです。

E点を過ぎると材料の一部が細くくびれ始め，その部分の断面積が著しく減少しながら伸びだけがますます進行して（応力は小さくなり）ついにF点で破断します。

非鉄金属などの降伏点——

銅，銅合金，アルミニウム，アルミニウム合金，亜鉛，すず，鉛など，また鋳鉄，特殊鋼などでは，**図8-5**の(b)に示すような応力－ひずみ線図を描き，降伏点が明らかには現われません。これらの材料に対しては降伏点の代わりに“耐力”というものを決めています。

耐力（kgf/mm^2）は，次の式で求めます。

$$耐力=\frac{規格で定めた永久ひずみを起こす荷重}{試験片の断面積}$$

軟鋼の塑性変形について――物体に弾性限度を越えて荷重を増すと，永久変形を生じ，これが塑性変形ですが，**図8-6**を見てください。降伏点Ｃを越えて荷重を増すと塑性変形が始まります。そこでＰ点まで引っ張った後荷重を除くと，0Cにほぼ平行PQに沿って変形が残ります。これが残留ひずみですが，0Qに塑性加工されたともいえるでしょう。

ところで，Ｃ（上降伏点）に達すると材料の一部分に滑りが生じ，Ｃか

図8-6　塑性変形

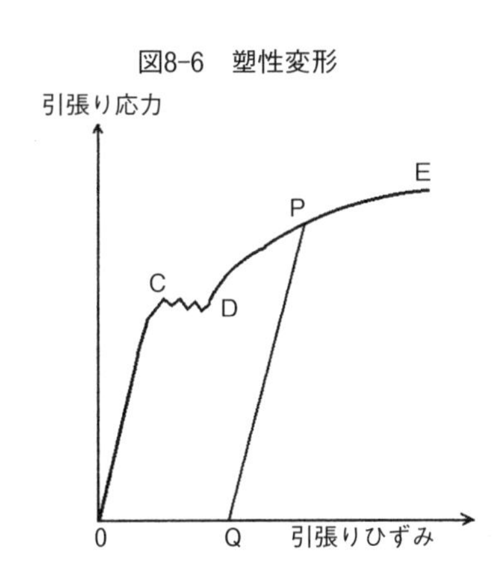

表8-2　金属材料の機械的性質（機械工学便覧から）

材　　料	E(kgf/cm^2) $\times 10^6$	G(kgf/cm^2) $\times 10^6$	ν(1/m)	降伏点 (kgf/cm^2)	引張り強さ (kgf/cm^2)
軟　　鋼	2.1	0.81	0.28～0.3	2000～3000	3700～4500
硬　　鋼	2.1	0.81	0.28～0.3	3000～	4800～5800
ば　ね　鋼	2.1	0.85～0.88	0.28～0.3	－	17000（焼入れ）
鋳　　鋼	2.15	0.83	0.28～0.3	2100～	3500～7000
鋳　　鉄	0.85～1.4	0.29～0.44	0.2 ～0.29	なし	1200～2400<注2>
ニッケル鋼<注1>	2.09	0.84	－	3800	5600～6700
り ん 青 銅	0.98	0.37	－	4000	4400
黄　　銅	0.63	0.24	－	－	4500
アルミニウム	0.72	0.27	0.34	1100	1160
ジュラルミン	0.722	0.275	0.34	2810	4360

＜注1＞Ni 2～3%　　＜注2＞圧縮強さは6000～8000

らＤ（下降伏点）に進むに従い滑りが次第に進行し，Ｄに達するとすべての部分に滑りが生じます。Ｄから更に荷重を増すと，滑りに対する抵抗も増してきます。これが加工硬化といわれるものです。ＤからＰに進むに従い加工硬化を起こし，ますます大きい力が必要になります。

なお，塑性変形を起こした材料は荷重を除いた後，再び同方向に荷重を加えた場合，弾性限度が上がるという性質があります。

表8-2に主な金属材料の機械的性質を載せておきます。

4 熱応力

1 熱応力とは

一般に物体（物質）は温度変化で伸縮（自由膨張・自由収縮）します。したがって，例えば棒材の両端を固定して棒の温度を上昇させれば，熱膨張によって生じる伸びが妨げられますから，材料内には圧縮応力が生じます。

また，冷えて温度が下がれば，収縮が妨げられて引張り応力が生じます。

このように温度の変化によって材料内部に生じる応力を“熱応力”といいます。また，物体の一部分が加熱されて，物体内の温度分布が一様でなくなると，温度が高い部分の自由熱膨張量は温度が低い部分のそれに比べて大きいために，高温部の熱膨張が妨げられるとともに，低温部は伸ばされてあたかも外力が作用したようになり，応力を生じたようになります。このような温度の不均一分布によって生じる応力も熱応力です。

2 線膨張係数

一般に物体の温度変化による伸縮量（$\varDelta \ell$）は温度の変化量（$\varDelta t$）に比例します。温度が t_0 のときの長さを ℓ_0，温度が t に変化したときの長さを ℓ とし，比例定数を a とすれば，次式が成立します。

$$\ell - \ell_0 = \mathrm{a}\ell_0 (t - t_0) \tag{12}$$

物体が１℃の温度変化について，長さが変化する割合を線膨張係数といいます。一般に a で表わします。温度が t_0 のときの長さを ℓ_0，温度が t に変化したときの長さを ℓ として，

線膨張係数 a は，

$$\mathrm{a} = \frac{\ell - \ell_0}{\ell_0 (t - t_0)} \tag{13}$$

表8-3　各種材料の線膨張係数

材　料	線膨張係数(×10^{-6})	μm/100mm・℃[1]	材　料	線膨張係数(×10^{-6})	μm/100mm・℃[1]
ブロックゲージ	11.51±1[2]	1.05～1.25	ラウタール	21～22	2.1～2.2
鋳鉄	9.2～11.8	0.92～1.18	ローエックス	19	1.9
炭素鋼	11.7−(0.9×C%)[3]	1.01～1.17	純マグネシウム	25.5～28.7	2.55～2.87
クロム鋼	11～13	1.1～1.3	エレクトロン	24	2.4
ニッケルクロム鋼	13～15	1.3～1.5	ザマック(亜鉛合金)	27	2.7
純銅	17	1.7	炭化タングステン	5～6	0.5～0.6
七三黄銅	19	1.9	クラウンガラス	8.9	0.89
四六黄銅	18.4	1.84	フリントガラス	7.9	0.79
青銅	17.5	1.75	石英ガラス	0.5	0.05
砲金	18	1.8	塩化ビニール樹脂[4]	7～25×10^{-5}	7～25
純アルミニウム	24.6	2.46	フェノール樹脂	3～4.5×10^{-5}	3～4.5
ジュラルミン	22.6	2.26	ユリヤ樹脂	2.7×10^{-5}	2.7
Y合金	22	2.2	ポリエチレン	0.5～5.5×10^{-5}	0.5～5.5
シルミン	19.8～22	1.95～2.2	ナイロン	10～15×10^{-5}	10～15

(1)　100mmの長さのものが1℃の温度上昇で伸びる長さ
(2)　JISではこの範囲内にあるものを普通とすると定められている
(3)　C%：炭素量
(4)　合成樹脂は可塑剤あるいは充填物により非常に異なる

で示されます。主要工業材料の線膨張係数を一覧にしたのが**表8-3**です。

棒材の線膨張係数をa，縦弾性係数（ヤング率）をE，最初の温度をt_0，最終温度をt，伸縮した量をεとすれば，温度上昇によって生じる熱応力σは，

$$\sigma = \varepsilon E = \mathrm{a}(t - \mathrm{t_0})E \tag{14}$$

となります。

【例題1】 長さ1mの鋼材を1℃温度を上げたら0.011mmの伸びを生じた。この鋼材の元の長さに対する伸びの割合（線膨張係数）を求めよ。

［考えかたと解答］ 伸びの割合＝伸び／初めの長さ＝0.011/1000＝1.1/0.00001＝1.1×10^{-5}

なお，線膨張係数をいう場合は，$\times10^{-6}$で表わすのが普通ですから，線膨張係数は11×10^{-6}とします。

【例題2】 長さ1000mm，線膨張係数11.5×10^{-6}の丸棒を加熱し，温度を

10℃上昇させた。このときの伸びを求めよ。

[考えかたと解答] 式(12)から求められます。$t-t_0$ が10℃です。

$\ell-\ell_0=a\ell_0(t-t_0)$ により，伸び λ は

$\lambda=\ell-\ell_0=11.5\times10^{-6}\times1000\times10=11.5\times10^{-6}\times10^4=11.5\times10^{-2}$

$=0.115$〔mm〕……答

3　熱応力とひずみ

例えば，両端を固定した長さ ℓ_0 の棒の温度を t_0 から t に上げた場合を考えると，次のことがいえます（図8-7）。

(a)　右端が固定してなければ棒は ℓ に伸びるはずだから，長さ ℓ の棒を λ だけ圧縮して ℓ_0 にしたことと同じわけで，棒は圧縮応力を受けます。

(b)　両端固定のため妨げられた伸び λ は，

$\lambda=\ell-\ell_0=a(t-t_0)\ell_0$

(c)　生じるひずみ ε は，

$\varepsilon=\lambda/\ell=a(t-t_0)\ell_0/(\ell_0-\lambda)$

ここで，$\ell=\ell_0-\lambda\fallingdotseq\ell_0$ とみなして

$$\varepsilon=\lambda/\ell_0=a(t-t_0) \quad (15)$$

(d)　生じる熱応力 σ は，

$$\sigma=\varepsilon E=a(t-t_0)E \quad (16)$$

図8-7

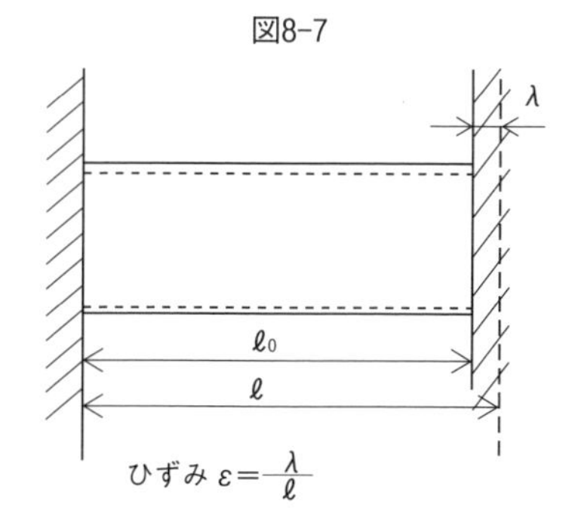

図8-8

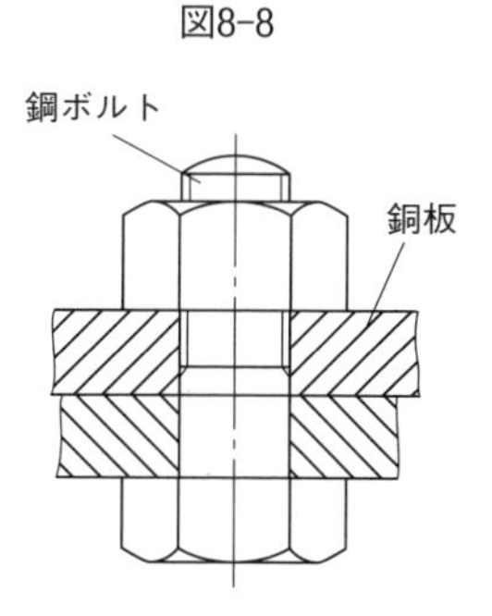

【例題３】図8-8のように，２枚の厚い銅板を鋼製のボルトで気温10℃のとき締付け，30℃まで温度を上げたとき，ボルトに生じる熱応力を求めよ。ただし，銅板にはボルトからの圧縮力によるひずみを生じないものとする。また，線膨張係数を，鋼は $a_S=11.5\times10^{-6}$，銅は $a_C=17\times10^{-6}$，縦弾性係数を鋼は $E_S=2.1\times10^4\text{kgf/mm}^2$，銅は $E_C=1.2\times10^4\text{kgf/mm}^2$ とする。

［考えかた］ボルトに生じる熱応力によるひずみ ε は，銅板の熱による伸びとボルトの熱による伸びの差に相当するひずみです。銅の伸びは $\lambda_C=a_C(t-t_0)\ell$，鋼は $\lambda_S=a_S(t-t_0)\ell$，伸びの差は，

$a_C(t-t_0)\ell-a_S(t-t_0)\ell$ となります。

したがって，ボルトに生じるひずみ ε は，

$$\varepsilon=\frac{a_C(t-t_0)\ell-a_S(t-t_0)\ell}{\ell}=(a_C-a_S)(t-t_0)$$

［解答］ボルトに生じる応力 σ〔kgf/mm²〕は

$$\sigma=\varepsilon E_S=(a_C-a_S)(t-t_0)E_S=(17-11.5)\times10^{-6}\times(30-10)\times2.1\times10^4$$
$$=2.31\ \text{〔kgf/mm}^2\text{〕}$$

5 弾性エネルギ

1 弾性エネルギとは

断面が一様の物体（棒材など）に引張り荷重を加えてひずみ（伸び）を起こさせたとき，棒に生じた引張り応力が弾性限度内なら，荷重を取去ればひずみはなくなり元の長さに戻りますが，ひずみが起きたということは，力によって物体が変形（変位）したわけです。つまり，力は物体に対して仕事<注2>をしたことになります。

この物体に対してなされた仕事に等しいエネルギは物体内に蓄えられていて，荷重が取去られるとエネルギを放出しながらひずみ（伸び，変位）が減少していき，元の長さに戻ると同時に，蓄えられたエネルギはゼロになります。

このひずみによって物体内に蓄えられていたエネルギを“弾性エネルギ”といいます。

断面一様な軟鋼棒材料に荷重を加えたときの荷重－伸び線図（応力－ひずみ線図）図8-9において，弾性限度内の点Hに荷重Pがあるときは，材

図8-9　弾性変形

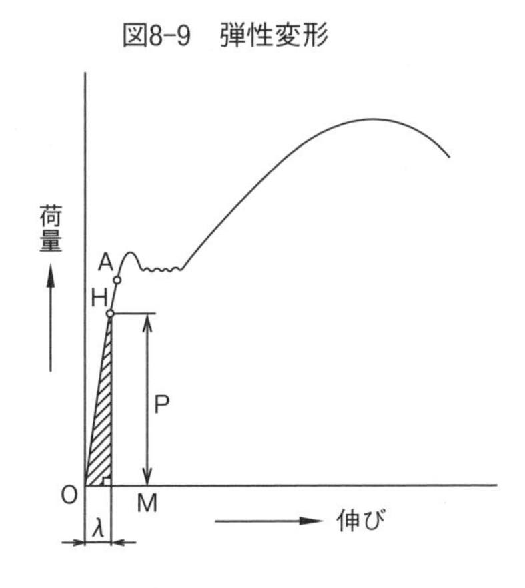

料には伸びOM（$=\lambda$）が生じています。このとき材料内に蓄えられている弾性エネルギU〔kgf･mm〕は，△OHMの面積に等しいから，

$$U=P\lambda/2 \tag{17}$$

です。

ここで，断面積A，長さL，縦弾性係数Eの材料にPの荷重が働いてλの伸びと材料内部にσの応力が生じているとき，蓄えられた弾性エネルギUは，次のように計算されます。

$P=\sigma A$，$\lambda=PL/AE=\sigma L/E$ですから，これらを上式に代入すれば，

$$U=\frac{1}{2}P\lambda=\frac{1}{2}\sigma A\cdot\frac{\sigma L}{E}=\frac{\sigma^2}{2E}AL \text{〔kgf･mm〕} \tag{18}$$

この式を体積ALで割って単位体積当たりの弾性エネルギu〔kgf･mm/mm^3〕を求めると，

$$u=U/AL=\sigma^2/2E \text{〔kgf･mm}^2\text{〕} \tag{19}$$

となります。したがって，この式に弾性限界の応力を入れれば，材料の単位面積当たりに蓄えられる最大弾性エネルギの値が求められます。

この値が大きくしかも縦弾性係数Eの大きな材料を，粘り強さに富む材料といい，弾性エネルギを多く吸収することができます。

図8-10　塑性変形

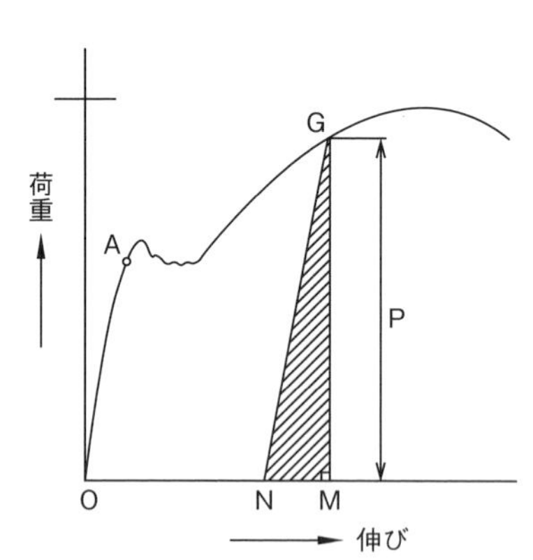

なお，図8-10のように，弾性限度を越えて，点Ｇまで荷重を加えると，その荷重を取去った後は，OMの伸びのうちMNだけは縮みますが，ONは永久ひずみとして残ります。このとき加えられた仕事の量は，面積OAGMOに相当しますが，荷重を取去ったときに放出するエネルギは△GMNの面積に相当する部分だけで，残りは永久ひずみ（塑性変形）や，熱，音などに費やされます。

【例題４】 あるコイルばねに50kgfの力が作用したとき40mm伸びた。このばねに蓄えられたエネルギはいくらか。

[考えかたと解答] 式(17)により弾性エネルギ U を求めます。

$P=50$kgf，$\lambda=40$mm だから，

$U=P\lambda/2=50\times40/2=1000$〔kgf･mm〕

【例題５】 弾性限度が20kgf/mm^{2}のある軟鋼の縦弾性係数が $E=2.1\times10^4$kgf/mm^{2}とすると，この軟鋼材料に蓄えられる単位体積当たりの最大弾性エネルギはいくらか。

[考えかたと解答] σ は20kgf/mm^2，$E=2.1\times10^4$kgf/mm^{2}だから，式(19)を用いて単位体積当たりの弾性エネルギuを求めます。

$u=\sigma^2/2E=20^2/(2\times2.1\times10^4)=0.0952$〔kgf･mm/mm^3〕

2　衝撃応力とひずみ

材料に衝撃荷重を加えたとき，材料内部には非常に大きな応力が生じます。この最大瞬間応力を衝撃応力といいます。衝撃荷重が材料の弾性限界内にある場合，図8-11のように重さ P の物体をhの高さからフランジの上に落下させると，この長さ L の棒は瞬間的に最大の伸び ℓ を生じますが，次の瞬間には縮んでまた伸びます。この伸び縮みの振動を繰返しながら静止します。

このとき静止したときの棒は，静止荷重 P を加えたときと同じ応力 σ_0 と伸び ℓ_0 が生じていますが，棒に最大の伸び ℓ が生じたときは，棒材料内に最大応力 σ が生じていると考えられますので，この棒に蓄えられた弾

図8-11

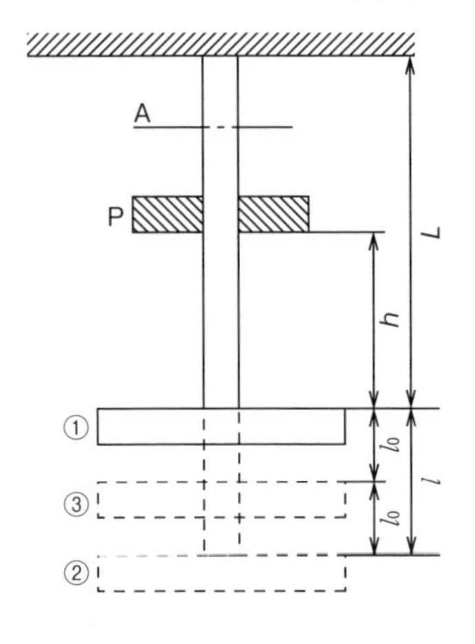

①落下させる前の位置
②最大の伸びを生じた位置
③停止の位置（静荷が加わった位置）

性エネルギ U_1 は，棒の断面積を A とすれば，式(7)から，

$$U_1 = (1/2)P\ell = (1/2)\sigma A\ell \qquad (20)$$

であり，そのときに物体が失った位置のエネルギ U_2[注3] は

$$U_2 = P(\mathrm{h} + \ell)$$

です。この物体の失った位置のエネルギが全部弾性エネルギとして棒に蓄えられますので，U_1と U_2は等しい。つまり，

$$(1/2)\sigma A\ell = P(\mathrm{h} + \ell) \qquad (21)$$

です。

また，棒の材料の縦弾性係数を E とすると，

$$\ell = \sigma L/E$$

これを式(21)に代入して左辺に集め，変形すれば，

$$\sigma^2 AL/2E - P(\mathrm{h} + \sigma L/E) = 0$$

$$AL\sigma^2 - 2PL\sigma - 2EP\mathrm{h} = 0$$

この式は σ についての 2 次方程式だから σ について解けば，

$$\sigma = \frac{P}{A}\left(1 \pm \sqrt{1 + \frac{2EA\mathrm{h}}{PL}}\right) \qquad (22)$$

ここで，静止した後にPが静荷重として加わっているために生じている応力σ_0と伸びℓ_0は，

$\sigma_0 = P/A$，$\ell_0 = PL/AE$

ですから，これを式(22)に代入すれば，

$$\sigma = \sigma_0\left(1 \pm \sqrt{1 + \frac{2h}{\ell_0}}\right) \tag{23}$$

この式からh＝0，つまり荷重をフランジの上に載せて伸びが生じないようにして支え，急に支えを取去る場合，いいかえれば，荷重が衝撃的にかかる場合には，$2h/\ell_0 = 0$となるため，

$$\sigma = 2\sigma_0 \tag{24}$$

となり，棒には静止荷重の2倍の応力が生じることが判ります。それぞれの応力によるひずみをε，ε_0とすれば，

フックの法則によって，$\sigma/\varepsilon = \sigma_0/\varepsilon_0$，

$$\ell = (\sigma/\sigma_0)\,\ell_0 \tag{25}$$

$$= (2\sigma_0/\sigma_0)\,\ell_0 = 2\ell_0 \tag{26}$$

となります。つまり，衝撃応力による伸び（ひずみ）はh＝0（この場合は急速荷重による応力という）であっても静止応力の2倍のひずみを生じることになります。

なお，式(22)，(23)の±は，＋は材料が伸びたとき，－は縮んだときに生じる応力です。

【例題6】 長さ1m，断面積4 mm^2，引張強さ40kgf/mm^2の鋼製の棒がある。この棒を急に引っ張って切断するのに必要な力を求めよ。ただし縦弾性係数E＝2.1×10^4kgf/mm^2とする。

[考えかたと解答] 引張り荷重に耐えられる応力の限度が引張強さです。これをσ_0とし衝撃荷重を加えたときの応力をσとすれば，式(24)で$\sigma = 2\sigma_0$　つまり衝撃応力は引張強さの2倍ですから，破壊応力は1/2になります。長さや縦弾性係数は関係ありませんので注意してください。

[解答] 破壊応力は40/2＝20〔kgf/mm^2〕，破壊荷重はこれに単位断面積を掛けて20×4＝80〔kgf〕または，80×9.8＝784〔N〕

【例題 7】 図8-12のような長さ$L=200$mm，直径20mm のフランジ付き丸棒において，高さ h＝50mm から重さ$P=10$kg のおもりを落としたとき，棒に生じる応力σと最大の伸びℓを求めよ。ただし，棒の材質の縦弾性係数$E=2.1\times10^4$〔kgf/mm^2〕とする。また，h＝ 0 の場合の静止荷重の応力σ_0と伸びℓ_0と比べてみよ。

図8-12

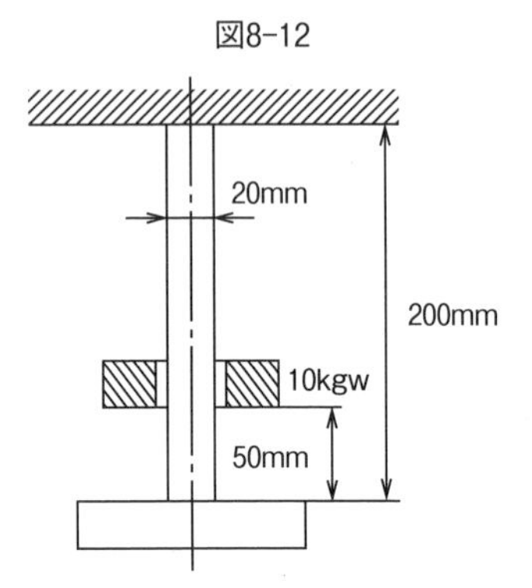

[考えかたと解答]（1） まず，σ_0を求める。断面積$A=\pi r^2=3.14\times10^2=314$〔mm^2〕

$\sigma_0=P/A=10/314=0.0318$〔kgf/mm^2〕

（2） ℓ_0を求める。

$\ell_0=\sigma_0 L/E=0.0318\times200/2.1\times10^4=0.000303$〔mm〕

（3） 式(23)からσを求める。

$\sigma=\sigma_0\left(1+\sqrt{1+2h/\ell_0}\right)=0.0318\left(1+\sqrt{1+2\times50/0.000303}\right)$

$=18.30$〔kgf/mm^2〕

（4） 式(24)からℓを求める。

$\ell=(\sigma/\sigma_0)\ell_0=18.30/0.0318\times0.000303=0.1744$〔mm〕

（5） $\sigma/\sigma_0=18.30/0.0318\fallingdotseq575$，または，

$\ell/\ell_0=0.1744/0.000303\fallingdotseq575$で，この条件での衝撃荷重の及ぼす影響は，静止荷重の場合の実に575倍の大きさになります。

【例題 8】 図8-13のような綱（直径20mm）で吊り下げられた重さ600kg の物体が A から自由落下するときに図の位置（h＝200mm）で急に綱を止めたとき，綱に生じる最大引張り応

図8-13

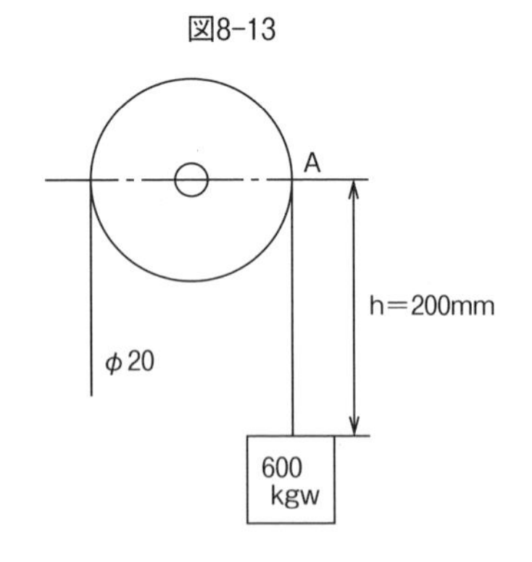

力はいくらか。ただし，綱の材料の縦弾性係数 $E=0.7\times10^4$ kgf/mm²とする。

［考えかたと解答］ 式(22)から σ を求める。

綱の半径10mm。

$$\sigma=\frac{P}{A}\left(1\pm\sqrt{1+\frac{2EAh}{PL}}\right)$$

$$=\frac{600}{\pi\times10^2}\left(1+\sqrt{1+\frac{2\times0.7\times10^4\times10^2\pi\times200}{600\times200}}\right)\fallingdotseq53.64\ \text{〔kgf/mm}^2\text{〕}$$

【例題９】 **図8-14**に示すような２本の軟鋼製丸棒がある。軸方向に同じ大きさの荷重がかかる場合の弾性エネルギを比較せよ。ただし，この軟鋼の弾性限界を20kgf/mm²，縦弾性係数を 2.1×10^4kgf/mm²とする。

［考えかた］ 式(18)を利用して両方の弾性エネルギを求めて比較します。与えられている数値は，丸棒形状の比較値と $E=2.1\times10^4$kgf/mm²ですが，比較だけなら形状値だけでよいわけです。(a)の方は径 d 部と0.5d 部を分けて計算します。

［解答］ (a)の弾性エネルギ U_1〔kgf･mm〕は

$$U_1=\frac{\sigma^2}{2E}AL=\frac{\sigma^2}{2E}\cdot\frac{\pi d^2}{4}\cdot0.5L+\frac{\sigma^2}{2E}\cdot\frac{\pi(0.5d)^2}{4}\cdot0.5L$$

図8-14

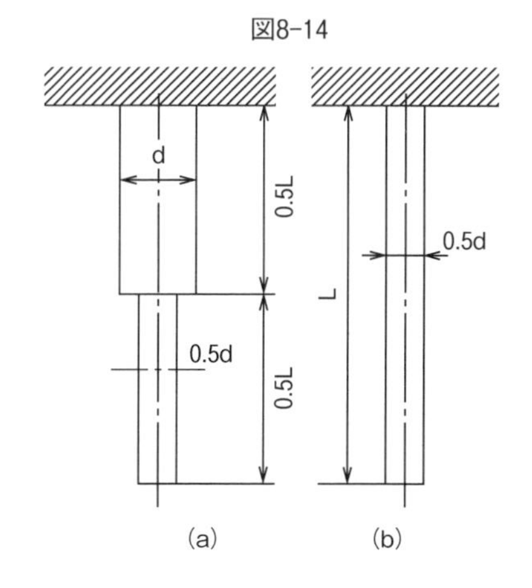

$$=\frac{\sigma^2\pi \mathrm{Ld}^2}{8E}\times 0.625\ 〔\mathrm{kgf\cdot mm}〕$$ <注4>

(b)の弾性エネルギ U_2〔kgf·mm〕は

$$U_2=\frac{\sigma^2}{2E}A\mathrm{L}=\frac{\sigma^2}{2E}\cdot\frac{\pi(0.5\mathrm{d})^2}{4}\cdot\mathrm{L}$$

$$=\frac{\sigma^2\pi\times 0.25\mathrm{d}^2}{8E}\cdot\mathrm{L}=\frac{\sigma^2\pi \mathrm{Ld}^2}{8E}\times 0.25\ 〔\mathrm{kgf\cdot mm}〕$$

U_1と U_2との比を求めると，

$U_1/U_2=0.625/0.25=2.5$

したがって，(a)は(b)の2.5倍の弾性エネルギを持つことができる。

6 応力集中

1 応力集中とは

図8-15(a)のように，断面が一様な板や丸棒などに引張り荷重（または圧縮荷重）P が働くと，その物体の内部に生じる応力は，断面全体に一様に分布します（σ_n）。

しかし，(b)のように穴があいていると，応力は穴を通る断面には一様には分布しないで，穴の周辺でとくに大きくなり，穴から遠去かるに従って応力は急に減少します。この断面での平均応力は σ_n であり，最大応力は σ_{max} で，断面の両端の応力は σ_n より小さくなります。

また，(c)のように切欠き溝があると，溝の底の部分でとくに大きい応力が発生し，中心部の応力は平均応力 σ_n よりも小さくなります。さらに，(d)のような段付き部分があると，段の隅の部分（段面積が変化する個所）に生じる応力がとくに大きく，(c)と同様な応力分布になります。

このように，物体に穴や溝，段付き部などで，形状が急に変わる部分があるときは，その部分に発生する応力は一様に分布しないで，局部的に異常に大きくなるものです。この現象を“応力集中”といいます。

物体は最大応力 σ_{max} がその材料の極限強さを越すと破壊されてしまい

図8-15　応力集中

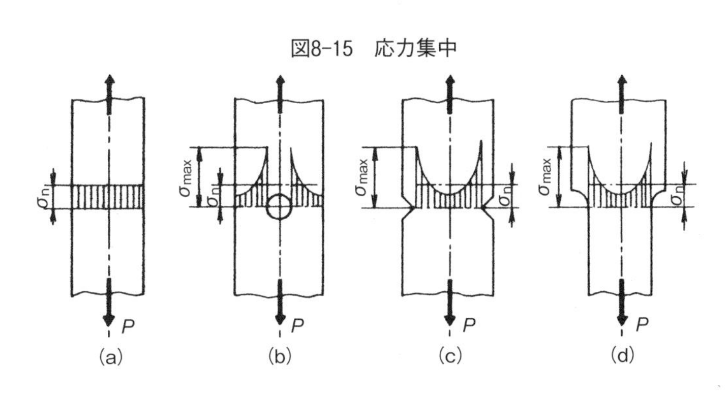

ますので，穴や溝，切欠き部分などのある材料を使う場合は，σ_{max} が許容応力の範囲になるように設計しなければなりません。

2 切欠き溝の応力集中

溝底位置の断面積が同じであっても，その溝の形状によって応力集中で生じた応力 σ_{max} の値は，次のように変わって来ます。

(a) 溝が深いほど大きい。

(b) 溝底の曲率半径が小さいほど大きい。

(c) 溝の角度が小さいほど大きい。

応力集中の比較例を図8-16に示します。設計に当たっては，この点を考慮し，応力集中を小さくしなければなりません。例えば図8-17のキー溝の隅 R はできるだけ大きくした方がよいのです。

図8-16　切欠き溝の形状と強度

強度・大 (応力集中・小)	強度・小 (応力集中・大)	備　　考
みぞ角度 $\alpha_1 > \alpha_2$ 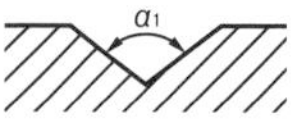 α_1	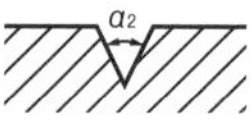 α_2	みぞ角度は大きい方が強い
 R		みぞ底のRを大きくすると強い
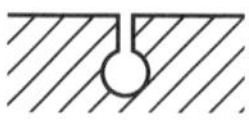	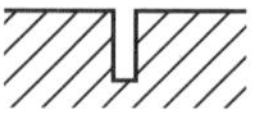	みぞ底に逃げを付けると強い
$\alpha_1 > \alpha_2$  α_1	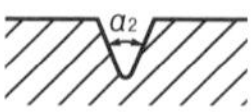 α_2	なめらかな形状が強い

図8-17　キー溝のR

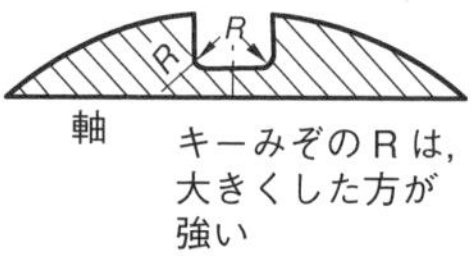

R
R
軸
キーみぞのRは，
大きくした方が
強い

3 穴，段付き部の応力集中

穴や段付き部がある場合の応力集中の大きさは次のようになります（図8-18）。

穴の場合――

板幅（W）あるいは棒の外径と穴径（d）比，d/W は小さい方が小さくなります。

段付き部がある場合――

(a) テーパを長くつける（テーパ値が小さい）と小さくなります。

(b) 隅に R をつけると小さくなります。その R は大きいほど効果的。

(c) 板幅や径の変化の差が小さい方（d/D が大きい方）が小さくなります。

図8-18　穴，段付き部の応力集中

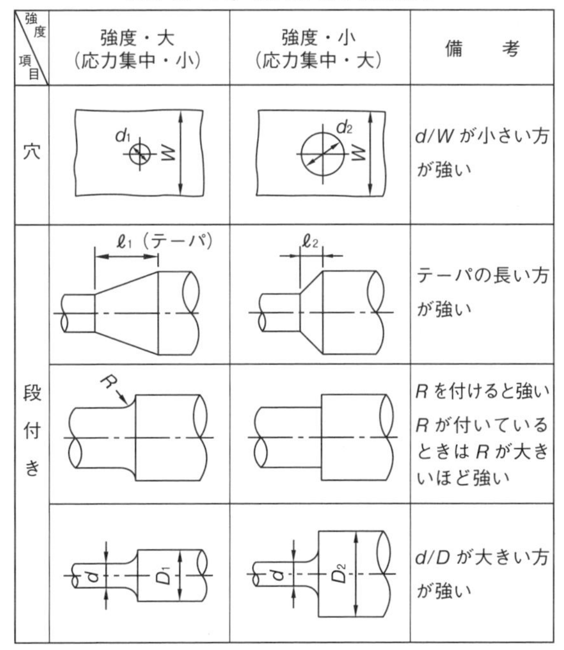

強度／項目	強度・大（応力集中・小）	強度・小（応力集中・大）	備　考
穴	d_1, W	d_2, W	d/W が小さい方が強い
段付き	ℓ_1（テーパ）	ℓ_2	テーパの長い方が強い
	R		R を付けると強い R が付いているときは R が大きいほど強い
	d, D_1	d, D_2	d/D が大きい方が強い

4 形状係数

弾性限度内で局部的に生じる最大応力 σ_{max} を最小断面に対する平均応力 σ_n で割った値，つまり σ_{max} と σ_n の比 α_k を応力集中係数といいます。つまり，

$$\alpha_k = \sigma_{max}/\sigma_n \tag{27}$$

です。また，これを“形状係数”といいます。

この形状係数の値が大きいと，材料が繰返し荷重などの動荷重を受けるとき，応力集中によって材料が破壊されやすくなるので，材料に穴や切欠き溝があるもの，あるいは段がついている部品などを設計する場合には，この形状係数 α_k をできるだけ小さくなるように工夫する必要があります。

図8-19に，便覧や文献に示されている形状係数の図表の例を載せておきます。

応力集中は，引張りや圧縮だけでなく，材料を曲げる場合やねじる場合にも生じますが，そのときの形状係数は引張りや圧縮とは異なった値となります。

【例題 1】 幅50mm，厚さ10mm の帯板状の材料に中央に直径20mm の穴がある。この板の長手方向に1000kgf の引張り荷重が加わるとき（**図8-20**），応力集中による最大応力を求めよ。

［考えかた］ まず，**図8-19**により帯板の引張りの形状係数 α_k を求め，次に穴断面における平均応力 σ_n を求めて式(27)より $\sigma_{max}=\alpha_k \cdot \sigma_n$ を計算します。

［解答］ $d/D=20/50=0.4$ だから，**図8-19**(a)で断面係数を求めて，$\alpha_k=2.25$

平均応力 $\sigma_n=\dfrac{P}{A}=\dfrac{1000}{(50-20)\times 10}\fallingdotseq 3.33$〔kgf/mm^2〕

最大応力 $\sigma_{max}=\alpha_k \cdot \sigma_n=2.25\times 3.33\fallingdotseq 7.5$〔kgf/mm^2〕

または，$7.5\times 9.8=73.5$〔N/mm^2〕

図8-19　形状係数の実験値例

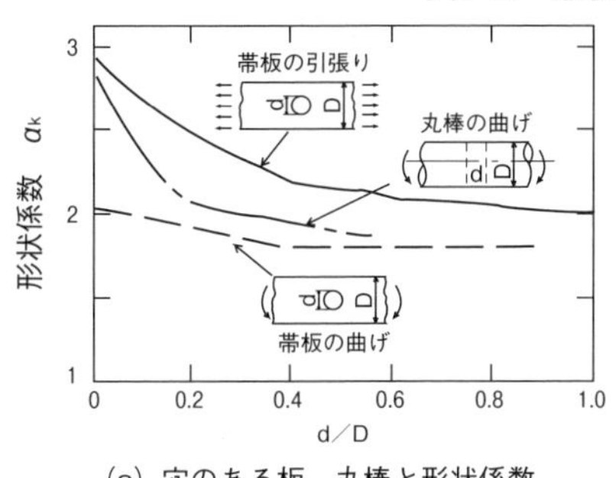

(a) 穴のある板，丸棒と形状係数

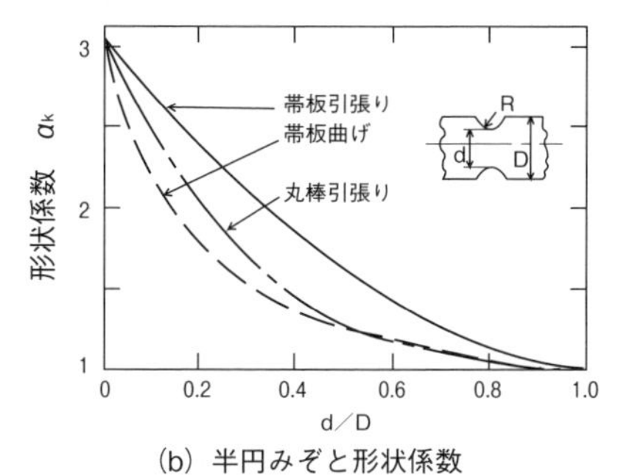

(b) 半円みぞと形状係数

(c) 段付丸棒のねじり形状係数

図8-20

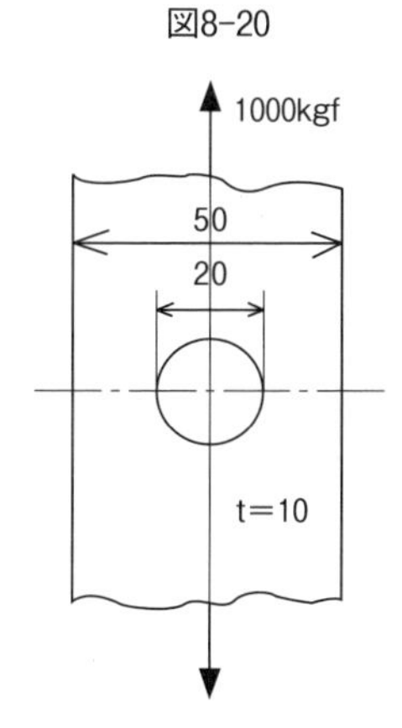

7 応力測定法

弾性限度内では，応力とひずみは比例しますから，応力を知るにはひずみを測定すればよいわけです。ひずみの測定方法には，電気的方法（抵抗線ひずみ計），応力塗料法，光弾性法，X 線法，モアレ縞法，機械的方法など各種の方法がありますが，被測定物体や測定の目的に適した方法を選定する必要があります。

1 抵抗線ひずみ計（ストレンゲージ）

1）構造と特長

抵抗線ひずみ計は，絶縁台紙（ポリエステル，フェノール樹脂などの薄片）上に細い抵抗線または抵抗金属箔を取付けたもので（図8-21)。これを測定個所に接着して，その場所のひずみに比例した抵抗変化を計測し，これをひずみに換算するようにした測定器です。

この方法は，図8-22のように，被測定物体にストレンゲージを接着します。物体が荷重を受けてひずむと，ゲージの抵抗線（アドバンス線ともいう)それに伴って伸縮します。それに比例して電気抵抗が変わりますので，これを電流値の変化にして取り出して測定します。

電気的な方法で，構造が簡単，取扱いが容易で増幅度が大きくとれますので，微小ひずみも測定できるほか，被測定物体の応力状態を乱さずに測定できる，リード線で引出せるので遠隔測定ができる，多数点の同時測定ができるなどの特色があります。また，応力の急激な変化にも対応できるため，静的な測定以外に，回転・振動時の応力，つまり，動的な応力や衝撃的な応力も測定できるという優れた特長も持っていますので，最近ではこの方法で応力測定を行うのが一般的となっています。

なお，ゲージには長さがあるため，応力はこれらのゲージの長さの間の平均値として求められます。その結果，材料の点から点への不連続な測定

図8-21　ひずみゲージ

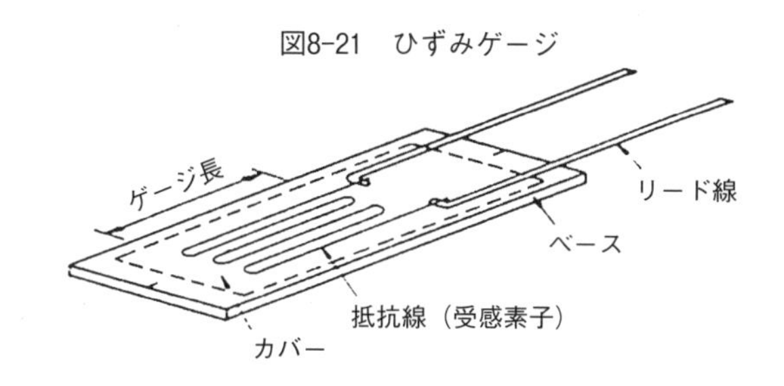

図8-22　ひずみゲージの種類と用途

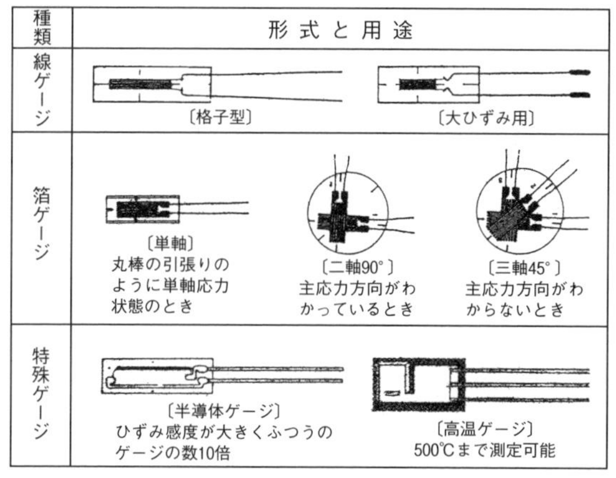

種類	形式と用途		
線ゲージ	〔格子型〕	〔大ひずみ用〕	
箔ゲージ	〔単軸〕丸棒の引張りのように単軸応力状態のとき	〔二軸90°〕主応力方向がわかっているとき	〔三軸45°〕主応力方向がわからないとき
特殊ゲージ	〔半導体ゲージ〕ひずみ感度が大きくふつうのゲージの数10倍	〔高温ゲージ〕500℃まで測定可能	

となり，特殊な微小寸法のゲージを用意しなければ，R 部の個所や切欠き底のなどの，とくに応力の集中する小部分には利用しにくい点もあります。また最大応力値の測定には不適当ですし，材料の内部応力を測定することも困難です。

しかし，測定値が電気信号として得られるために，たんにひずみあるいは応力の測定だけでなく，変位，圧力，荷重，加速度，トルクなどの測定にも応用できますので，この方法には非常に広範囲な用途があります。

市販されているストレンゲージでは，ひずみが直読できるものもあります。

2）ひずみゲージの種類

図8-22に示すような種類のものがあります。

なおゲージの長さはコンクリートなどに適用する比較的長いものから，特殊なものではねじ底の応力測定ができる0.3mm くらいの小さなものまであります。

3）取扱いかた

(1) 被測定個所への接着――

まず，被測定個所のさび，黒皮，塗料などを完全に除去し，正しい測定位置をけがきます。次に，アセトン，四塩化炭素できれいに拭き取り脱脂します。接着剤<注5>で接着するときは指先で圧力をかけ，余分な接着剤を押し出して密着させます。安定した測定を行うためには，ゲージと被測定物体との間に100MΩ 以上の絶縁抵抗が必要です。

(2) 配線処理――リード線は通常２心平行コードを使用します。ゲージとリード線との間にはゲージ端子を用い，ゲージにリード線の重量や外部からの衝撃がかからないように固定します。はんだ付けはあまり熱がかからないように素早く行います。

(3) ゲージが湿っていると絶縁抵抗が低下し測定誤差が生じるので，ワックス，合成樹脂などのコーティング剤でゲージ表面を覆います。水中や高圧，高温蒸気中での使用には，防湿処理とともに強固なプロテクタで覆います。

4）測定方法

(1) 静的ひずみ計――図8-23にホィートストンブリッジを示します。これはゲージの抵抗変化が極めて小さい場合に用いられる接続法です。被測定物体に貼ったアクティブゲージの抵抗変化がブリッジ出力となって増幅器を通してメータ目盛に表われます。使用ゲージのひずみ感度（ゲージ率）はあらかじめ判っていますので，抵抗変化からひずみに換算できます。

(2) 温度補償――測定精度に最も大きく影響するのは温度です。一般には図8-23のようにアクティブゲージと同一のものをダミーゲージとして

図8-23　ホィートストンブリッジ

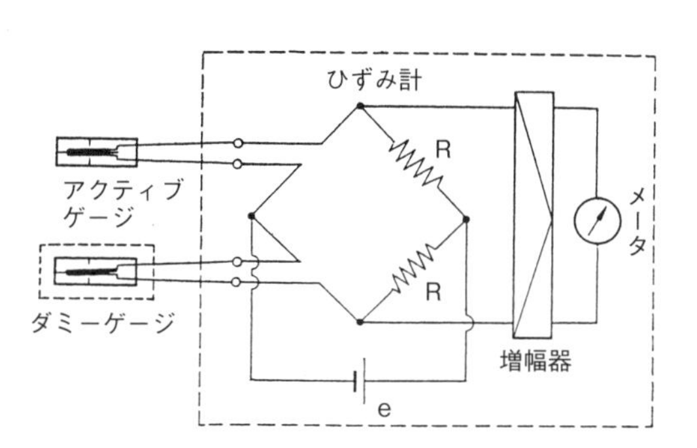

被測定物体と同一材料のブロックに貼り付け，アクティブゲージの隣に入れてやります。こうしておけば温度の変化があってもメータは振れません。もっとも最近は自己温度補償ゲージ<注6>が開発されています。

(3) 動的ひずみ計――振動物体のように刻々と変化するひずみを測る場合には動的ひずみ計が用いられます。これはメータの所にオシログラフを接続して測定します。衝撃波などもっと速い現象にはシンクロスコープやデータレコーダが用いられます。

2　応力塗料法（脆性塗膜法）

この方法は，ペンキを塗ったブリキ板を曲げたりしますと，ペンキがはげることがありますが，原理的にはこれと同じことを応用したものです。

被測定物体の表面にペンキを塗るのと同じように，脆性塗料である応力塗料（ストレスコート）<注7>を塗って乾燥させ，塗膜を作ります。荷重を加えると，生じた応力の方向に沿って塗料膜に細かい亀裂ができます。その亀裂の様子から物体の表面における応力の分布を知る方法です。

この方法では，実物の全表面における応力の分布状態は判りますが，その応力値の測定は難しいので，一般には表面の応力の状態（引張り主応力の方向と大きさなど）や，複雑な形状の部品の最大応力個所を知りたいときに利用されます。

したがって，機械部品などで強度が不足している場所を探し出すとか，主応力の方向を知りたいときなどに用いる方がよいでしょう。その意味で，自動車部品などによく使われています。

3　光弾性法

1）原理など

これは原理的には光の屈折現象を利用した方法で，透明な合成樹脂を用いて被測定物体の模型を作り，光を当てて光学的に応力状態を調べるものです。複雑な形状の部品の応力集中係数を求めたり，応力分布を調べたりするのに便利です。

この方法によれば，ストレンゲージや応力塗料では測定できなかった材料内部の応力を測定することができます。

よく使われる透明な合成樹脂には，エポキシ樹脂，フェノール樹脂などがあり，これで被測定物体の形状と同じもの（模型）を作って，これに荷重を加え，光を当てて，現われる縞模様から応力の分布状態と大きさを知るのです。

一般に弾性限度内では，ヤング率やポアソン比など，物質で異なる弾性定数には関係がなく，応力分布は相似になりますので，合成樹脂のような

図8-24　光弾性実験装置（平行光束を用いる円偏光器）

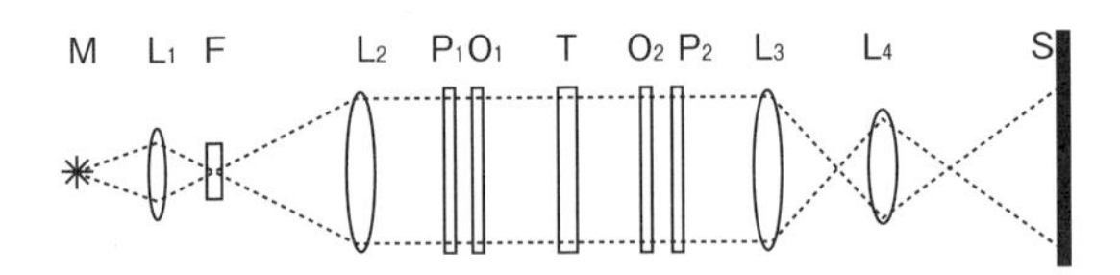

M：光源　L_1：集光レンズ　F：フィルタ
L_2，L_3：視野レンズ　P_1，P_2：偏光子
Q_1，Q_2：1/4 波長板　L：写真レンズ
T：試験片　S：スクリーン

ものによって得られた応力分布や応力値が，鋼やその他の金属材料に換算できます。したがって，模型実験ができるわけで，実物と同じでなくても相似の模型でよいのです。

なお，模型はそのまま使うのではなく，測定面に沿って板状などに切ったものを試験片としています。

縞ができる理由――物体（試験片）に荷重を加えますと，材料内部にひずみが生じます。そこで，一方向から光を試験片に当てると（**図8-24**は光弾性装置の光学系構造例），材料に生じているひずみによって，光は複屈折といって，決まった２つの方向に光が分かれます。そのため，その光が出るときは，少し時間的なずれがあります。このずれが縞の数に比例するのです。つまり，時間のずれが大きい（ひずみが大きく，複屈折が大きい）ときほど，縞は多く出ることになります。

図8-25は平歯車の模型に荷重を加えたときの光弾性写真です。歯と歯の接触する点に応力が生じるのは当然ですが，そのほかに，どの部分に応力集中があるかが判ります。つまり，縞が多く集まって密になっている所，歯形の歯底に近い所に最も大きな応力が生じているのです。このことから歯車ではこの個所が最も破壊しやすい個所（危険断面）ということが判ります。

図8-25　平歯車の光弾性写真

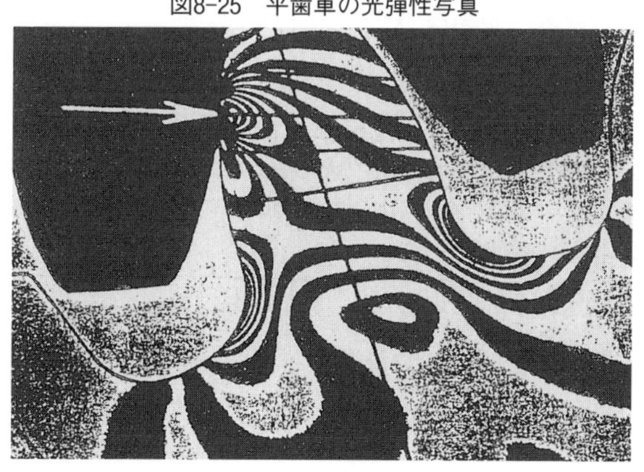

2）応力の算定

応力σは，縞の数（縞次数という）をn，光弾性感度をκ（mm/kgf），模型の板厚をt（mm）とすれば，次式から求められます。

$$\sigma=\frac{n}{\kappa t} \tag{28}$$

κの値はエポキシ樹脂の場合，約0.93mm/kgfとなっています。

例えば図8-25の歯車のR部の応力は次のようになります。縞次数n＝８，$\kappa=0.93$mm/kgf，t＝6mmとすると，

$\sigma=8.5/(0.93\times6)=1.52$〔kgf/mm²〕

この式で算出したのは，模型片における最大応力（σ_m）ですから，これを実物の応力（σ_P）に換算するには，次式を使用します。

$$\sigma_P=\sigma_m\times\frac{P_P}{P_m}\times\frac{t_m}{t_P}\times a \tag{29}$$

ただし，P_P：実物の荷重，P_m：模型片の荷重，t_P：実物の厚み，t_m：模型の厚み，a：寸法比（模型の寸法／実物の寸法）

4　X線応力測定法

X線を照射することにより原子の格子間距離の伸びを測定するもので，局部応力や残留応力の測定に利用されます。

材料に応力が加わって力の方向に伸縮する（ひずむ）と，それに伴って原子の配列している距離（格子面間距離）も伸縮しますので，その伸縮の程度（ひずみ）を測定して応力を求めるのです。大形タンクなどの構造物に広く利用されています。

X線法の特長は次の通りです。

①応力の状態と比較することなく，任意の方向の応力値が求められる。

②測定対象が格子面間距離であるから，試料の変形状態にかかわらず，弾性ひずみだけが測定される。

③X線の照射深さや面積で代表される試料表面付近の特定領域で，X線の

回折にあずかった結晶の受けている平均応力が測定できる。

5　そのほかの方法

1）モアレ縞法

ひずみをモアレ縞方式で拡大して観察するものですが，ごく微小なひずみはモアレ縞で検出することは困難ですから，主として塑性ひずみの測定に用いられます。

2）機械的方法

ダイヤルゲージや指針測微器，マルテンス（てこの原理を応用した長さ測定器の一種）などを使い，荷重を加えた後の試料の長さの微量な変化を測ってひずみを求める方法もあります。

第9章

材料の強さと許容応力

1 材料の破壊

破壊とか破損などということばは，一般に次のような意味に用いられることが多いようです。

“破壊”とは，物体や材料がその一部または全体に分離を起こすか，あるいは著しく大きな変形を起こして使用できなくなることです。“破損”は，破壊と同じ意味にも用いられますが，“弾性破壊”などのように，破壊よりも狭い意味で，変形の限界を越えたことを意味する場合もあります。

破壊の結果，物体の一個体としての結合が壊れ分離してしまう場合を“破断”と呼びます。

ところで，材料の破壊には，“延性破壊”と“脆性破壊”があります。静荷重を増していくとき，大きな変形を伴って破壊する場合，これを延性破壊といいます。一般の機械材料，例えば鋼材，銅合金，アルミ合金などの延性材料に起きるものです。これに対して，静荷重を増していくとき，変形を伴わずに急に破壊するとき，これを脆性破壊といいます。

軟鋼などの延性材料でも鋭い切欠きや金属疲労によるひびがあるとき，大きい応力が生じると脆性的な破壊をします。これを脆性破壊と区別するために“急速破壊”と呼ぶことがあります。

破壊の生じかたは材料にかかる荷重の種類や，周囲の条件，温度，荷重速度などによってそれぞれ異なります。その主なものとして，ここでは次の種類をあげておきます。

1 静的破壊

加わる荷重の速度が非常に遅い場合の破壊を“静的破壊”といいます。実際の機械部品などに起こる破壊では静的破壊は少ないものですが，材料の強さを測る方法としては，簡単であるために，材料の受入れ検査などには，この静的破壊試験による“引張強さ”がよく用いられます。

静的破壊において，荷重速度が速くなれば変形抵抗は増し，とくに降伏点は上昇します。低温では鋼のような体心立方格子といわれる結晶組織の金属は，滑り抵抗が増し，高温では滑りが容易になって変形抵抗が減ります。

静的破壊の一つである“応力腐食割れ”といわれる破壊は，材料に比較的低い静荷重が作用し，しかも長時間腐食環境にさらされている場合に，ほとんど変形なしに破壊する現象で，高強度鋼，ばね鋼，高力黄銅などに起こりやすいものです。

2 衝撃破壊

荷重速度が非常に速い場合の破壊を“衝撃破壊”といいます。衝撃に対する材料の材料の強さは，一定寸法の材料（試験片）を衝撃荷重によって破断し，そのときの吸収エネルギを試験片の断面積で割って得られる衝撃値で表わします。延性材料では衝撃値が高く，脆性材料では低くなります。

3 低温脆性破壊および切欠き脆性破壊

一般に鋼材は低温になると急激にもろくなり，衝撃値が小さくなって，ほとんど変形を起こさないで破壊することがあります。これを“低温脆性破壊”といいます。また，切欠きなどのために材料に応力集中部分があると，常温では塑性変形して破断しない場合でも，温度が低いと急激な破断を起こすことがあります。これを“切欠き脆性破壊”といいます。

いずれにしても，この種の破壊は大形の構造物などでとくに起きやすいので，低温で使用されるものは，その使用温度では低温脆性を起こさない材料を使う必要があります。

4 疲れ破壊

材料に荷重が繰返し働くと，その応力の大きさが降伏点以下であっても破断することがあります。これを“疲れ破壊”といいます。機械や構造物に実際に起こる破壊のほとんどは，この疲れ破壊が原因といわれます。

5 クリープ破壊

高温で一定荷重をかけておくと，材料は時間とともにそのひずみを増していき，ついには破断することがあります。これを“クリープ破壊”といいます。高温で使用される機械や構造物については重要な破壊原因です。

そのほか――

構造物や部材のこわさ（力またはトルクの変化と，これに対応する直線変位または回転変位との比，外力による変形に対する抵抗の大きさ，剛性）が不足していると，大きな変形（曲がりやねじれなど）を生じて本来の機能を失うことがあります。これは破断ではありませんが，破壊の一種と考えることができます。例として“座屈”（後述）といわれる破壊現象もあります。

2 疲れ強さ

1 材料の疲れ

機械，構造物などの部材に受ける荷重は，静荷重よりも，引張りや圧縮，曲げなどの荷重が時間的に変化する変動荷重である場合が多いものです。一般に材料は，このような周期的な変動荷重を受ける場合には，それによって生じる応力が材料の極限強さよりもはるかに小さい応力であっても破壊することがあります。この現象を“材料の疲れ”といい，その疲れの大きさを“疲れ強さ”といいます。

例えば，人間でも60kgの重量物を持つことができる人が，30kgの物体を持ったり降ろしたりしているうちに，ついには30kgのものも持てなくなるものです。これは，その人の腕が疲れたために起こるもので，材料の場合も全く同じ考えかたができます。

2 S−N線図

実際の機械部品に外力が働いて材料に生じる繰返し応力は，不規則な振幅が複雑に組合わさったものですが，疲れ強さを求めるためには，一定振幅の応力を試験片に繰返し生じさせる方法（疲れ試験）がとられます。

材料（試験片）にかかる荷重（応力）の最大値をσ_{max}，最小値をσ_{min}，とすれば，$\sigma_m=(\sigma_{max}+\sigma_{min})/2$を平均応力，$S=(\sigma_{max}-\sigma_{min})/2$を“応力振幅”，また，$R=\sigma_{min}/\sigma_{max}$を応力比といいます（**図9-1**）。

図9-2(a)のように，同じ大きさの引張りと圧縮の応力が交互にかかるものを“両振り繰返し応力”といい，(b)のように応力が0からσ_{max}までの間に変化するものを“片振り繰返し応力”といいます。片振り繰返し応力は，両振り繰返し応力にその応力振幅と等しい大きさの静応力が重なったものと考えることができ，この静応力が平均応力（σ_m）です。さらに，

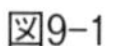

図9-1

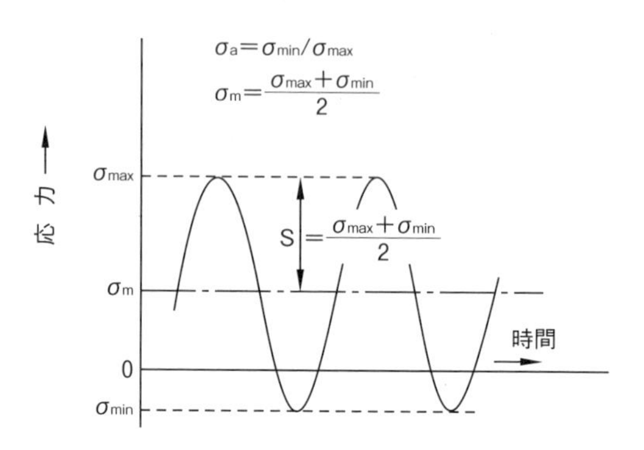

図9-2

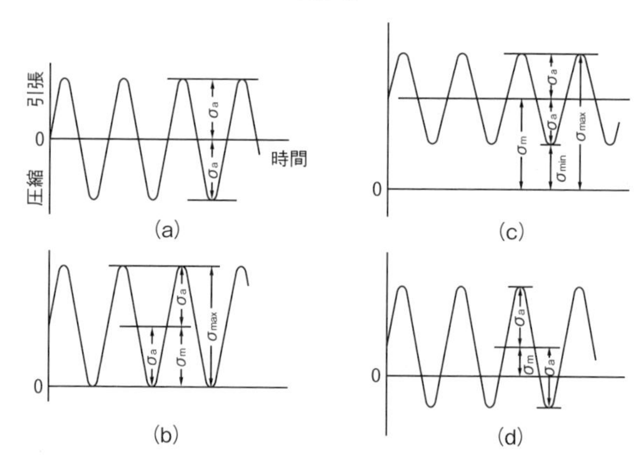

平均応力(σ_m) が応力振幅 (S) より大きい場合には (c) のように応力は最小応力 (σ_{min}) と最大応力 (σ_{max}) との間で変化します。こういうものを “部分片振り繰返し応力” といいます。平均応力 (σ_m) が応力振幅 (σ_a) より小さいと，繰返し応力は(d)のように引張りと圧縮の両側にわたっています。このようなものを “部分両振り繰返し応力” といいます。

疲れ試験の行われる応力の種類は，引張り，圧縮，曲げ，回転曲げ，ねじりなどですが，いずれの場合でも試験結果は “S－N 曲線” (図9-3) と

図9-3　S－N曲線

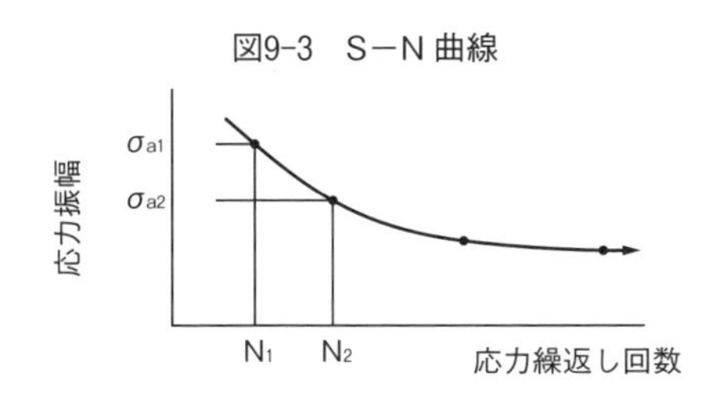

図9-4

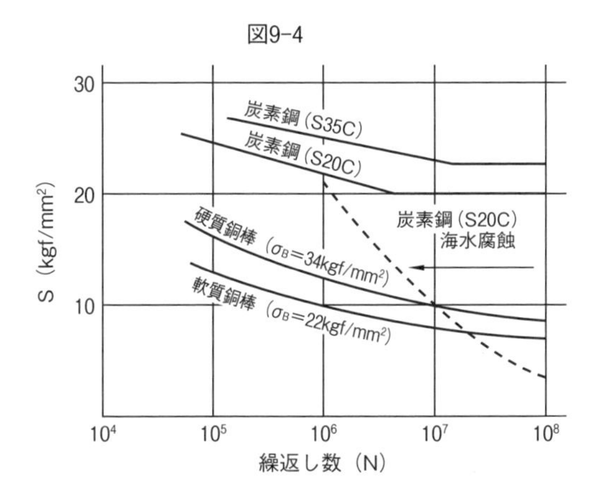

呼ばれる線図（S－N線図という）で示されます。S－N曲線は，応力（Stress）を縦軸にとり，その応力で試験片が破断するまでの繰返し数（N）を横軸（対数目盛）にとって示したものです。**図9-4**は数種の材料のS－N曲線を示しています。

3 疲れ限度

鉄鋼材料のS－N曲線は，繰返し数が10^6～10^7で水平になります。この水平な線で示される以下の応力なら，荷重を無限回繰り返し加えても試験片は破壊しないのです。水平になった繰返し応力の大きさは，破壊を起こさない応力の限界を示すので，材料の耐久限度であり，この限界の応力を

“疲れ限度”といいます。この限度を越えた応力では，ある回数の繰返し荷重で必ず破壊が起こります。この繰返し数を“寿命”といい，寿命を考えたとき，その繰返し数に耐える応力の最大値を“時間強度”と呼びます。

鉄鋼以外の材料では，図9-4の銅棒の場合に見られるように，線図に水平部がない，つまり疲れ限度が存在しないので，10^7程度の繰返し数を指定して，その時点での時間強度をもって疲れ限度に代えることになっています。一般に疲れ強さと呼ぶのは，この時間強度と疲れ限度の総称なのです。

疲れ限度は荷重の種類によって異なりますが，鉄鋼材料については，疲れ強さと引張強さとの比は，ほぼ表9-1に示した数値の範囲内にあります。

表9-1　鉄鋼材料の疲れ限度と引張強さの比

荷重の種類	疲れ限度／引張強さ
回転曲げ	0.35～0.64
両振り引張圧縮	0.33～0.59
両振りねじり	0.22～0.37

耐久限度線図について――

実際の機械構造物は引張りや曲げ，圧縮などさまざまな応力が働いて稼動しているものです。さらに，繰返し応力は $\sigma_{max} \pm \sigma_{min}$ の形で，ある最大値と最小値の幅を変動しているものです。といっても，$\sigma_{max} \pm \sigma_{min}$ に対応するすべての疲れ強さを知るための試験などできるものではありません。そこで，ある試験の複数の試験結果をもとに作成された“耐久限度線図”というものが用いられています。

図9-5はわが国で多く用いられている耐久限度線図です。縦軸に応力振幅Sを，横軸に平均応力 σ_m をとって，繰返し応力の変動範囲の相違によって疲れ限度の変化する状態を示したものです。これは引張り，圧縮の場合の耐久限度線図で，直線AB，CDは降伏限度線，直線BCは疲れ限度線で，ABCDで囲まれる応力範囲は，疲れ破壊の起きない安全であること

図9-5　引張り・圧縮の場合の耐久限度線図

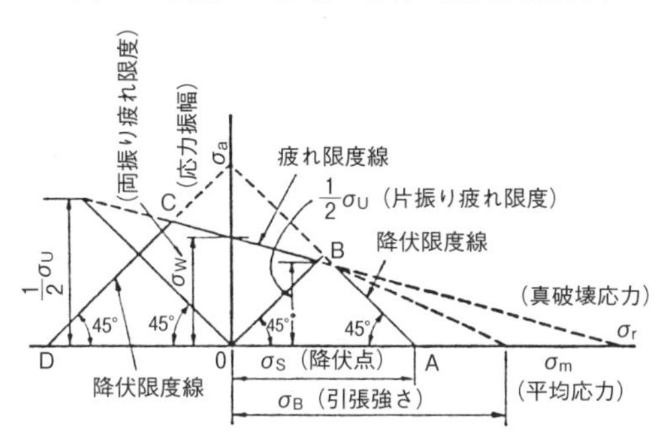

を示しているのです。

これまで多くの実験からいろいろなデータが発表されています。しかし，実際にわれわれが利用となると，適当なものはなかなかないものです。同一の材料と思われるものでも，実験者や使用試験機の違いから，数値はだいぶ異なっているからです。データ数が多いだけに選択する方で迷ってしまいます。そのなかで比較的よくまとめられていると思われるものを図9-6～8に載せておきますので参考にしてください。

図9-6　鋼の回転曲げ疲れ限度と引張強さ

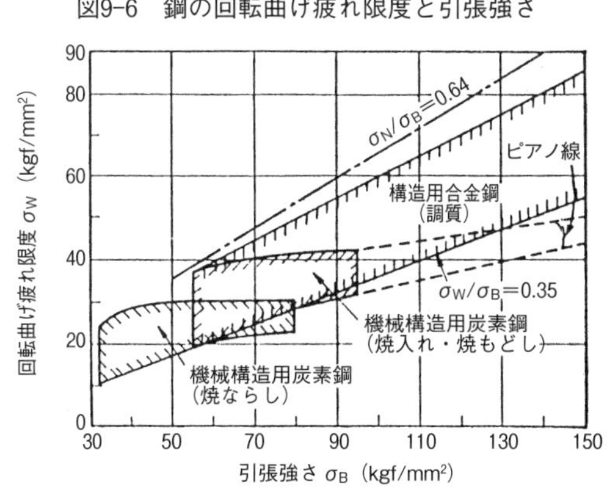

図9-7　鋼の両振り引張り・圧縮疲れ限度と引張強さ

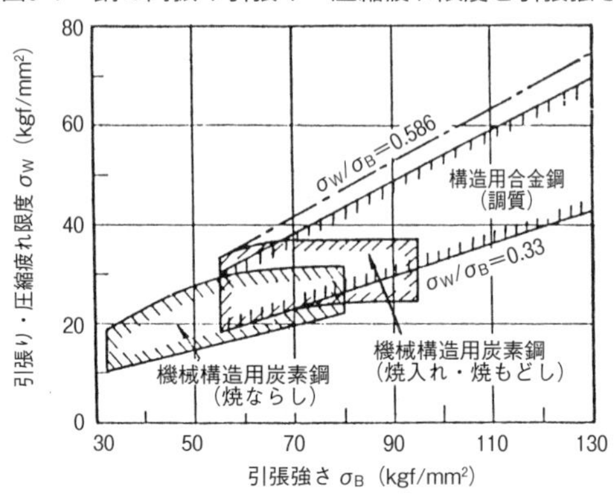

図9-8　鋼の両振りねじり疲れ限度と引張強さ

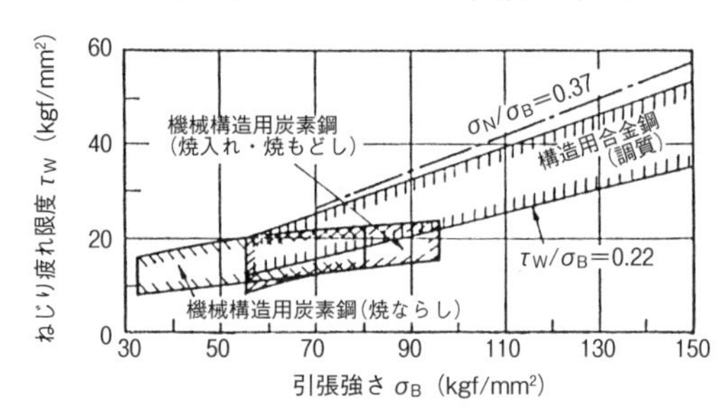

4　疲れ強さのもつ性質

疲れ強さには次のような性質があります。

(a) 切欠き部を持つ材料の疲れ強さ（切欠き底部の応力で表わす）を σ_k, 切欠き底部と同じ断面積を持つ表面の平滑な材料の疲れ強さ σ_0とするとき，$\beta=\sigma_0/\sigma_k$ を“切欠き係数”と呼ぶ。応力集中係数 α_k が小さいときは $\alpha_k \doteqdot \beta$，α_k が大きいところでは $\alpha_k > \beta$ となる。

(b) 一般に引張強さが高くなると，疲れ強さも増す傾向がある。

(c) 曲げまたはねじり疲れ強さは，材料の大きさによって異なり，寸法の大きい方が疲れ強さは低い。

(d) 疲れ強さは材料の表面の仕上げ状態によっても異なり，表面粗さが粗いほど疲れ強さは低下する（図9-9）。

(e) 疲れ強さは表面を高周波焼入れ，窒化，表面圧延，ショットピーニングなどによって表面に負の残留応力を生じさせることにより上昇させることができる。

(f) 腐食疲労がある。これは材料に繰返し応力が作用し，しかも腐食環境にさらされている場合に疲れ強さが低下する現象で，腐食によって表面に生じる多くのピット（pit：穴，気孔など）の底に生じた小亀裂が連なり，ついには破壊にいたることがある。

図9-9

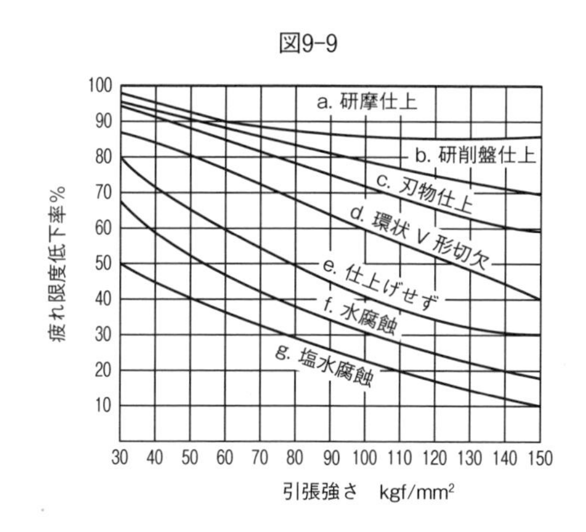

3 クリープ強さ

金属材料を一定荷重または一定応力のもとで長時間使用すると，ひずみが次第に大きくなる現象をクリープといい，とくに高温の場合に著しいものです。

図9-10の曲線(a)に示したように，時間とともに初めは急速にひずみが増加し，次にひずみは連続的に増加します。温度と荷重が低い場合には，曲線(b)のようにある時間経過後にはひずみは増加しなくなりますが，温度，荷重のいずれかまたは両方が高い場合には，曲線(c)のようになり，ひずみ増加の割合が一定になった後，ひずみ増加の割合が大きくなってついに破断します。

図9-10

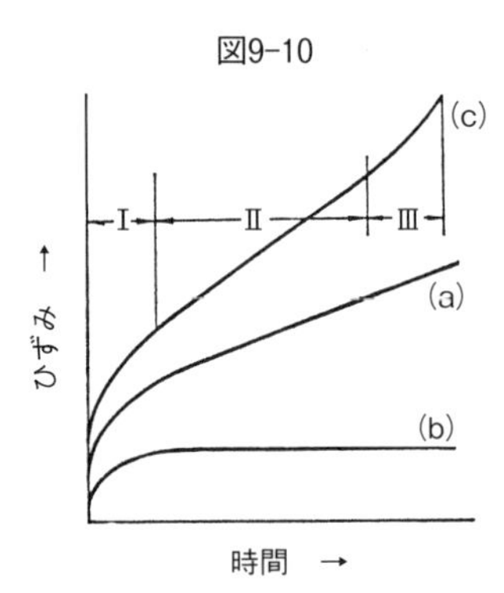

曲線(c)において，ひずみ増加の割合が一定になるまでの部分Ⅰを第１期クリープ，ひずみ増加の割合が一定の直線部分Ⅱを第２期クリープ，最後にひずみ増加の割合が大きくなって破断するまでの部分Ⅲを第３期クリープと呼んでいます。第１期クリープには弾性ひずみ，塑性ひずみ，およびクリープひずみの３つが含まれています。

図9-10の(b)では，ある時間が経過すると荷重がかかっていてもひずみが増加しないで一定値となり，クリープ現象がなくなります。このクリープ現象が現われない最大応力を“クリープ限度”といいます。クリープ限度の例として表9-2にクロム鋼の場合を示しておきます。

また，ある規定された温度と時間（寿命）でクリープ破断を生じる応力を“クリープ破断強さ”といいます。例えば，600℃で1000時間経過すると破断する応力の値を，その材料の“600℃における1000時間のクリープ破断強さ”といいます。

表9-2　クロム鋼およびクロム鉄のクリープ限度の一例〔kgf/cm²〕

鉄鋼名	482℃	538℃	593℃	649℃	704℃	760℃
9Cr-1.5　Mo 鋼	2340	819	489	162	－	－
18Cr-8　Ni 鋼	1690	1290	812	387	－	－
13Cr-0.2　Al 鉄	－	580	237	105	69	－
16Cr- 鉄	－	598	352	155	84	56

〔備考〕10 000h に１％のクリープひずみを生ずる応力

高い性能が要求され，しかも使用期間が比較的短い航空機の構造部材や，ジェットエンジン部品などでは，10万時間以上の寿命を目標にして規定されたクリープ限度による設計では対応できないので，クリープ破断強さが用いられます。

4 許容応力と安全率

1 許容応力

材料の内部に破壊応力が生じるほどの大きさの荷重が作用すれば，その材料は破壊します。このように大きな荷重でなくても，応力が弾性限界を越えれば，材料は永久ひずみを起こして変形してしまい，機械や構造物の部品としては役に立たなくなります。また，弾性限界内であっても長時間繰返し荷重が働けば，疲れを起こして破断することもあります。

このような破壊の危険をなくするためには，材料は弾性限度以下の，さらに小さい応力の範囲内で使用しなければなりません。種々の条件を考えて，実際に使用しても安全であると考えられる応力のうち，その最大の応力を“許容応力”といいます。種々の条件とは，次のようなことが考えられます。

(a) 材料の種類（もろいか，粘り強いか）
(b) 荷重の種類（静荷重か，動荷重か）
(c) 応力の種類（単純応力か，組合わせ応力か）
(d) 使用時の温度（高温か，常温か，低温か）
(e) 使用状態（例えば，真空中とか，水中とか，あるいは放射能にさらされるとか，用途上変形量の制限があるかなど）
(f) 加工方法（切削か，鍛造か，熱処理・切欠きの有無など）

使用目的に応じた許容応力の決定が困難なときには，材料試験を繰返して統計的に求めたり，従来の経験を参考にして決定します。**表9-3**は，実験や経験によって得られた鉄鋼の許容応力の値です。

【例題 1】 **図9-11**のように，内径500mm の容器に0.2 kgf/mm^{2}の圧力のガスが封入されている。容器の蓋を８本のボルトで締付けるには，ボルトの径をいくら以上にしたらよいか。ただし，ボルト材の許容応力（σ_a）を６

表9-3　鉄鋼の許容応力 kgf/mm²

荷重		軟鋼	中硬鋼	鋳鋼	鋳鉄
引張り	a	9.0～15.0	12.0～18.0	6.0～12.0	3.0
	b	6.0～10.0	8.0～12.0	4.0～ 8.0	2.0
	c	3.0～ 5.0	4.0～ 6.0	2.0～ 4.0	1.0
圧縮	a	9.0～15.0	12.0～18.0	9.0～15.0	9.0
	b	6.0～10.0	8.0～12.0	6.0～10.0	6.0
曲げ	a	9.0～15.0	12.0～18.0	7.5～12.0	—
	b	6.0～10.0	8.0～12.0	5.0～ 8.0	—
	c	3.0～ 5.0	4.0～ 6.0	2.5～ 4.0	—
せん断	a	7.2～12.0	9.6～14.4	4.8～ 9.6	3.0
	b	4.8～ 8.0	6.4～ 9.6	3.2～ 6.4	2.0
	c	2.4～ 4.0	3.2～ 4.8	1.6～ 3.2	1.0
ねじり	a	6.0～12.0	9.0～14.4	4.8～ 9.6	—
	b	4.0～ 8.0	6.0～ 9.6	3.2～ 6.4	—
	c	2.0～ 4.0	3.0～ 4.8	1.6～ 3.2	—

〔備考〕荷重で，a は静荷重，b は動荷重，c は繰返し荷重をさす。

kgf/mm²とする。

図9-11

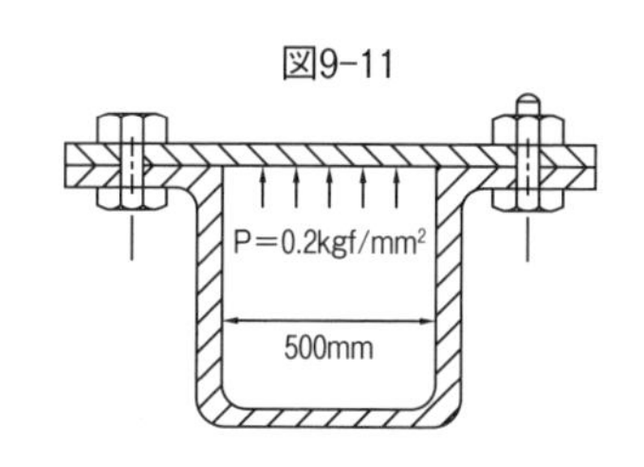

[考えかた] まず，蓋に作用する全圧力を求め，次にそれを８本のボルトで受けるのですから，ボルト１本当たりの荷重を計算し，これから許容応力６kgf/mm² が生じるようなボルトの径を求めればよいのです。

[解答] 蓋に作用する全圧力を W，ガスの圧力を P，容器の半径を r とすれば，

$W = P \times \pi r^2 = 0.2 \times 250^2 \pi = 12500\pi$

ボルト１本に作用する力を w とすれば

$w = 12500\pi / 8 = 1562.5\pi$

また，$w = \sigma_a A = \sigma_a \times \pi r^2$

したがって $r = \sqrt{w/\pi\sigma_a} = \sqrt{1562.5\pi/6\pi} \fallingdotseq 16.14$

ボルト直径は16.14×2＝32.28mm………答

2 安全率

材料の“基準強さ（基準応力)”と許容応力との比を“安全率”といいます。この基準強さとは設計の基礎となる材料の強さのことで，一般にその材料の極限強さ（引張強さ）を当てはめます。

$$安全率\ n = \frac{材料の基準応力\ \sigma_B}{許容応力\ \sigma_a} \qquad (1)$$

つまり，安全率とは，基準強さが許容応力の何倍であるかを示す値で，大きい値ほど安全性が高いわけです。例えば，安全率 5 とは実際にかかると思われる最大の荷重の 5 倍も大きい荷重がかからなければ破壊されないということを意味しているのです。**表9-4**は各種の荷重のかかりかたによるいくつかの材料の安全率を示します。

【例題 2】 1 辺が20mm の正方形断面の鉄棒が，2000kgf の荷重を受けるとすれば，そのときの安全率 n はいくらになるか。ただしこの鉄棒の引張り強さは38kgf/mm^2 とする。

[考えかたと解答] 応力の計算式 $\sigma = P/A$ で，$P = 2000$kgf，$A = 400$mm^{2}ですから，$\sigma = 2000/400 = 5$〔kgf/mm^2〕 式(1)から

安全率 n = 38/5 = 7.6………答

【例題 3】 機械構造用炭素鋼（S45C）の鋼線に，2t の物体をつるすとき，鋼線の直径をいくらにすればよいか。ただし，S45C の引張強さを70kgf/

表9-4　安全率

安全率＼材料	静荷重	動荷重		変化する荷重，または衝撃荷重
		繰返し荷重	交番荷重	
鋳鉄	4	6	10	15
軟鋼	3	5	8	12
鋳鋼	3	5	8	15
木材	7	10	15	20
れんが・石材	20	30	—	—

mm^2，安全率nを5とする。

[考えかたと解答] 式(1)から許容応力 $\sigma_a = \sigma_B/n = 70/5 = 14$kgf/mm^2,

$A = P/\sigma_a = 2000/14 = 142.86$

丸棒の半径 $r = A/\pi = 142.86/3.14 \fallingdotseq 6.75$

直径 d＝13.5〔mm〕………答

ところで，種々の荷重状態（荷重のかかりかた）において，基準強さをどんな場合にも引張強さという静的引張り破壊に対する強さを当てはめるのは，合理的とはいえません。

そこで，実際の荷重状態に近い破壊形式における材料の強さを基準強さにとるようになりました。たとえば，繰返し繰返し荷重に対しては疲れ強さ，高温の静荷重に対してはクリープ強さなどが用いられます。この場合には安全率の値は引張り率を基準強さとしたときよりも低くとることができ2～4 程度になります。基準強さとして，より実際の荷重条件に近い状態での強さが求められれば，安全率はさらに小さくするすることができます。

安全率を小さくとることは，部品重量を小さくすることができるわけで経済的に有利です。また，設計応力は許容応力以下でなくてはなりませんが，許容応力に等しくとるのが最も経済的です。もっとも剛性などの関係から，設計応力は許容応力よりはるかに低くとらなければならないことが実際的です。

第10章

曲　げ

機械部品や構造物などの物体に，外部から加わる力のことを一般に荷重といいます。その荷重は物体にかかるときの方向により，引張り，圧縮，曲げ，せん断，ねじりの５種類に分類できます。

このうちの“曲げ”がこれからの本稿の主要テーマです。物体の軸線（例えば棒状形体）に直角方向に荷重がかかると，棒は曲げ作用を受けます。このような曲げ作用を受ける棒を“はり”<注1>といいます。

1 はりの種類と荷重

1 はりの種類

図10-1のように，荷重が加わって曲げ作用を受けている棒状の水平部材が“はり”です。そして，はりを支えている点を“支点”といいますが，両支点間の距離のことは“スパン”ともいいます。

支点の構造には図10-2のように３種類があり，(a)は ころ を入れて水平に移動できるもので移動支点，(b)はピンを入れて回転はできるが水平にも

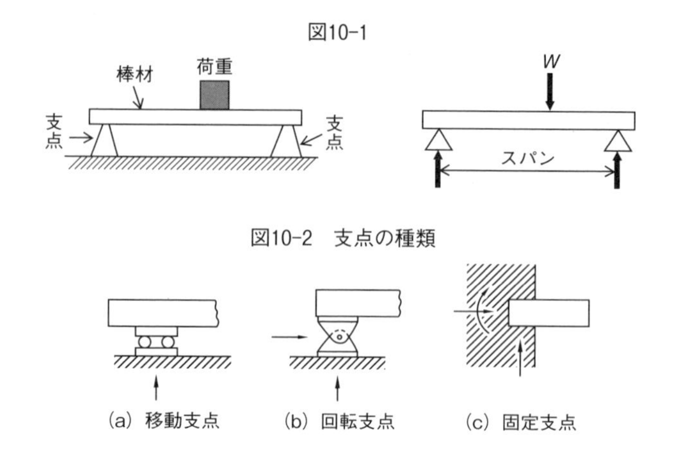

図10-1

図10-2　支点の種類

図10-3　はりの種類

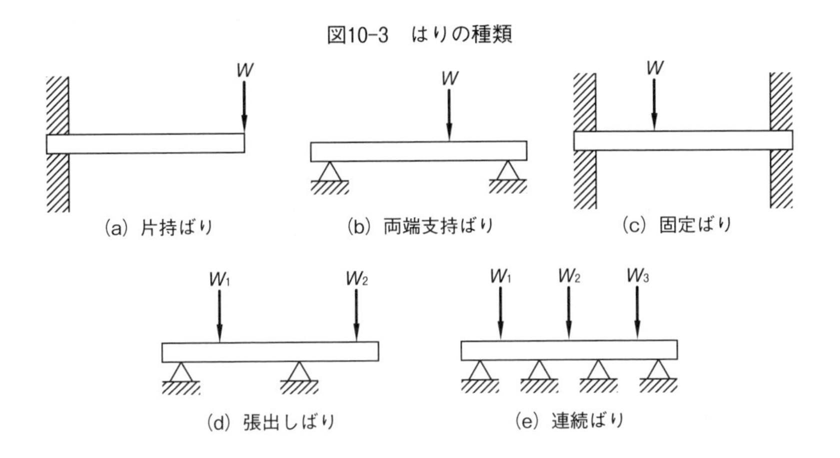

垂直にも移動はできないもので回転支点，(c)は端部が埋め込んであり，回転も移動もできないもので固定支点です。

はりは支持のしかたによって図10-3のような種類があります。

(a) 片持ちばり……一端を固定し他端を自由にしたはりで，固定した端を固定端，自由な端を自由端という。

(b) 両端支持ばり……両端が自由に動くように支持されたはりで，両端とも水平方向に移動できるものと，一端だけが移動できるようにしたものとがある。

(c) 固定ばり……両端が固定されたはりで，両端は水平移動も回転もできない。

(d) 張出しばり……支点の外側に荷重にかかるはりで，支点から荷重のかかる点までの距離のことをオーバハングという。

(e) 連続ばり……３点以上の支点で支えられているはりのことをいう。

なお，この他に，一端が固定支持，他端が水平方向に移動可能な図10-4のようなはりもあります。

図10-4　一端固定，他端支持ばり

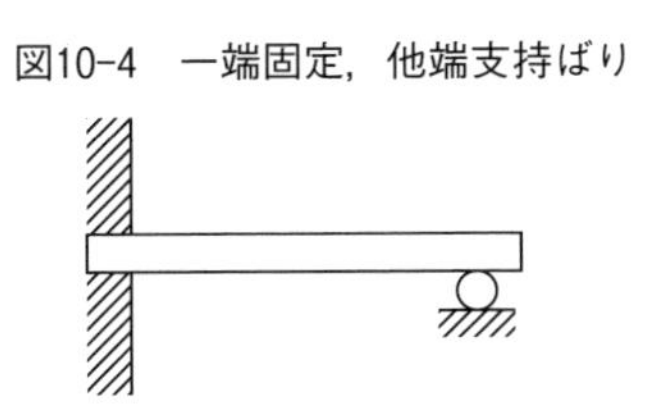

2 はりに加わる荷重の種類

はりに加わる荷重の状態によって図10-5のような種類があります。

(a) 集中荷重……W_1, W_2 のように，一点に加わっているとみなせる荷重をいう。

(b), (c) 分布荷重……はりの一部または全長にわたって働く荷重で，とくに(c)の w のように，等しい力が一様に分布している荷重（単位長さ当たりの荷重が一定）を等分布荷重という。

(d) 偶力荷重……片持ちばりの自由端に大きさが等しく方向の反対の一対の力（偶力）が働くもので，これを“ねじり”ともいう。

図10-5　荷重の種類

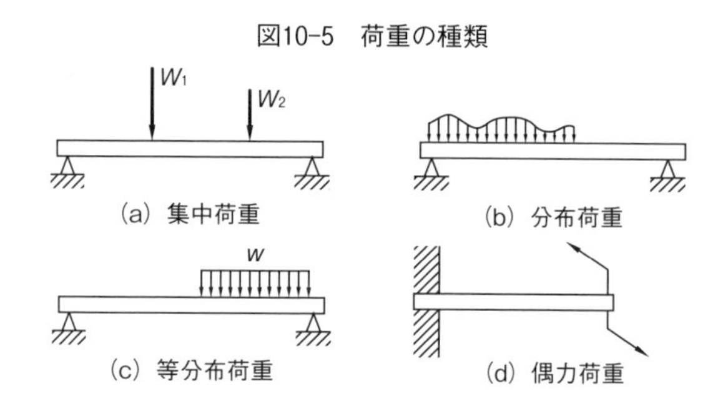

3 はりにおけるつり合い

はりに荷重が作用したとき，はりが破断したり支点が移動したりしない場合は，はりはつり合いを保って静止の状態にあるわけで，そのため，支点には荷重とは向きが逆の力が生じています。その力を“反力”といいます。このときの荷重と反力は平行力であるため，平行力のつり合いの条件から，次のことがいえます。

(a)はりに作用する外力の総和は0である。

(b)はりの任意の点に関する力のモーメントの総和は0である。

4 支点の反力

図10-6の(a)のような1つの集中荷重（W）がかかる場合の支点における反力を求めるときは，次のように考えます。

支点Aにおける反力を R_A，支点Bにおける反力を R_B とすると，力のつり合いから，

$$R_A + R_B = W \tag{1}$$

力のモーメントのつり合いから，まず支点Bに関するモーメントを考えると，

$R_A \cdot \ell + R_B \cdot 0 = W \cdot b$，したがって，

$$R_A = (b/\ell)\,W \tag{2}$$

同様にして，

$$R_B = W - R_A = (a/\ell)\,W \tag{3}$$

となります。また，図10-6の(b)のように，はりにいくつかの集中荷重 W_1，W_2，W_3 が働いているときは，力のつり合いから，反力 R_A，R_B の和は，

$$R_A + R_B = W_1 + W_2 + W_3 \tag{4}$$

力のモーメントのつり合いから支点Aに関するモーメントは，

$R_A \cdot 0 + R_B \cdot \ell = W_1\ell_1 + W_2\ell_2 + W_3\ell_3$

したがって，

$$R_B = (W_1\ell_1 + W_2\ell_2 + W_3\ell_3)/\ell \tag{5}$$

図10-6　はりにおける力のつり合い

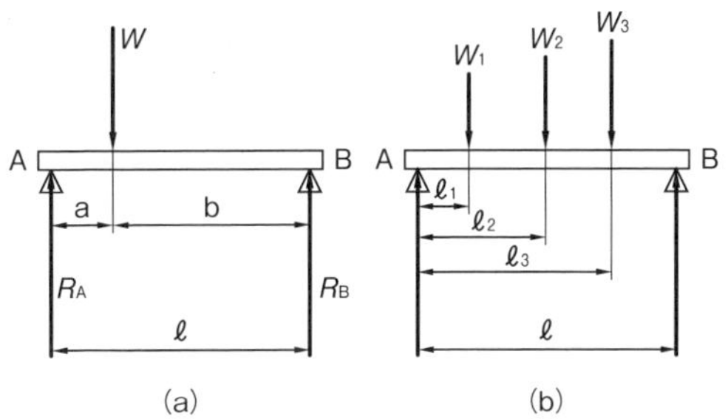

【例題１】 図10-7の(a)～(g)において，それぞれの支点における反力を求めよ。

［考えかたと解答］ それぞれ式(1)～(5)を利用して解けばよいのです。

(a)　$\ell = 1200\text{mm}$，$W = 100\text{kgf}$，$a = 800\text{mm}$

式(2)から R_B を求めます。

$R_B = (a/\ell)W = (800/1200) \times 100 = 66.7$〔kgf〕

式(1)を変形して R_A を求めます。

$R_A = W - R_B = 100 - 66.7 = 33.3$〔kgf〕

(b)　$W_1 = 70\text{kgf}$，$W_2 = 120\text{kgf}$，$W_3 = 100\text{kgf}$，$\ell_1 = 100$，$\ell_2 = 100 + 300 = 400\text{mm}$，$\ell_3 = 100 + 300 + 600 = 1000\text{mm}$，$\ell = 1400\text{mm}$

式(4)から R_B を求めます。

$R_B = (W_1\ell_1 + W_2\ell_2 + W_3\ell_3)/\ell$

$= (70 \times 100 + 120 \times 400 + 100 \times 1000)/1400 = 110.7$〔kgf〕

式(3)を変形して R_A を求めます。

図10-7

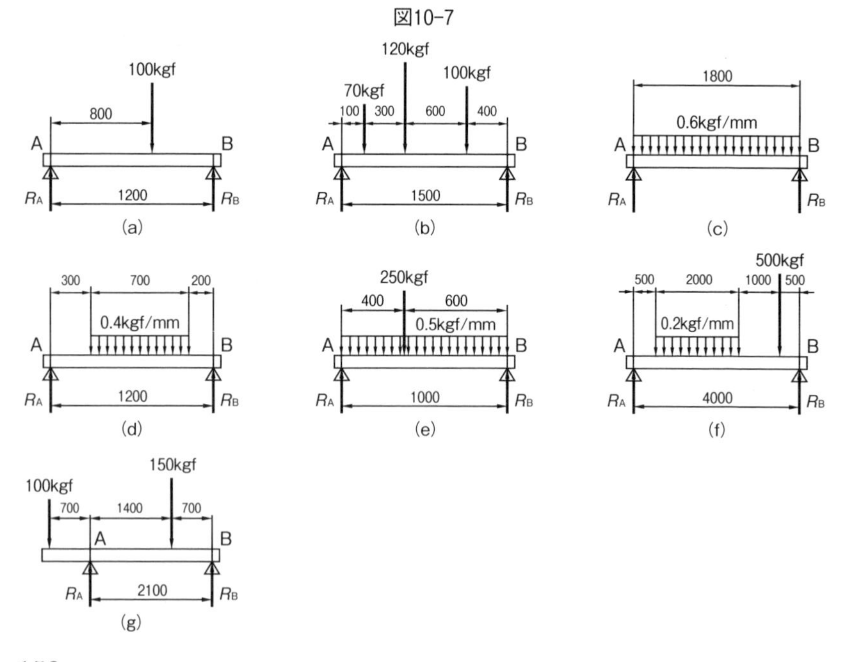

$R_A = W_1 + W_2 + W_3 - R_B = 70 + 120 + 100 - 110.7 = 179.3$〔kgf〕

(c) 等分布荷重をそれと同じ作用をする集中荷重に置き換えて考えると，等分布荷重の合力は $6 \times 180 = 1080$kgf，等分布荷重の着力点は はりの中央で$1800/2 = 900$となる。

$\ell = 1800$mm，$a = b = 900$mm，$W = 0.6 \times 1800 = 1080$kgf

式(2)から R_A，R_B を求めます。

$R_A = R_B = (a/\ell)W = (900/1800) \times 1080 = 540$〔kgf〕

(d) 前問と同様に考えて，等分布荷重の合力は $4 \times 70 = 280$kgf，等分布荷重の着力点は $a = 300 + 700/2 = 650$となる。

$\ell = 1200$mm，$a = 300 + 700/2 = 650$mm，$b = \ell - a = 550$mm，

$W = 0.4 \times 700 = 280$kgf

式(2)，(3) から R_A，R_B を求めます。

$R_A = (b/\ell)W = (550/1200) \times 280 = 128.3$〔kgf〕

$R_B = W - R_A = (a/\ell)W = (650/1200) \times 280 = 151.7$〔kgf〕

(e) 前問と同様に考えて，等分布荷重の合力は $0.5 \times 1000 = 500$kgf，着力点 Aa の距離 $\ell_2 = 1000/2 = 500$mm となる。

$\ell = 1000$mm，W_1(集中荷重) $= 250$kgf，W_2(等分布荷重の合力) $= 280$kgf，

$\ell_1 = 400$mm，$\ell_2 = 500$mm，

式(5)から R_B を求めます。

$R_B = (W_1\ell_1 + W_2\ell_2)/\ell = (250 \times 400 + 500 \times 500)/1000 = 350$kgf

式(4)を変形して R_A を求めます。

$R_A = (W_1 + W_2 - R_B) = 250 + 500 - 350 = 400$kgf

(f) 前問と同様に考えて，等分布荷重の合力は $0.2 \times 2000 = 400$kgf，着力点は $\ell_1 = 500 + 2000/2 = 1500$mm となる。

$\ell = 4000$mm，W_1(等分布荷重) $= 400$kgf，W_2(集中荷重の合力) $= 500$kgf，

$\ell_1 = 1500$mm，$\ell_2 = 500 + 2000 + 1000 = 3500$mm，

式(5)から R_B を求めます。

$R_B = (W_1\ell_1 + W_2\ell_2)/\ell = (400 \times 1500 + 500 \times 3500)/4000 = 587.5$ kgf

式(4)を変形して R_A を求めます。

$R_A = (W_1 + W_2 - R_B) = 400 + 500 - 587.5 = 312.5$ kgf

(g) 1つの荷重が支点の外側にあるので，A点に関するモーメントの符号は負（−）になる。

$\ell = 2100$mm，$W_1 = 100$kg，$W_2 = 150$kg，$\ell_1 = -700$mm，$\ell_2 = 1400$mm

式(5)からR_Bを求めます。

$R_B = (W_1\ell_1 + W_2\ell_2)/\ell = \{100 \times (-700) + 150 \times 1400\}/2100 = 66.6$kgf

式(4)を変形してR_Aを求めます。

$R_A = (W_1 + W_2 - R_B) = 100 + 150 - 66.6 = 183.6$kgf

2 せん断力と曲げモーメント

1 せん断力

図10-8に示すような一組の力Fは，X断面（仮想断面という）で，はりをせん断するように作用するので，これをせん断力といいます。はりに働くせん断力の方向には図10-9のように2つあります。これを区別するために符号をつけます。(a) に示すものを 正（+），(b) に示すものを負（−）とします。

図10-8

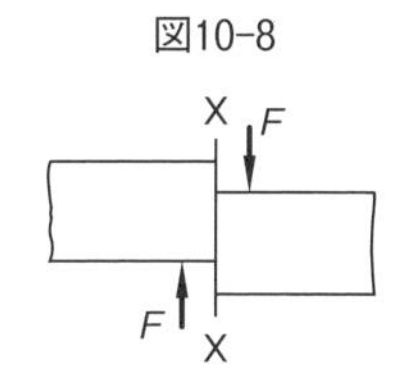

図10-9　せん断力の符号

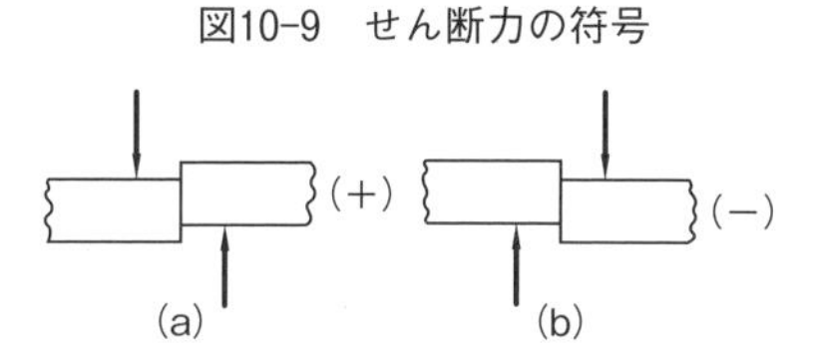

図10-10のような両端支持ばりに2つの集中荷重 W_1，W_2 が働くと支点には反力 R_A，R_B が生じます。この4つの平行な力がつり合っている場合，下向きの荷重 W_1，W_2 と，上向きの反力 R_A，R_B がつり合っていますから

$W_1 + W_2 = R_A + R_B$，　$W_1 + W_2 - R_A - R_B = 0$

支点Aから任意の距離 x_1 の点にある点Cの断面 X_1 を考えて，点Cの左側にある力 R_A は右側にある力の代数和に等しいから，

$R_A = W_1 + W_2 - R_B$　　　　(6)

となり，X_1 断面の左側の力 R_A は上向き，右側の力 $W_1 + W_2 - R_B$ は全体として下向きに働くので，X_1 断面では，はりを上下にせん断しようとするせん断力 F_1 が生じています。つまり，$R_A = W_1 + W_2 - R_B = F_1$ です。

図10-10

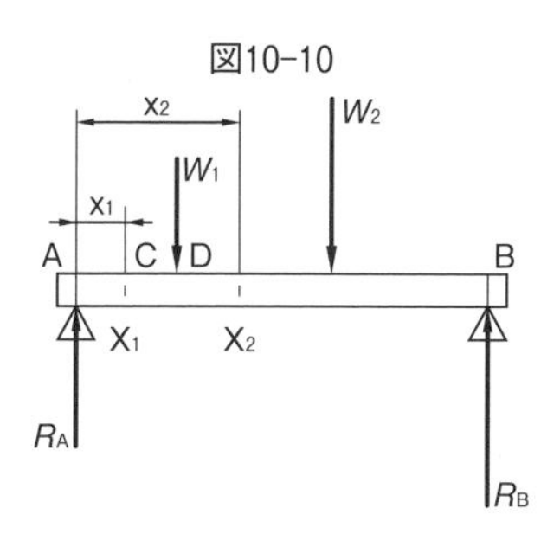

また，支点Aからx_2の距離にある点Dの断面X_2では，その断面の左側に働く力W_1-R_Aと，右側に働く力$-(W_2-R_B)$は等しいから，

$$W_1-R_A=-(W_2-R_B)=F_2 \tag{7}$$

となり，これがX_2に働くせん断力F_2となります。

2 せん断力の求めかた

はりのある仮想断面に働くせん断力の大きさは，その仮想断面の左右に働く力の和が等しく，向きが反対ですから，仮想断面の左右いずれか一方の力の代数和を求めればよいのです。計算に当たっては，仮想断面の片側の個々の力がはりをどのようにせん断するかを考え，それらに符号をつけて合計します。

例えば**図10-11**において，AC間（AC間における仮想断面X_1）とCB間（CB間における仮想断面X_2）のせん断力F_1とF_2は，次の通り。

図10-11

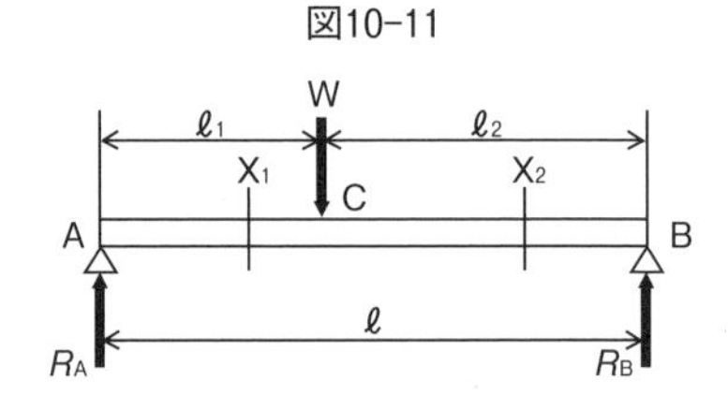

まず，反力R_A，R_Bを求めます。

$R_A=(\ell_2/\ell)W$

$R_B=(\ell_1/\ell)W$

X_1断面左側について計算すると，せん断力F_1は力R_Aに大きさが等しく，R_AはX_1断面左側部分を上に切ろうとするので，負（－）です。

$F_1=-R_A=-(\ell_2/\ell)W$

X_2断面左側について計算すると，せん断力F_2は，R_Aは負（－），WはX_2断面左側部分を下に切ろうとするので正（＋）です。

$F_2=-R_A+W=-(\ell_2/\ell)W+W=(1-\ell_2/\ell)W$

なお，F_2をX_2断面の右側で計算すれば，R_BはX_2断面右側部分を上に切ろうとするので正（＋）です。

$F_2=R_B=(\ell_1/\ell)W$

【例題2】 **図10-12**のように，片持ちばりの自由端Bに150kgfの力がかか

るとき，固定端Aの反力R_Aと，X断面のせん断力を求めよ。

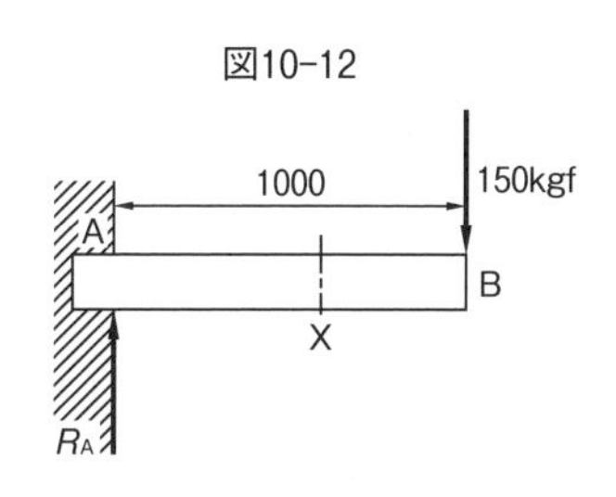

［解答］ $\ell=1000$mm，$W=150$kgf

反力$R_A=W=150$kgf，せん断力ははりの長さや断面の位置に関係なく

$F=-R_A=-150$kgf

【例題３】 図10-13の(a)～(d)において，それぞれ反力R_A，R_Bおよび断面X_1～X_3などにおけるせん断力F_1～F_3を求めよ。

［考えかたと解答］ それぞれ式(4)，(5)，(7)を利用して解けばよろしい。

(a) $\ell=4000$mm，$\ell_1=1000$mm，$\ell_2=2500$mm，$W_1=200$kgf，$W_1=300$kgf

R_A，R_Bを求めます。

$R_B=(W_1\ell_1+W_2\ell_2)/\ell=(200\times1000+300\times2500)/4000=237.5$ kgf

$R_A=W_1+W_2-R_B=200+300-237.5=262.5$ kgf

F_1，F_2，F_3を求めます。

$F_1=-R_A=-262.5$ kgf

図10-13

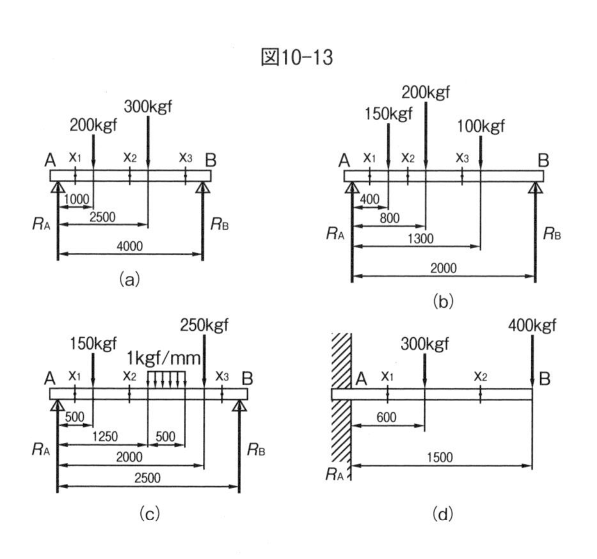

$F_2 = W_1 - R_A = 200 - 262.5 = -62.5$ kgf

$F_3 = W_1 + W_2 - R_A = 200 + 300 - 262.5 = 237.5$ kgf

（b）$\ell = 2000$mm，$\ell_1 = 400$mm，$\ell_2 = 800$mm，$\ell_3 = 1300$mm，

$W_1 = 150$kgf，$W_2 = 200$kgf，$W_3 = 100$kgf

R_A，R_B を求めます。

$R_B = (W_1\ell_1 + W_2\ell_2 + W_3\ell_3)/\ell$

$= (150 \times 400 + 200 \times 800 + 100 \times 1300)/2000 = 175$ kgf

$R_A = W_1 + W_2 + W_3 - R_B = 150 + 200 + 100 - 175 = 275$ kgf

F_1，F_2，F_3 を求めます。

$F_1 = -R_A = -275$ kgf

$F_2 = W_1 - R_A = 150 - 275 = -125$ kgf

$F_3 = W_1 + W_2 - R_A = 150 + 200 - 275 = 75$ kgf

（c）等分布荷重の合力 $W_2 = 10 \times 50 = 500$kgf，着力点 $\ell_2 = 1250 + 500/2 = 1500$mm

$\ell = 2500$mm，$\ell_1 = 500$mm，$\ell_2 = 1500$mm，$\ell_3 = 2000$mm，

$W_1 = 150$kgf，$W_2 = 500$kgf，$W_3 = 250$kgf，

R_A，R_B を求めます。

$R_B = (W_1\ell_1 + W_2\ell_2 + W_3\ell_3)/\ell$

$= (150 \times 500 + 500 \times 1500 + 250 \times 2000)/2500 = 530$ kgf

$R_A = W_1 + W_2 + W_3 - R_B = 150 + 500 + 250 - 530 = 370$ kgf

F_1，F_2，F_3を求めます。

$F_1 = -R_A = -370$ kgf

$F_2 = W_1 - R_A = 150 - 370 = -220$ kgf

$F_3 = W_1 + W_2 + W_3 - R_A = 150 + 500 + 250 - 370 = 530$ kgf

（d）$\ell = 1500$mm，$\ell_1 = 600$mm，$W_1 = 300$kgf，$W_2 = 400$kgf

R_A を求めます。

$R_A = W_1 + W_2 = 300 + 400 = 700$ kgf

F_1，F_2 を求めます。

$F_1 = -R_A = -700$ kgf

$F_2 = W_1 - R_A = 300 - 700 = -400\text{kgf}$

3 曲げモーメント

例えば，図10-14に示すような両端支持ばりに外力（集中荷重 W_1，W_2）が作用しているとします。このとき点Eにおける仮想断面Xには，Xに関する外力のモーメント M につり合うために，材料内に抵抗モーメントを生じますが，その大きさは外力のモーメントに等しいのです。

図10-14

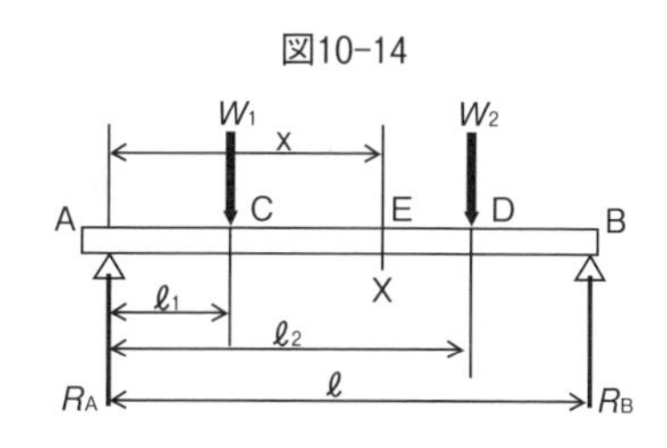

AE 間では，$M_1 = -R_A x$

CE 間では，$M_2 = W_1(x - \ell_1)$

ED 間では，$M_3 = -W_2(\ell_2 - x)$

EB 間では，$M_4 = R_B(\ell - x)$

これらの働く力のモーメントの総和は，はりのつり合いの条件からみて0になります（$M_1 + M_2 + M_3 + M_4 = 0$）。したがって，

$-R_A x + W(x - \ell_1) - W(\ell_2 - x) + R_B(\ell - x) = 0$

また，X断面の左側に働くモーメントと右側に働くモーメントとは，せん断のときと同様に，大きさが等しく方向は反対です。

$M_1 + M_2 = -M_3 + (-M_4)$，つまり上式を移項すればよいのです。

$$W(x - \ell_1) - R_A x = W(\ell_2 - x) - R_B(\ell - x) = M \quad (8)$$

この外力のモーメントは，はりを曲げる方向に作用しますので，これを曲げモーメントといいます。単位はkgf·mmまたはkgf·cm<注2>。

4 曲げモーメントの求めかた

曲げモーメントの大きさは，断面の片側の力のモーメントの代数和で表わせばよいのです。

曲げモーメントには図10-15のように2つの場合があり，(a)のように上方にわん曲する方向を正（+），(b)のように下方にわん曲するものを負（−）とします。

曲げモーメントを計算するには，まず支点の反力を求める必要があります。

【例題4】 図10-16のような両端支持ばりにおいて，点C，D，Eにそれぞれ130kgf，200kgf，80kgfの集中荷重がかかっているとき，支点Aからの距離が600mm，800mmのところの断面に生じる曲げモーメントM_1，M_2を求めよ。

[考えかたと解答]

与えられている数値

$\ell=1200$mm，$\ell_1=250$mm，$\ell_2=250+450=700$mm，

$\ell_3=250+450+350=1050$mm，$W_1=130$kgf，$W_2=200$kgf，

$W_3=80$kgf，$x_1=600$mm，$x_2=800$mm

式(4)，(5)から支点の反力R_A，R_Bを求めます。

$R_B=(W_1\ell_1+W_2\ell_2+W_3\ell_3)/\ell$

$=(130\times250+200\times700+80\times1050)/1200=214$kgf

$R_A=W_1+W_2+W_3-R_B=130+200+80-214=196$kgf

M_1，M_2を求めます。

$M_1=W_1(x_1-\ell_1)-R_Ax_1=130\times(600-250)-196\times600$

図10-15　曲げモーメントの符号

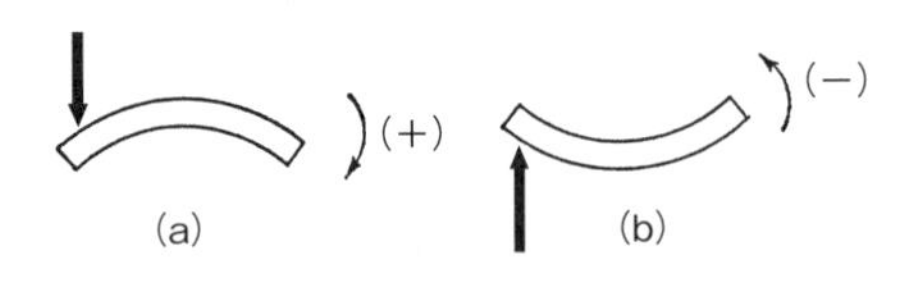

図10-16

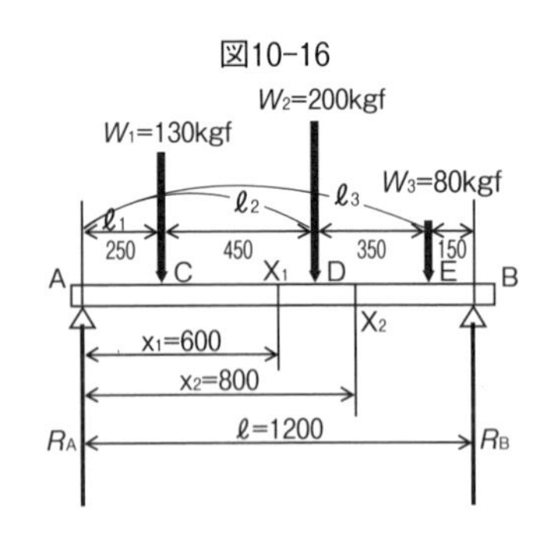

$= -72100$〔kgf·mm〕

$M_2 = W_1(x_2 - \ell_1) + W_2(x_2 - \ell_2) - R_A x_2$

$= 130 \times (800 - 250) + 200 \times (800 - 700) - 196 \times 800$

$= -65300$〔kgf·mm〕

【例題５】 片持ちばりに図10-17のような２つの集中荷重がかかっているとき，固定端Ａから300mm，600mmのところの曲げモーメント M_1，M_2 を求めよ。

図10-17

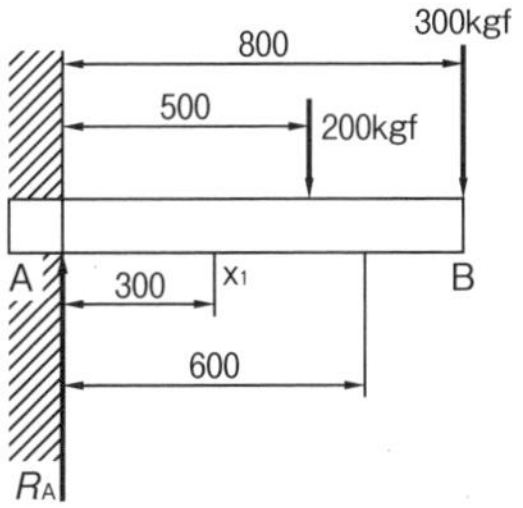

[考えかたと解答]

与えられている数値

$\ell = 800$mm，$\ell_1 = 500$mm,

$W_1 = 200$kgf，$W_2 = 200$kgf，$x_1 = 300$mm，$x_2 = 600$mm

R_A を求めます。

$R_A = W_1 + W_2 = 200 + 300 = 500$ kgf

M_1，M_2 を求めます。

$M_1 = W_1(\ell_1 - x_1) + W_2(\ell - x_1) = 200 \times (500 - 300) + 300 \times (800 - 300)$

$= 190000$〔kgf·mm〕

$M_2 = W_2(\ell - x_2) = 300 \times (800 - 600) = 60000$〔kgf·mm〕

【例題６】 図10-18の(a)～(d)のはりにおいて，それぞれ点 X_1，X_2 における曲げモーメント M_1，M_2 を求めよ。

[考えかたと解答]

(a) 与えられている数値

$\ell = 1500$mm，$\ell_1 = 300$mm，$\ell_2 = 300 + 600 = 900$〔mm〕，$W_1 = 220$kgf,

$W_2 = 270$kgf，$x_1 = 60$mm，$x_2 = 60$mm

R_A，R_B を求めます。

$R_B = (W_1\ell_1 + W_2\ell_2)/\ell = (220 \times 300 + 270 \times 900)/1500 = 206$ kgf

$R_A = W_1 + W_2 - R_B = 220 + 270 - 206 = 284$ kgf

M_1，M_2 を求めます。

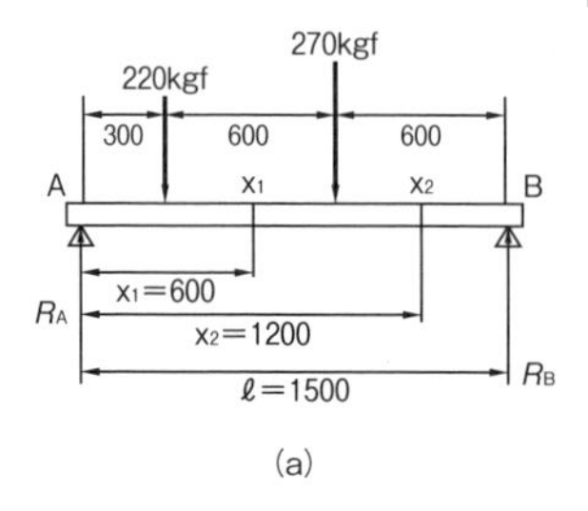

(a)

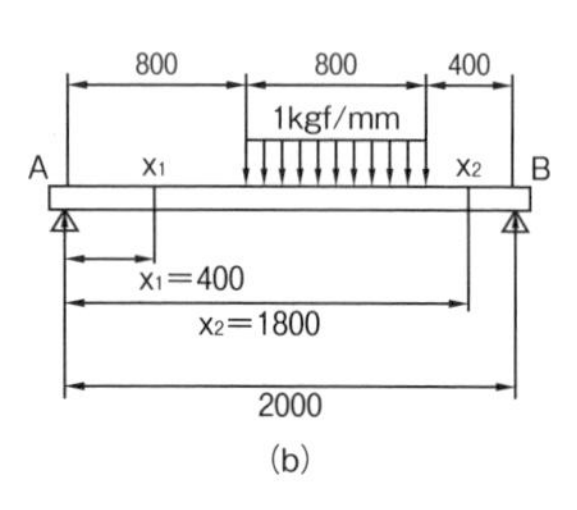

(b)

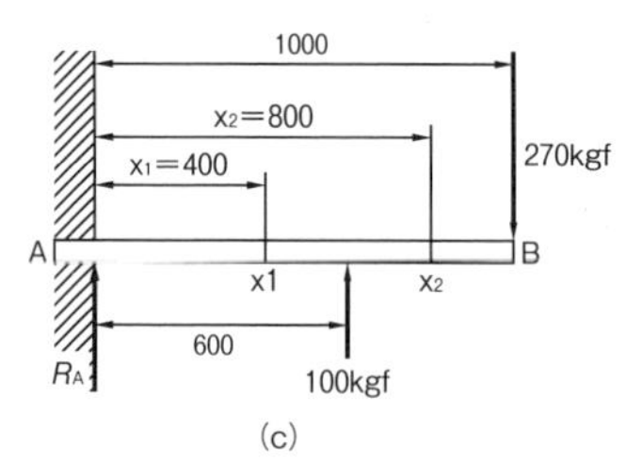

(c)

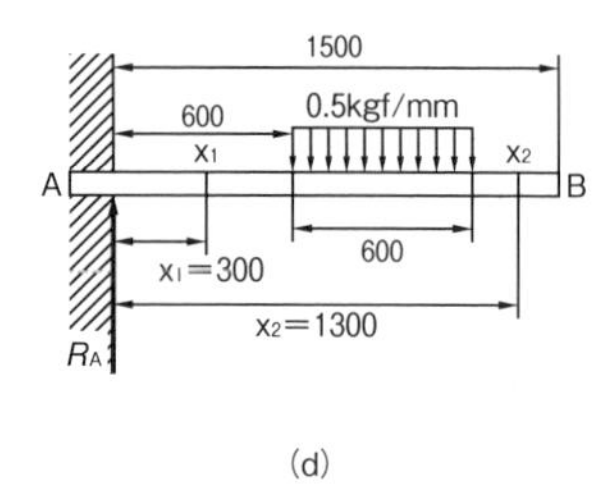

(d)

$M_1 = W_1(x_1 - \ell_1) - R_A x_1 = 220 \times (600 - 300) - 284 \times 120$

$\quad = -104400$〔kgf·mm〕

$M_2 = W_1(x_2 - \ell_1) + W_2(x_2 - \ell_2) - R_A x_2$

$\quad = 220 \times (1200 - 300) + 270 \times (1200 - 900) - 284 \times 1200$

$\quad = -61800$〔kgf·mm〕

（b）与えられている数値

等分布荷重の合力は，$1 \times 800 = 800$kgf，着力点（ℓ_1）は，$800 + 800/2 = 1200$mm，$\ell = 2000$mm，$\ell_1 = 800 + 800/2 = 1200$mm，$W = 800$kgf，$x_1 = 400$mm，$x_2 = 1800$mm

R_A，R_B を求めます。

$R_B = W_1 \ell_1 / \ell = 800 \times 120/200 = 480$〔kgf〕

$R_A = W_1 - R_B = 800 - 480 = 320$〔kgf〕

M_1，M_2 を求めます。

$M_1 = -R_A x_1 = -320 \times 400 = -128000$〔kgf·mm〕

$M_2 = W_1(x_2 - \ell_1) - R_A x_2 = 800 \times (1800 - 1200) - 320 \times 1800$

$\quad = -96000$〔kgf·mm〕

（c）与えられている数値

$\ell=1000$mm，$\ell_1=600$mm，$W_1=100$kgf，$W_2=270$kgf，$x_1=400$mm，$x_2=800$mm

R_A を求めます。

$R_A=W_2-W_1=270-100=170$〔kgf〕

M_1，M_2 を求めます。

$M_1=-W_2(\ell-x_1)+W_1(\ell_1-x_1)$

$=-270\times(1000-400)+100\times(600-400)=-142000$〔kgf･mm〕

$M_2=-W_2(\ell-x_2)=-270\times(1000-800)=-54000$〔kgf･mm〕

（d）与えられている数値

等分布荷重の合力は，$0.5\times600=300$kgf，着力点（ℓ_1）は，$600+600/2=900$mm，$\ell=1500$mm，$\ell_1=900$mm，$W=300$kgf，$x_1=300$mm，$x_2=1300$mm

M_1，M_2 を求めます。

$M_1=-W(\ell_1-x_1)=-300\times(900-300)=-180000$〔kgf･mm〕

$M_2=0$（点 X_2 より右側には力が加わっていない）

3　せん断力図と曲げモーメント図

1　目的と意義

図10-19は，はりにかかるせん断力と曲げモーメントを線図で表わした例です。これらの図は，横軸にはりの各断面の位置をとり，縦軸にはりの各断面のせん断力または曲げモーメントの値を，ある任意の尺度でとった点をとり，それらの点を順に結んだものです<注3>。

このような図（各線図の上；せん断力図，下；曲げモーメント図）から，はりの全長にわたって，せん断力や曲げモーメントはどのような状態で変化しているか，また最大の曲げモーメントはどこに生じて，どれほどの大きさであるかが一見して判りますので，はりの強さを理解するために非常に重要です。

機械工学便覧などには，はりの種類，荷重のかかりかたによる図と計算式が一覧表になって，はりの図表として必ず掲載されています。

図10-19　せん断力図と曲げモーメント図

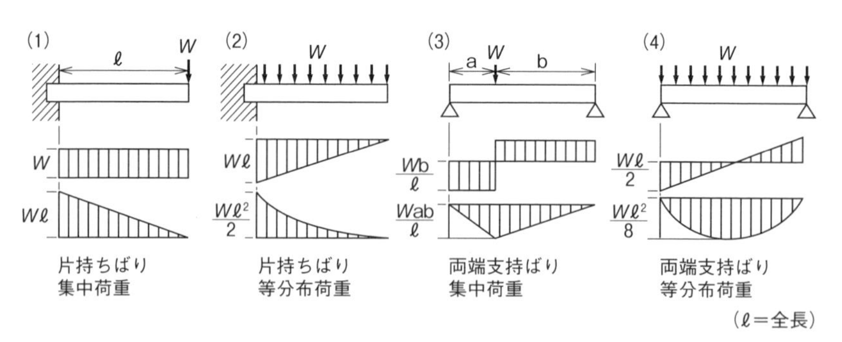

2　片持ちばりの場合

1）集中荷重を受けるとき――

図10-20のはりの固定端Aに生じる反力R_Aは，力のつり合いの条件から，

$R_A = W$　　(9)

また, X断面に作用するせん断力F_Xは，断面の右側には荷重Wが加わっているだけですから

$F_X = -W$　　(10)

したがって，はりに働くせん断力は，どの断面でも等しいことから，せん断力図は横軸に平行な直線になります（同図b)。

X断面に作用する曲げモーメントM_Xは,

$M_X = W \cdot x$　　(11)

したがって，はりに働く曲げモーメントは，荷重からの距離xに比例して増加しますから，モーメント図は同図(c)のような斜めの直線になり，最大点はx=ℓつまり固定端で最大（$W\ell$）となります。

$M_{max} = W\ell$　　(12)

最大曲げモーメントが作用する断面は最も破断しやすいから，この面を危険断面と呼ぶことがあります。

次に，図10-21のように，２つの集中荷重が作用する場合を考えてみましょう。

はりの固定端に生じる反力R_Aは,

$R_A = W_1 + W_2$　　(13)

図10-20　片持ちばりのせん断力図と曲げモーメント図

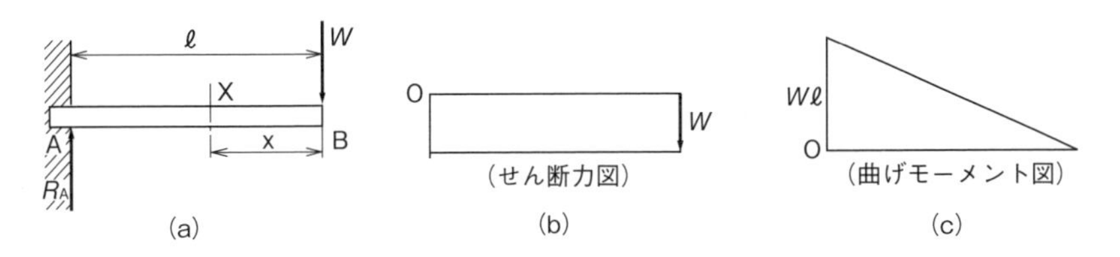

図10-21　2つの集中荷重を受ける片持ちばり

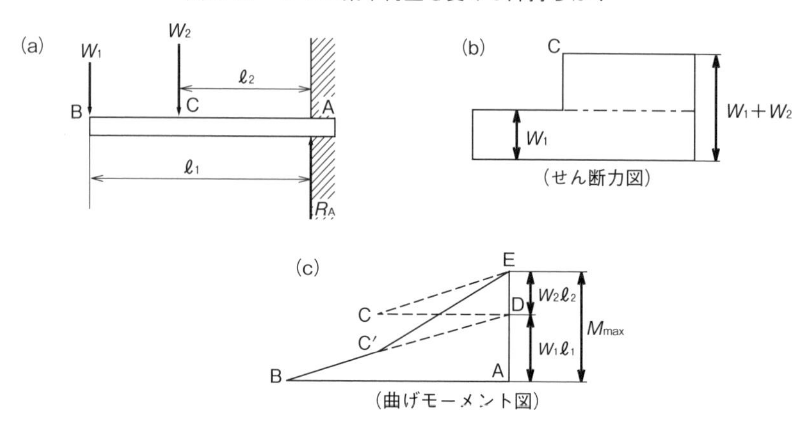

せん断力はBC間とAC間とでは異なります。BC間のせん断力F_1は，

$$F_1 = W_1 \tag{14}$$

AC間のせん断力F_2は，

$$F_2 = W_1 + W_2 \tag{15}$$

となり，せん断力図ではW_2の荷重の作用点Cのところに同図(b)のように段ができます。

曲げモーメント図は，荷重W_1だけが作用したときは，同図(c)のように直角三角形ABDであり，荷重W_2だけが作用したときは直角三角形DCEとなります。そこで，2つの荷重が同時に作用するときは，この2つを合成すればよいわけですから，多角形ABC′Eとなります。つまり，固定端における曲げモーメントは最大で，次のように示されます。

$$M_{max} = W_1\ell_1 + W_2\ell_2 \tag{16}$$

【例題1】 図10-22のように，片持ちばりに3つの集中荷重がかかるときの，せん断力図と曲げモーメント図を書け<注4>。

［考えかたと解答］ 与えられている数値は，

$W_1 = 240$kgf，$W_2 = 300$kgf，$W_3 = 200$kgf，$\ell_1 = 1500$mm，$\ell_2 = 750$mm，$\ell_3 = 450$mm

図10-22

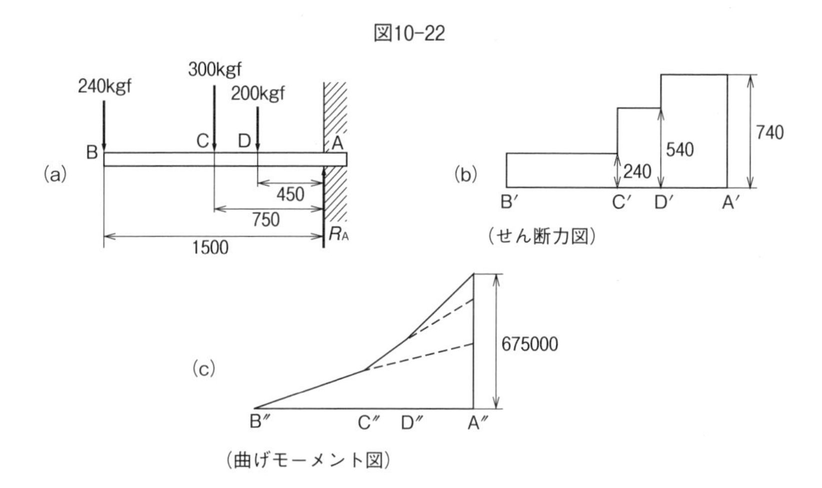

まず式(5)より固定端の反力 R を求めます。

$R = W_1 + W_2 + W_3 = 240 + 300 + 200 = 740$〔kgf〕

式(6)，(7) より，BC 間，CD 間，DA 間のせん断力（F_1，F_2，F_3）を求めます。

BC 間のせん断力 F_1 は，

$F_1 = W_1 = 240$〔kgf〕

CD 間のせん断力 F_2 は，

$F_2 = W_1 + W_2 = 240 + 300 = 540$〔kgf〕

AD 間のせん断力 F_3 は，

$F_3 = W_1 + W_2 + W_3 = 240 + 300 + 200 = 740$〔kgf〕

となり，せん断力図ではCとDのところに同図(b)のように段ができます。

最大曲げモーメント M_{max} を求めます。

$M_{max} = W_1\ell_1 + W_2\ell_2 + W_3\ell_3$

$\quad = 240 \times 1500 + 300 \times 750 + 200 \times 450 = 675000$〔kgf·mm〕

各モーメント図の直角三角形を合成すれば同図(c)の曲げモーメント図ができます。

2）等分布荷重を受けるとき――

図10-23のように，長さℓ〔mm〕の片持ちばりにw〔kgf/mm〕の等分布荷重が働いているときは，等分布荷重の総和は$w\ell$〔kgf〕で，その着力点（作用点）はℓの中央にあると考えます。したがって，固定端Aに生じる反力R_Aは，

$$R_A = w\ell \tag{17}$$

自由端Bからxの距離にある断面Xに作用しているせん断力Fは，

$$F = wx \tag{18}$$

自由端Bではx＝0だから$F=0$，固定端Aではx＝ℓだから，

$$F = w\ell = R_A \tag{19}$$

次に，断面Xにおける曲げモーメントMは，$wx \times x/2$ですから，

$$M = wx \times x/2 = wx^2/2 \tag{20}$$

曲げモーメントはxの二次関数ですから，モーメント図は同図(c)のように自由端（0）から固定端（$w\ell^2/2$）まで放物線を描いて増加していき，

図10-23　等分布荷重を受ける片持ちばり

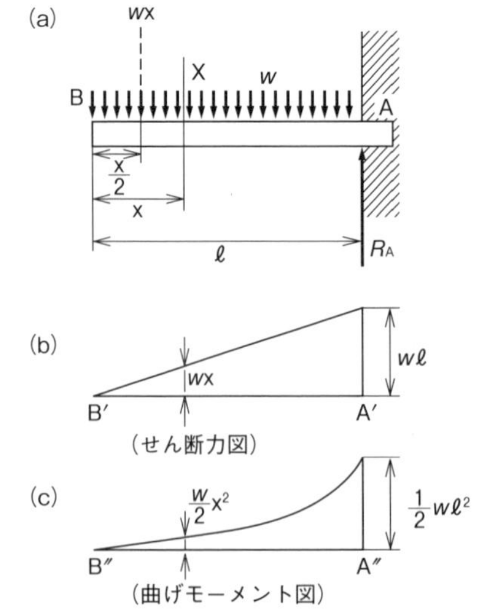

図10-24

(a)
0.5kgf/mm
B
A
1200mm
RA

(b)
C
0.5×1200
B′
A′
（せん断力図）

(c)

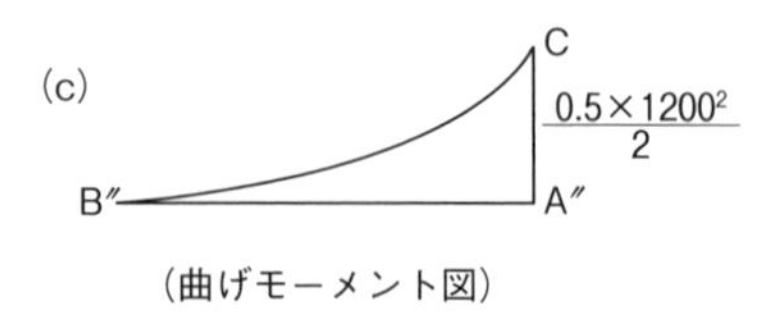

（曲げモーメント図）

固定端で最大曲げモーメントとなります。

$M_{\max}=w\ell^2/2$　(21)

【例題 2】 **図10-24**(a)のように，長さ1200mm の片持ちばりに0.5kgf/mm の等分布荷重が働いている。この片持ちばりのせん断力図と曲げモーメント図を書け。

[考えかたと解答] 与えられている数値は，$\ell=1200$mm，$W=0.5$kgf/mm

固定端のせん断力は，

$F=w\ell=0.5\times1200=600$〔kgf〕

自由端のせん断力は0だから，せん断力図は同図(b)のような斜めの直線になります。

固定端の曲げモーメント（$M_{\max}$）は，式(21)から，

$M_{\max}=w\ell^2/2=0.5\times1200^2/2=360000$〔kgf･mm〕

自由端のモーメントは0だから，モーメント図は同図(c)のような曲線（放物線）を書けばよいのです。

【例題 3】 長さ1000mm の片持ちばりに，**図10-25**のように250kgf の集中荷重と0.5kgf/mm の等分布荷重が働いているときの，せん断力図と曲げモーメント図を書け。

図10-25

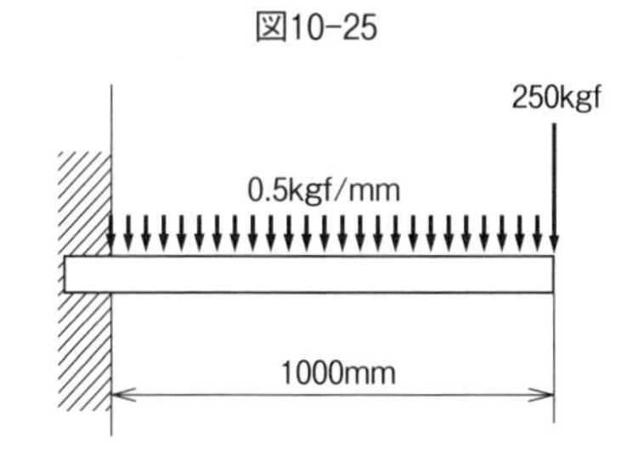

[考えかたと解答] $\ell=1000$mm，$W=250$kgf，$w=0.5$kgf/mm

式(10)，(17)を合成して R_A を求めます。

$R_A=W+w\ell=250+0.5\times1000=750$〔kgf〕

式(12)，(21)を合成して F を求めます。

$F=W+w\ell=750$〔kgf〕

支点が左側にあるので正（+）です。

自由端で $F=250$kgf，固定端で $F=750$kgf だから，せん断力図は**図10-26**(b)のように台形 A′A″B′B になります。

式(12)，(21)を合成して $M_{\max}$ を求めます。

図10-26

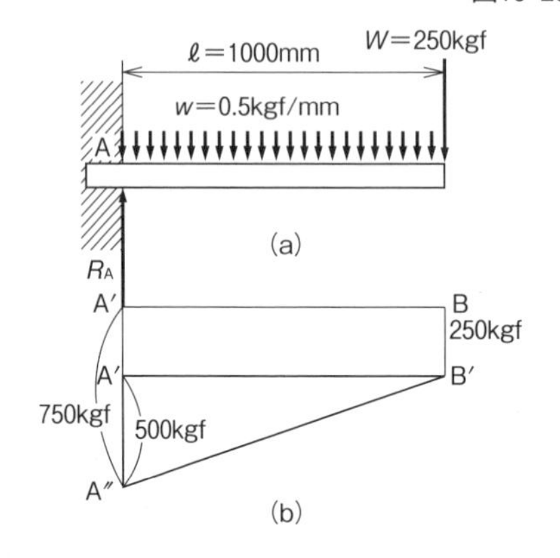

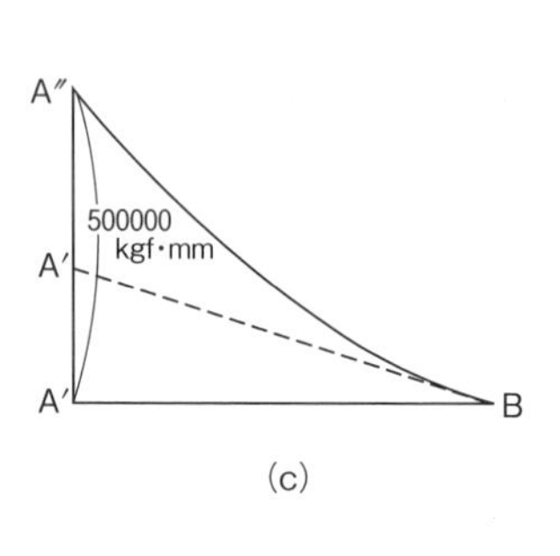

$M_{max} = W\ell + w\ell^2/2 = 250 \times 1000 + 0.5 \times 1000^2/2 = 500000$〔kgf・mm〕

曲げモーメント図は**図10-26**(c)のように，Bを通るBA′の直線部に合成してBA″の放物線を描けばよいのです。

3 両端支持ばりの場合

1）集中荷重を受けるとき——

両端支持ばりに集中荷重が1つ作用している**図10-27**のようなはりの支点に生じる反力R_A，R_Bは，力のつり合いの条件から，

$R_A = W\ell_2/\ell$，$R_A = W\ell_1/\ell$ (22)

せん断力の大きさは，AC間とBC間とで異なるので，それぞれF_1，F_2とすれば，

AC間は，$F_1 = -R_A = -W\ell_2/\ell$〔kgf〕

BC間は，$F_2 = W - R_A = R_B$〔kgf〕 (23)

これにより，AC間のせん断力は$-R_A$で負，BC間はR_Bで正となりますので，せん断力図は同図(b)のように書きます。

曲げモーメントは，支点Aから距離xの断面Xに作用する曲げモーメントをAC間とBC間に分けてみます。

図10-27　１つの集中荷重を受ける両端支持ばり

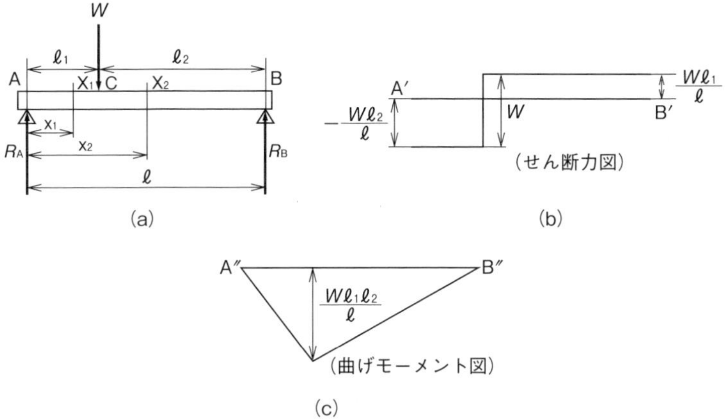

AC 間（$x_1 \leqq \ell_1$）の曲げモーメントを M_1 としますと，

$$M_1 = -R_A x_1 = -(W\ell_2/\ell)x_1 \qquad (24)$$

つまり，$x_1 = 0$ のときは $M_1 = 0$ になり，$x_1 = \ell_1$ のときは $M_1 = -R_A\ell_1 = -(W\ell_2/\ell)\ell_1$ となって点 C に曲げモーメントが働きます。

BC 間（$\ell_1 \leqq x_2 \leqq \ell$）の曲げモーメントを M_2 としますと，

$$M_2 = -R_A x_2 + W(x_2 - \ell_1)$$

上式で，式(16)から，$R_A = W\ell_2/\ell, \ell_2 = \ell - \ell_1$ ですから，$R_A = W(\ell - \ell_1)/\ell$ を代入して計算すれば，次のように整理できます。

$$M_2 = -W\ell_1(\ell - x_2)/\ell \qquad (25)$$

この式で考えると，

点 C（$x_2 = \ell_1$）では，

$$M_2 = -W\ell_1(\ell - \ell_1)/\ell = -W\ell_1\ell_2/\ell,$$

支点 B（$x_2 = \ell$）では，

$$M_2 = -W\ell_1(\ell - \ell)/\ell = 0$$

となりますので，支点 B での曲げモーメントは 0 であり，点 C で最大曲げモーメントが働きます。つまり，１つの集中荷重を受ける両端支持ばりでは，最大曲げモーメントは荷重の作用点に働くわけです。

$M_{\max}=-W\ell_1\ell_2/\ell$ 〔kgf·mm〕

したがって，曲げモーメント図は同図(c)のように直線で，$-W\ell_1\ell_2/\ell$ を頂点とする三角形になります。

なお，1つの集中荷重Wが両端支持ばりの中央に作用した場合は，$\ell_1=\ell_2=1/2$となりますから，

$M_{\max}=-W\ell\times1/2\times1/2$

$=-W\ell/4$ 〔kgf·mm〕となります。

【例題 4】 図10-28のように，両端支持ばりに2つの集中荷重が作用するときのせん断力図と曲げモーメント図を書き，最大曲げモーメントを求めよ。

図10-28

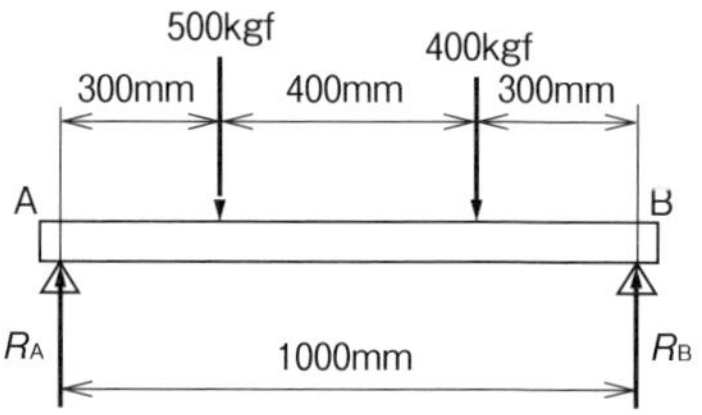

[考えかたと解答] 与えられている数値は，

$\ell=1000$mm，$\ell_1=300$mm，

$\ell_2=300+400=700$mm，$W_1=500$kgf，$W_2=400$kgf。

まず支点の反力 R_B，R_A を求めます。

$R_B=(W_1\ell_1+W_2\ell_2)/\ell=(500\times300+400\times700)/1000=430$ 〔kgf〕

$R_A=W_1+W_2-R_B=500+400-430=470$ 〔kgf〕

式(15)から図10-29(a)のように，AC間，CD間，DB間のせん断力（F_1，F_2，F_3）を求めてせん断図を書きます。

AC間のせん断力

$F_1=-R_A=-470$ 〔kgf〕

CD間のせん断力

$F_2=-R_A+W_1=-470+500=30$ 〔kgf〕

BD間のせん断力

$F_3=-R_A+W_1+W_2=R_B=-470+500+400=430$ 〔kgf〕

こうして同図(b)が得られます。

続いて式(24)から点Cと点Dの曲げモーメント M_C，M_D を求めます。

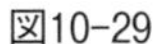

図10-29

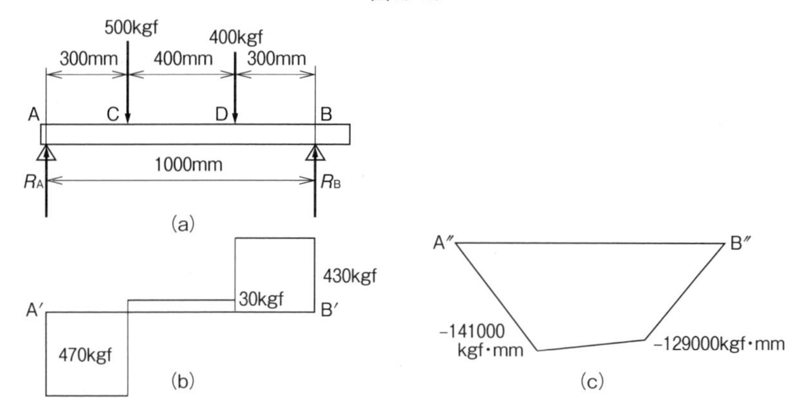

$M_C = -R_A \ell_1 = -470 \times 300 = -141000$〔kgf·mm〕

$M_D = -R_B(\ell - \ell_2) = -430 \times (1000 - 700) = -129000$〔kgf·mm〕

以上を図にまとめると同図(c)のようになります。

最大曲げモーメント M_{max} は，絶対値の大きい方をとって $M_C > M_D$ だから，

$M_{max} = M_C = -141000$ kgf·mm

2）等分布荷重を受けるとき――

両端支持ばりに図10-30(a)のようにスパン ℓ に等分布荷重が作用している場合，荷重の総和（合力）は $w\ell$ です。両支点に生じる反力 R_A，R_B の大きさは等しいから，

$$R_A = R_B = w\ell/2 \tag{26}$$

せん断力Fの大きさは，支点Aからxの距離の断面Xから左側では，等分布荷重の総和 wx と反力 R_A との差になります。

$F = w\mathrm{x} - R_A = w\mathrm{x} - w\ell/2$，したがって，

$$F = w(\mathrm{x} - \ell/2) \tag{27}$$

F はxの1次関数ですから，グラフは直線になります。そして，x = 0のとき（支点A）$F = -w\ell/2$ で負の最大，x = $\ell/2$ のとき（はりの中央）$F = 0$，x = ℓ のとき（支点B）$F = w\ell/2$ で正の最大となります。つまり，

図10-30

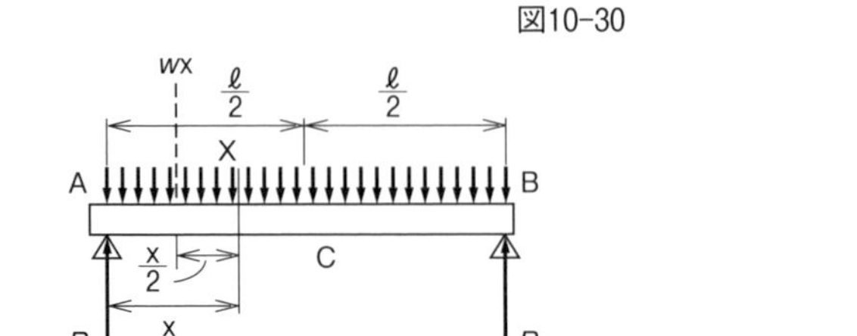

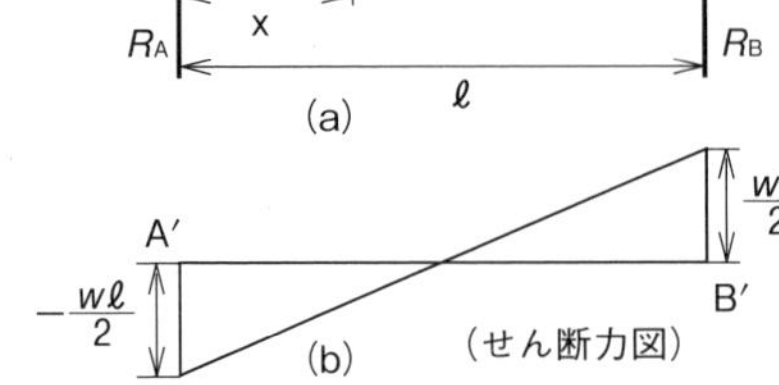

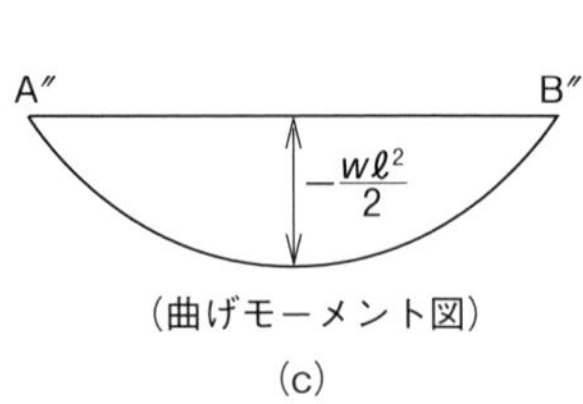

同図(b)のようなせん断力図になるわけです。

断面 X の左側に作用する等分布荷重の合力が wx，合力の作用点から X までの距離が x/2 だから，断面 X の曲げモーメント M の大きさは，合力 wx と反力 R_A のモーメントとの代数和となります。

$M = w\mathrm{x} \cdot \mathrm{x}/2 - R_A\mathrm{x} = w\mathrm{x}^2/2 - w\ell\mathrm{x}/2$

したがって，

$M = w\mathrm{x}(\mathrm{x} - \ell)/2 = w(1 - \ell)\mathrm{x}^2/2$〔kgf･mm〕　(28)

なお，$\mathrm{x} \leqq \ell$ ですから，M の値は負または 0 です。そして，

$\mathrm{x} = 0$ のとき（支点 A）$M = 0$，

$\mathrm{x} = \ell/2$ のとき（はりの中央）$M = -w\ell^2/8$，$\mathrm{x} = \ell$ のとき（支点 B）$M = 0$

となります。

式(28)から，最大曲げモーメント M_{max} は，はりの中央（$\mathrm{x} = \ell/2$）に生じ，

$M_{max} = -w\ell^2/8$　(29)

つまり，曲げモーメントは x についての 2 次関数ですから，曲げモーメント図は同図(c)のように，はりの中央で最大値となり，左右対称で，両支点で 0 になるような放物線となります。

【例題 5】 図10-31のように，両端支持ばりに等分布荷重が部分的に作用している場合の，せん断力と曲げモーメント図を書き，最大曲げモーメント

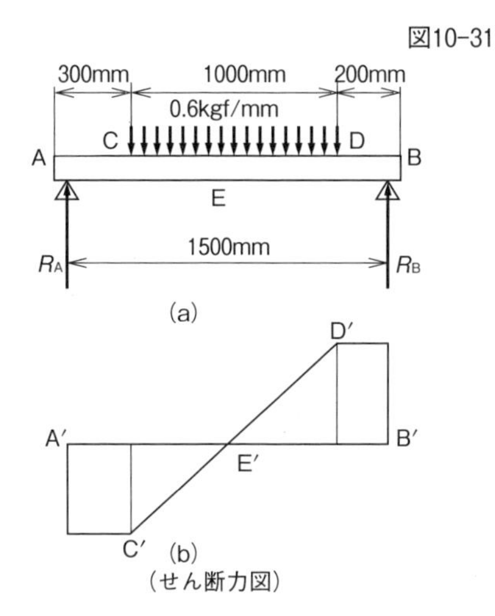

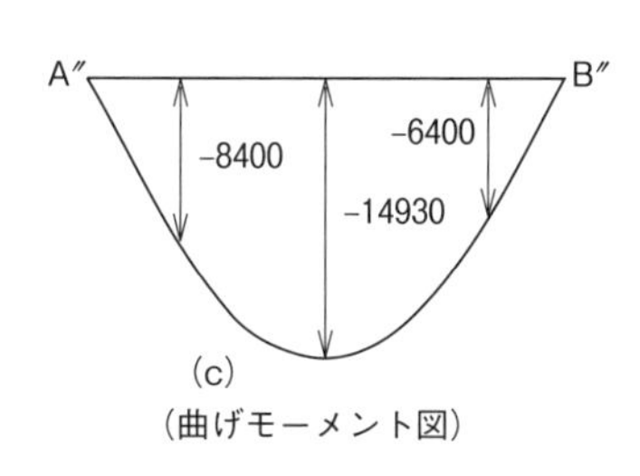

を求めよ。

[考えかたと解答] 与えられている数値は,

$\ell = 1500\mathrm{mm}$, $\ell_1 = 300\mathrm{mm}$, $\ell_2 = 1000\mathrm{mm}$, $\ell_3 = 200\mathrm{mm}$, $w = 0.6\mathrm{kgf/mm}$。

まず支点の反力 R_B, R_A を求めます。

等分布荷重の合力の作用点(CD の中点)と支点 A との距離を a とすると,

$\mathrm{a} = \ell + \ell_2/2 = 300 + 1000/2 = 800$

$R_B = \mathrm{a} \times (w\ell_2)/\ell = (800 \times 0.6 \times 1000)/1500 = 320$〔kgf〕

$R_A = w\ell_2 - R_B = 0.6 \times 1000 - 320 = 280$〔kgf〕

こうして,AC 間,DB 間のせん断力 F_1, F_2を求めてせん断力図を書きます。

AC 間のせん断力　$F_1 = -R_A = -280$〔kgf〕

BD 間のせん断力　$F_2 = R_B = 320$〔kgf〕

これで,同図(b)のせん断力図が書けます。

次に,点 C,D の曲げモーメント M_C, M_D および最大曲げモーメント M_{max} を求めます。

$M_C = -R_A\ell_1 = -280 \times 30 = -8400$〔kgf·mm〕

$M_D = -R_B\ell_2 = -320 \times 20 = -6400$〔kgf·mm〕

同図(b)において，A″B″ とC′D′ の交点Eに最大曲げモーメントが生じますから，点E′ の位置（CEの長さ）を求めます。

CE＋ED＝1000 ですから，

CE/ED＝CE/(1000－CE)＝|R_A|/|R_B|＝280/320＝7/8

CE＝7/(8＋7)×1000≒467〔mm〕

最大曲げモーメント M_{max} を求めます。

M_{max}＝w×CE×CE/2－R_A(ℓ_1＋CE)

　　＝0.6×467×467/2－280×(300＋467)≒－14930〔kgf･mm〕

これにより，同図(c)のように曲げモーメント図が書けます。

【例題6】 両端支持ばりに，図10-32のような荷重が作用する場合の，はりのせん断力図と曲げモーメント図を書け。

図10-32

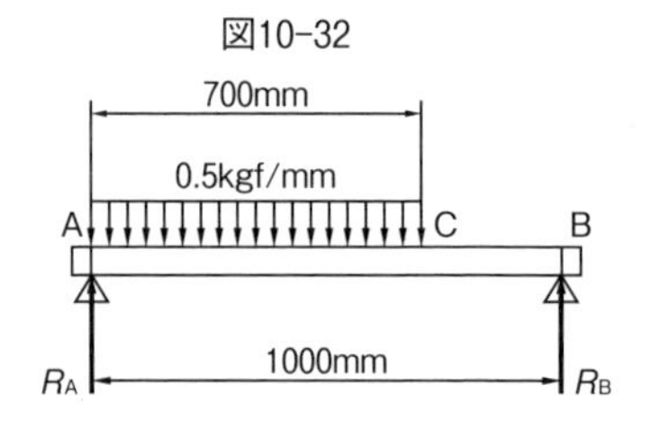

[考えかたと解答] 与えられた数値は，ℓ＝1000mm，ℓ_1＝700mm，w＝0.5 kgf/mm。

ACの中点に集中荷重が作用しているものとして，支点の反力 R_B，R_A を求めます。

合力は，0.5×700＝350〔kgf〕

作用点は，ℓ/2＝700/2＝350〔mm〕

$R_B = w\ell_1^2/2\ell = 0.5\times700^2/(2\times1000) = 122.5$〔kgf〕

$R_A = w\ell_1 - R_B = 0.5\times700 - 122.5 = 227.5$〔kgf〕

点A，CおよびCB間のせん断力 F_1，F_2，F_3 を求めます。

点Aのせん断力　　$F_1 = -R_A = 227.5$〔kgf〕

点Cのせん断力　　$F_2 = R_B = 122.5$〔kgf〕

CB間のせん断力　　$F_3 = R_B = 122.5$〔kgf〕

これで図10-33(b)のようなせん断力図が書けます。

点Cの曲げモーメント M_C，および最大曲げモーメント M_{max} の大きさと位置を求めます。

図10-33

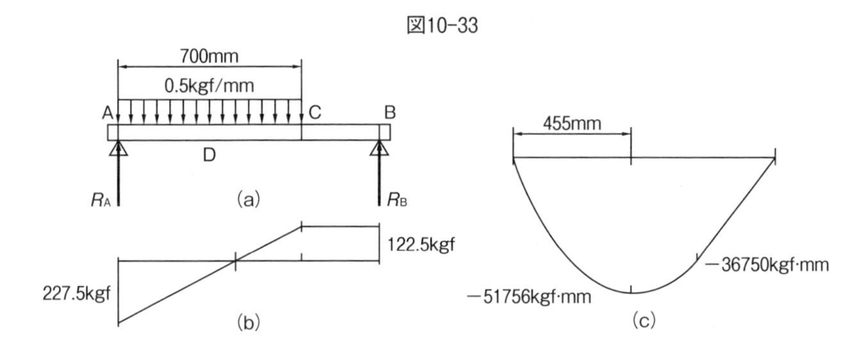

$M_C = -R_B(\ell - \ell_1) = -122.5 \times (1000 - 700) = -36750$〔kgf·mm〕

点Aからx mmの距離にあるAC間上の点Dの曲げモーメントをM_Dとすれば，

$M_D = -R_A x + wx \cdot x/2 = -227.5x + 0.25x^2 = 0.25(x^2 - 910x)$

この右辺を平方完成の手順で変形して，

$M_D = 0.25 \times \{(x - 910/2)^2 - (910/2)^2\} = 0.25 \times \{(x - 455)^2 - 455^2\}$

としますと，この2次関数の絶対値が最大となる点<注5>は，x＝455mmの位置で，そのときの曲げモーメントがM_{max}となります。

上式でx＝455として

$M_{max} = 0.25 \times \{-(455)^2\} \fallingdotseq -51756$〔kgf·mm〕

こうして，同図(c)の曲げモーメント図が得られます。

4 はりの強さ

1 曲げ応力

一般に“はり”が上面に曲げモーメントを受けて，たわむ（わん曲する）とき，はりの上面には圧縮応力，下面には引張り応力が生じます。このような曲げ作用を受けたはりの内部に生じる圧縮応力と引張り応力をまとめたものが“曲げ応力”といわれます<注6>。

はりの上面から下面の方に行くに従って縮みがだんだん少なくなり，中間に伸びも縮みもしない面があり，その面を過ぎると，伸びが増えてい行く。この伸びも縮みもしない面EFを中立面といい，中立面がはりの断面と交わってできる直線（断面の図心を通る）を中立軸という（図10–34）。

図10–34　曲げモーメントを受けるはりのつり合い

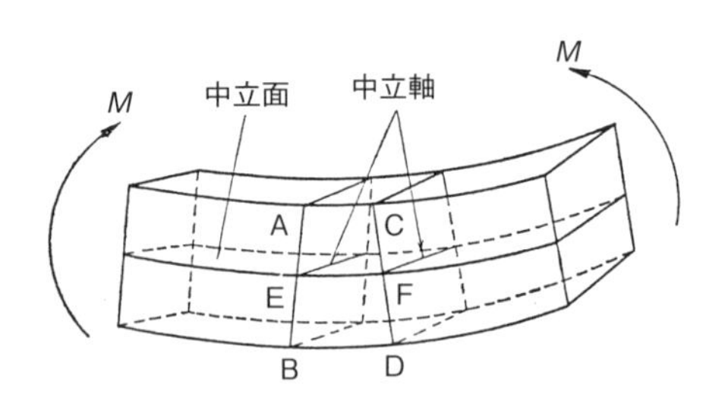

2 断面二次モーメントと断面係数

はりの強さを考えるとき，よく用いられる公式に，

$\sigma = M/Z$　または，$M = \sigma Z$　　(30)

があります。

σ は中立面から最も遠いところの曲げ応力（圧縮応力もしくは引張り応

力)，Mは外部から働く曲げモーメント，Zは曲げモーメントに対する抵抗で断面係数といいます。

図10-35を任意のはり（図はI形材）の断面とし，Δa_1，Δa_2，Δa_3……Δa_nと微小面積に分割してみます。そして，それらの中立軸からの距離をy_1，y_2，y_3……y_nとし，そこに生じている応力をσ_1，σ_2，σ_3……σ_nとすれば，それらの面積に働く全応力は$\sigma_1\Delta a_1$，$\sigma_2\Delta a_2$，$\sigma_3\Delta a_3$……$\sigma_n\Delta a_n$となります。したがって，これらの力が中立軸へ及ぼす曲げモーメントMは次のようになります。

図10-35　I形材はりの断面

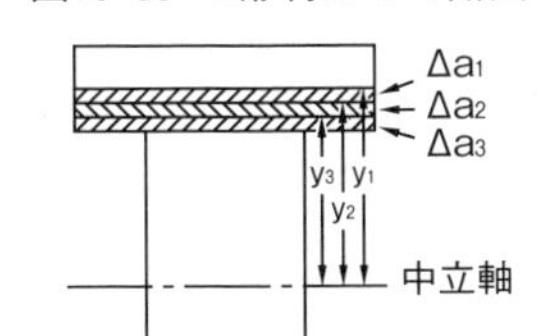

$$M=\sigma_1\Delta a_1 y_1+\sigma_2\Delta a_2 y_2+\sigma_3\Delta a_3 y_3+\cdots\cdots+\sigma_n\Delta a_n y_n \qquad (31)$$

ここで，中立軸から任意の距離にある応力をσとすれば，

Δa_1，Δa_2，Δa_3……Δa_nとy_1，y_2，y_3……y_nは比例しますので，

$$\sigma/y=\sigma_1/y_1=\sigma_2/y_2=\sigma_3/y_3=\cdots\cdots$$
$$=\sigma_n/y_n$$

$$\sigma_1=\sigma y_1/y,\quad \sigma_2=\sigma y_2/y,$$
$$\sigma_3=\sigma y_3/y,\quad \cdots\cdots\sigma n=\sigma yn/y \qquad (32)$$

これを式(31)に代入すると，

$$M=(\sigma/y)(\Delta a_1 y_1^2+\Delta a_2 y_2^2+\Delta a_3 y_3^2+\cdots\cdots+\Delta a_n y_n^2)$$

かっこ中の$\Delta a_1 y_1^2+\Delta a_2 y_2^2+\Delta a_3 y_3^2+\cdots\cdots+\Delta a_n y_n^2$は，断面の形状によって一定の値を持つので，これを“断面二次モーメント”と呼び，Iで表わします。Δa_nが2次なので，単位の次数は4次（cm^4，mm^4）になる。

$M=(\sigma/y)I$，したがって，$M=\sigma\cdot I/y$

このI/yは，はりが曲げられようとするとき，その断面形状について固有の数値（係数）となりますので，これを“断面係数”Zと名付けています。つまり，$M=\sigma\cdot I/y$は前出の式(30)の$M=\sigma\cdot Z$となります。断面係数の単位の次数は3次（cm^3，mm^3）です。

断面係数の値は，断面積が同じでも断面の形と荷重のかかる方向によって異なります。図10-36は，各種断面形の断面二次モーメントI，断面係数Zなどの表の一部を示したものですが，詳細は機械便覧などには必ず掲載されています。

なお，断面二次半径（k^2）というものが示してあります。断面二次半径k^2とは，中立軸に対する断面二次半径であり，Iを断面積Aで割ったもの（$k^2=I/A$）です。これは後述の座屈の項に関係します。

【例題７】 図10-37において，断面積が同じはりの場合，(a)と(b)，(c)と(d)のように使う場合のそれぞれの強さを比較せよ。

図10-36　断面二次モーメント・断面係数・断面二次半径

断　面　形	I	Z	k^2
(長方形，幅 b，高さ h)	$\frac{1}{12}bh^3$	$\frac{1}{6}bh^2$	$\frac{1}{12}h^2$ ($k=0.289h$)
(正方形，辺 h)	$\frac{1}{12}h^4$	$\frac{1}{6}h^3$	$\frac{1}{12}h^2$
(正方形を45°傾けたもの，辺 h)	$\frac{1}{12}h^4$	$\frac{\sqrt{2}}{12}h^3$ $=0.1179h^3$	$\frac{1}{12}h^2$
(中空正方形，外辺 h_2，内辺 h_1)	$\frac{1}{12}(h_2^4-h_1^4)$	$\frac{1}{6}\cdot\frac{h_2^4-h_1^4}{h_2}$	$\frac{1}{12}(h_2^2-h_1^2)$

図10-36　断面二次モーメント・断面係数・断面二次半径（つづき）

断　面　形	I	Z	k^2
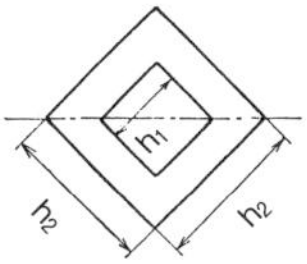	$\frac{1}{12}(h_2^4-h_1^4)$	$\frac{\sqrt{2}}{12}\cdot\frac{h_2^4-h_1^4}{h_2}$ $=0.1179\frac{h_2^4-h_1^4}{h_2}$	$\frac{1}{12}(h_2^2-h_1^2)$
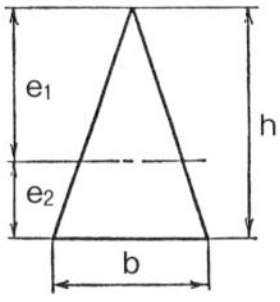	$\frac{1}{36}bh^3$	$e_1=\frac{2}{3}h$, $e_2=\frac{1}{3}h$ $Z_1=\frac{1}{24}bh^2$, $Z_2=\frac{1}{12}bh^2$	$\frac{1}{18}h^2$ $(k=0.236h)$
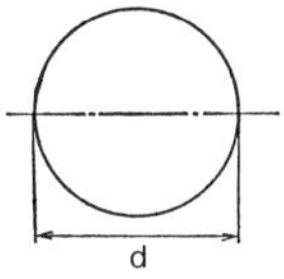	$\frac{\pi}{64}d^4$	$\frac{\pi}{32}d^3$	$\frac{\pi}{16}d^2$
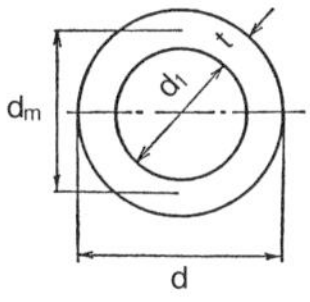	$\frac{\pi}{64}(d_2^4-d_1^4)$	$\frac{\pi}{32}\cdot\frac{d_2^4-d_1^4}{d_2}$ $\fallingdotseq 0.8d_m^2t$ $\left(\frac{t}{d_m}\text{が小さいとき}\right)$	$\frac{1}{16}(d_2^2-d_1^2)$
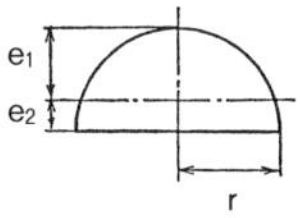	$\left(\frac{\pi}{8}-\frac{8}{9\pi}\right)r^4$ $=0.1098r^4$	$e_1=0.5756r$ $e_2=0.4244r$ $Z_1=0.1908r^3$ $Z_2=0.2587r^3$	$\frac{9\pi^2-64}{36\pi^2}r^2$ $=0.0697r^2$ $(k=0.264r)$

［考えかたと解答］(a)と(b)の場合——

図10-36より断面係数は(a)が$bh^2/6$,(b)が$b^2h/6$です。かりに高さhを180mm,幅bを100mmとすれば,(a)の場合の断面係数は,$100\times180^2/6=540000$ (mm^3) となり,(b)の場合は,$180\times100^2/6=300$となります。した

図10-37

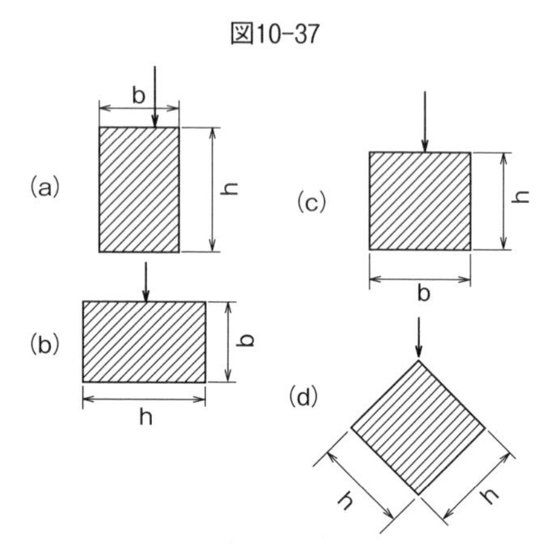

がって，同じ大きさの曲げモーメントMがかかるとき，$\sigma = M/Z$から，(a)の方は$\sigma = M/560$，(b)の方は$\sigma = M/300$。1/560と1/300で，生じる応力は(b)の方が1/300÷1/560＝1/300×560で1.8倍も大きい。つまり(a)の方が(b)より1.8倍の強さに耐えることができるのです。

(c)と(d)の場合——

図10-36より断面係数は(c)が$h^3/6$，(d)が$(\sqrt{2}/12)h^3$です。その比$(c)/(d) = (1/6)/(\sqrt{2}/12) = (1/6)\times(12/\sqrt{2}) = 1/(2/\sqrt{2}) = 1/(\sqrt{2})$，(d)の方が(c)より$\sqrt{2}$倍大きいので，強さは(c)の方が$\sqrt{2}$倍，つまり1.414倍も大きくなります。

【例題 8】図10-38に示すような同じ材料で作られた中実丸棒と中空丸棒のはりにおいて，それらの断面積が等しく同一の曲げモーメントを受ける場合，(a)と(b)とはどちらが強いか。ただし，中空丸棒の内径はその外径の0.6とする。

[考えかたと解答] 断面積が等しいから，面積の公式において

$\pi d^2/4 = \pi(d_2^2 - d_1^2)d^2/4$

よって　$d^2 = d_2^2 - d_1$　$d = \sqrt{d_2^2 - d_1^2}$

中実丸棒の断面係数$Z_1 = (\pi/32)d^3$,

中空丸棒の断面係数$Z_2 = (\pi/32)(d_2^2 - d_1^2)/d_2$

図10-38

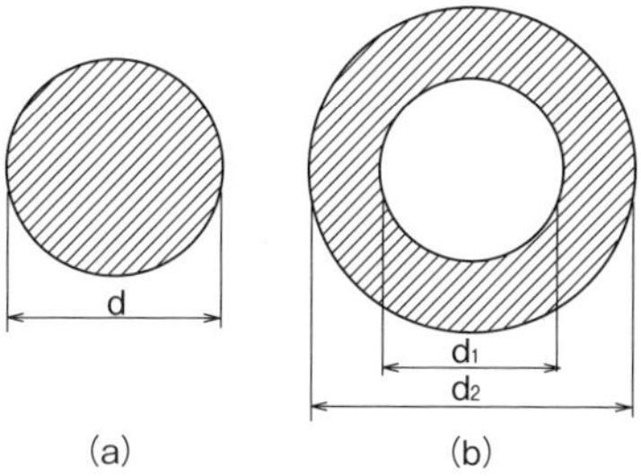

(a)　(b)

これらの比を求めると，

$$\frac{Z_2}{Z_1}=\frac{(d_2^4-d_1^4)\,d_2}{d^3}=\frac{(d_2^2+d_1^2)(d_2^2-d_1^2)}{d_2 d^3}$$

$$=\frac{\{(d_2^2+d_1^2)/d_2 d\}\times(d_2^2-d_1^2)}{d^2}$$

面積が同じ（$d_2^2-d_1^2=d^2$）なので，

$(d_2^2-d_1^2)/d^2=1$

$Z_2/Z_1=(d_2^2+d_1^2)/d_2 d$

$d=\sqrt{d_2^2-d_1^2}$ を代入して，

$Z_2/Z_1=(d_2^2+d_1^2)/d_2\sqrt{d_2^2-d_1^2}$

題意により，$d_1=0.6d_2$ だから，これを上式に代入すれば，

$Z_2/Z_1=d_2^2(1+0.6^2)/d_2\sqrt{d_2^2-(0.6d_2)^2}=d_2^2(1+0.6^2)/d_2\sqrt{d_2^2(1-0.6)^2}$

$\quad=d_2^2(1+0.6^2)/d_2^2\sqrt{1-0.6^2}=1.36/\sqrt{0.6^4}=1.36/0.8=1.7$

したがって，中空丸棒の方が中実丸棒の1.7倍も強いことになります。

【例題 9】 ある“はり”に必要な断面係数を求めたところ36000mm³ であったという。このはりの断面が次の場合の寸法を求めよ。

(a) 正方形断面の 1 辺の寸法

(b) 丸棒の直径

(c) 横が30mm の長方形断面の縦の寸法

［考えかたと解答］ 図10-36により計算して求めます。

(a) 正方形断面では，

$Z = bh^2/6$，$b = h$ だから，$Z = h^3/6$，

$h = \sqrt[3]{6Z} = \sqrt[3]{6 \times 36000} = 60$〔mm〕

(b)円形断面では，

$Z = (\pi/32)d^3$，$d = \sqrt[3]{(32/\pi)Z} = \sqrt[3]{32/3.14 \times 36000} \fallingdotseq 71.6$〔mm〕

(c)長方形断面では，

$Z = bh^2/6$，$h = \sqrt{6Z/b} = \sqrt{6 \times 36000/30} \fallingdotseq 84.9$〔mm〕

【例題10】 **図10-39**において，はりの断面が長方形で高さ（厚み）を30mmとすると，幅寸法の最小はいくらになるか。ただし，許容応力を8 kgf/mm²とする。

[考えかたと解答] まず，両支点の反力を求めて最大曲げモーメントを計算します。

$R_B = (60 \times 400 + 100 \times 700)/1000 = 94$〔kgf〕

$R_A = 100 + 60 - R_B = 66$〔kgf〕

点C，Dの曲げモーメントM_C，M_Dを計算し，絶対値の大きさで最大曲げモーメント（M_{max}）を求めます。

$M_C = -R_A \times 400 = -66 \times 400 = -26400$〔kgf·mm〕

$M_D = -R_B \times 300 = -94 \times 300 = -28200$〔kgf·mm〕

したがって，$M_{max} = 28200$ kgf·mm

式(30)より，

$Z = M/\sigma = 28200/8 = 3525$〔mm³〕

図10-36より断面係数$Z = bh^2/6$，から，

$b = 6Z/h^2 = 6 \times 3525/30^2 = 23.5$〔mm〕

図10-39

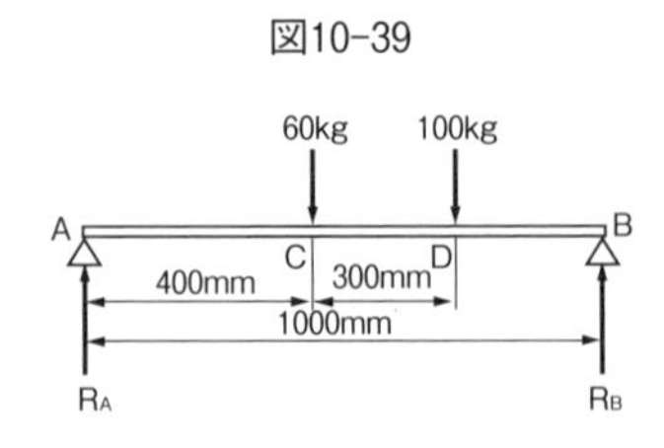

3 はりのたわみ

図10-40(a)のような材料を(b)のように曲げた場合，曲率半径を ρ，中立面から y の距離にあるひずみ ε とします。ひずみ ε は初めの長さ ℓ に対する変形量 λ の比ですから，

$$\varepsilon=\frac{\lambda}{\ell}=\frac{PQ-P'Q'}{EF}=\frac{E'F'-P'Q'}{E'F'}$$

また，$E'F'=\rho\theta$，$P'Q'=(\rho-y)\theta$ だから，

$$\varepsilon=\frac{\rho\theta-(\sigma-y)\theta}{\rho\theta}=\frac{y\theta}{\rho\theta}=\frac{y}{\rho} \tag{33}$$

中立面から y の距離にある応力 σ は，材料の縦弾性係数を E とすれば，$E=\sigma/\varepsilon$ の関係から，$\sigma=\varepsilon E$，これに式(30)を代入し，

$\sigma=(y/\rho)E$，または，$\sigma=(E/\rho)y$

となり，応力は，縦弾性係数と中立面からの距離に比例します。

1）片持ちばりのたわみ

図10-41は片持ちばりのわん曲した状態を示したもので，曲線 AabcB′を弾性曲線と呼び，BB′の垂直距離をたわみ（δ）といいます。弾性曲線の微小部分 ab，bc を円弧とみなし，点 O，O′をその中心とすれば，Oa，O′b はその半径であって，これを弾性曲線の曲がりの半径（R）といい，その

図10-40

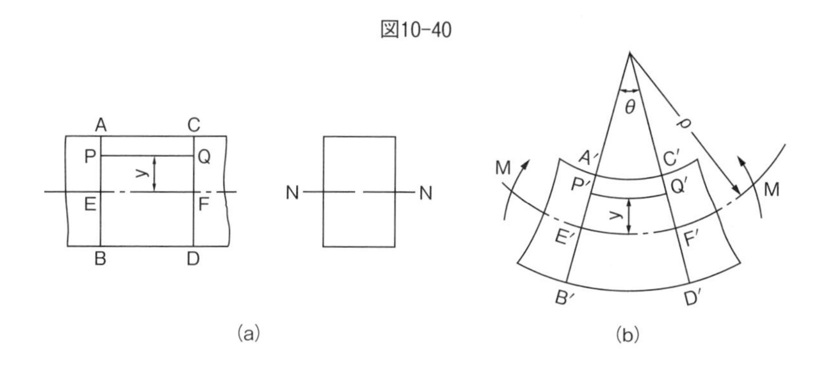

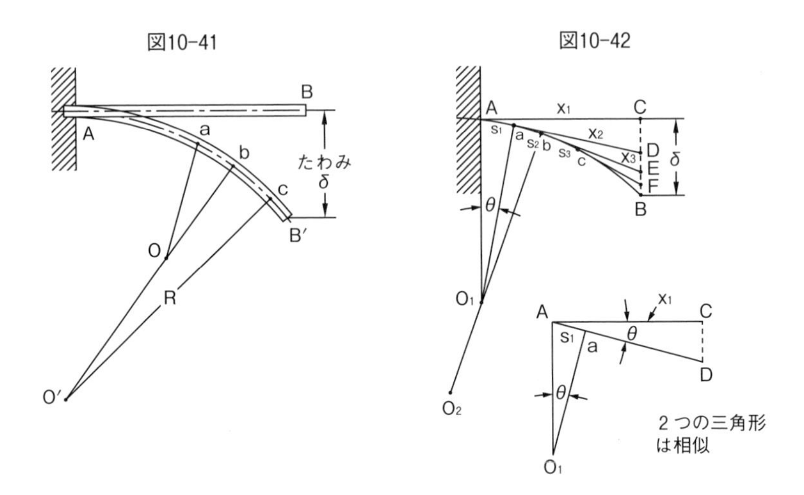

逆数を曲がりといいます。

いま，はりにかかる曲げモーメントをM，断面二次モーメントをI，はりの材質の弾性係数をEとすれば，曲がりは

$$\frac{1}{\mathrm{R}}=\frac{M}{EI} \tag{34}$$

で表わされます。

図10-42において，弾性曲線AB上に極めて接近した2つの点A，aをとれば，曲線Aaは円弧と考えることができ，この円の中心を$\mathrm{O_1}$とすれば，$\mathrm{O_1a}$はこのはりの断面Aにおける曲がりの半径（曲率半径）です。

この断面に働く曲げモーメントをM_1，中立軸に対する断面の慣性モーメント（断面二次モーメントに同様に考える）をIとすると，式(34)により，$1/\mathrm{O_1A}=M_1/EI$

円弧Aaの長さを$\mathrm{S_1}$とし，中心角をθ（ラジアン）とすれば，

$\mathrm{O_1A}=\mathrm{S_1}/\theta$

次にa点において，弾性曲線に引いた接線が直線BCと交わる点をDとすれば，∠CADは別図示のようにθ（たわみ角または傾斜角といい記号iで表示する）に等しく，そしてCDはAaを微小とすれば同じように

ごく微小な長さだから，ACを半径とする円弧の一部と考えることができます。ACの長さをx_1とすると，$\theta=CD/x_1$　このθの値を上式の$O_1A=S_1/\theta$に代入すれば，$O_1A=S_1x_1/CD$

これを前出の$1/O_1A=M_1/EI$に代入すれば

$CD/S_1x_1=M_1x_1/EI$

したがって，$CD=M_1S_1x_1/EI$

次に弾性曲線AB上に，aにきわめて接近した点bをとり，その接線をbEとし，abの長さをS_2とし，接線aDの長さをx_2とし，断面aにかかる曲げモーメントをM_2とし，その曲がりの半径O_2aに対して，前と同様の計算をすれば，$DE=M_2S_2x_2/EI$

弾性曲線上にAからBまで，a，b，c，……の点をとり，前と同様な計算をしてCD，DE，EF，……を求め，たわみをδとすると，

$\delta=CD+DE+EF+\cdots\cdots=M_1S_1x_1/EI+M_2S_2x_2/EI+M_3S_3x_3/EI+\cdots\cdots$

ところで，**図10-42**のようにS_1，S_2，S_3……をみんな等しくとれば，

$\delta=(S/EI)(M_1x_1+M_2x_2+M_3x_3+\cdots)$

次に，**図10-43**のように，自由端に集中荷重Wを受けるはりの長さℓをn等分し，各片の長さをxとし，各等分点a，b，c，d……に働く曲げモーメントを自由端から順に求めると，

$M_1=0$，$M_2=Wx$，$M_3=W\times2x$，$M_4=W\times3x$，$M_5=W\times4x$，$M_6=W\times5x$，……$M_{(n+1)}=W\times nx$

これらの値を上式に代入すれば，B点のたわみδは

$\delta=(S/EI)\{(Wx^2+W(2x)^2+W(3x)^2+W(4x)^2+W(5x)^2+\cdots\cdots+W(nx)^2\}$

$=(WS/EI)x^2(1+2^2+3^2+4^2+5^2+\cdots\cdots+n^2)$

ここで，nを無限大と考えればxが極めて微小になるので，xとSは近似的に等しくなります。したがって，上式は，

$\delta=(Wx^3/EI)(1+2^2+3^2+4^2+5^2+\cdots\cdots+n^2)$

また，$x=\ell/n$だから

$\delta=(W\ell^3/n^3EI)(1+2^2+3^2+4^2+5^2+\cdots\cdots+n^2)$

右のかっこ内は，$n(n+1)(2n+1)/6$

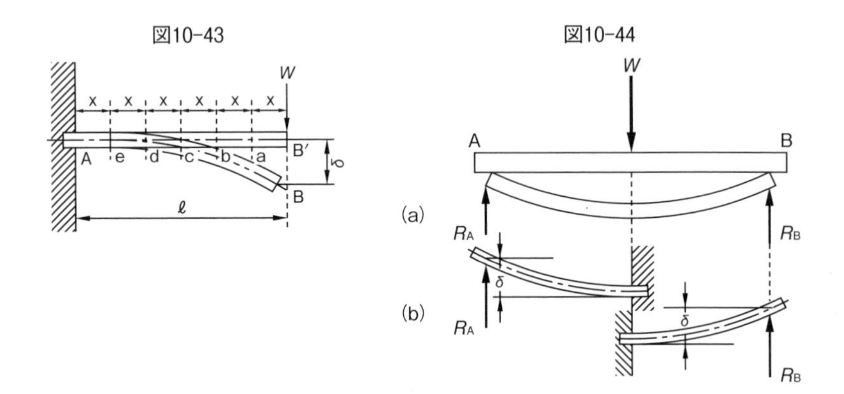

したがって，

$$\delta=(W\ell^3/n^3EI)\times n(n+1)(2n+1)/6=(W\ell^3/EI)\times(1+1/n)(2+1/n)/6$$

ここで，nが無限大になれば，1/nは0になりますから，

$$\delta=\frac{W\ell^3}{EI}\times\frac{2}{6}=\frac{W\ell^3}{3EI} \qquad (35)$$

つまり，“片持ちばりの最大たわみは先端荷重 W とはりの長さの3乗に比例し，断面二次モーメント I および材質の縦弾性係数 E に反比例する”ということになります。

2）両端支持ばりのたわみ

図10-44(a)に示すような両端支持ばりでは，最大のたわみが生じるのは中央です。これは(b)のように2つの片持ちばりを継いだものと見ることができるので，式(35)をもとにして考えてみます。

(b)のように反力 $R_A=R_B=W/2$ が自由端にかかり，$\ell=1/2$ となるので $\ell^3=1/8$ となります。したがって，片持ちばりの場合の $1/2\times1/8=1/16$ となるので，両端支持ばりのたわみ δ は次のようになります。

$$\delta=\frac{(W/2)(\ell/2)^3}{3EI}=\frac{(W/2)(\ell^3/8)}{3EI}$$

$$=\frac{(W\ell^3/16)}{3EI}=\frac{W\ell^3}{3\times16EI}=\frac{W\ell^3}{48EI} \qquad (36)$$

なお，このたわみδは，はりの図表として，いろいろな状態における各種はりについて，その反力R，せん断力F，曲げモーメントMと一緒に機械便覧などに詳しい一覧表が掲載されています。**表10-1**はその一例です。

表10-1　はりの計算

はりの種類	曲げモーメント M(M_{max})	支点の反力 R_1	最大たわみ δ	せん断力 F
L, W, x, R_1	$M_x = W_x$ $M_{max} = WL$	$R_1 = W$	$\frac{WL^3}{3EI}$(自由端)	$-W$
$wL = W$, x, R_1, L	$M_x = \frac{W_x^2}{2}$ $M_{max} = \frac{1}{2} wL^2$	$R_1 = wL$	$\frac{wL^4}{8EI}$(自由端)	$F_x = -wx$ $F_{max} = -wL$
$\frac{L}{2}$, W, x, L, R_1, R_2	$0 \leqq x \leqq \frac{L}{2}$ のとき $M_x = \frac{W(L-x)}{2}$ $\frac{1}{2} \leqq x \leqq L$ のとき $M_x = \frac{W_x}{2}$ $M_{max} = \frac{1}{4} WL$	$R_1 = \frac{W}{2}$	$\frac{WL^3}{48EI}$(中央)	$\pm \frac{W}{2}$
$wL = W$, x, L, R_1, R_2	$M_{max} = \frac{1}{8} wL^2$ $M_x = \frac{W_x}{2}(L-x)$	$R_1 = \frac{wL}{2}$	$\frac{5wL^4}{384EI}$(中央)	$F_x = \left(\frac{L}{2}-x\right)w$
$\frac{L}{2}$, W, x, L, R_1, R_2	$M_{max} = \frac{1}{8} wL$ $0 \leqq x \leqq \frac{1}{2}$ のとき $M_x = \frac{WL}{2}\left(\frac{3}{4} - \frac{x}{L}\right)$ $\frac{L}{2} \leqq x \leqq L$ のとき $M_x = \frac{WL}{2}\left(\frac{x}{L} - \frac{1}{4}\right)$	$\frac{W}{2}$	$\frac{WL^3}{192EI}$(中央)	$\pm \frac{W}{2}$
$wL = W$, x, L, R_1, R_2	$M_{max} = \frac{-wL^2}{12}$ $M_x = \frac{-wL^2}{2} \times \left(\frac{1}{6} - \frac{x}{L} + \frac{x^2}{L^2}\right)$	$\frac{wL}{2}$	$\frac{wL^4}{384EI}$(中央)	$F_x = \left(\frac{L}{2}-x\right)w$

(注) E：はりの材質の弾性係数　I：断面積の慣性モーメント

4 平等強さのはり

図10-45を見てください。この3つの“片持ちばり”(a), (b), (c)に同じ荷重 W が先端にかかるとき，どれが最もじょうぶだと思いますか。

別に面倒な計算はしなくても，どうやら，3つとも同じ荷重に対しては，同じように耐えることができそうだ，という気がしますね。

そうだとすれば，なにも(a)のように全長 ℓ にわたって同じ断面 (b×h) にするより，(b)や(c)のように先端に行くに従って小さくなるように作れば，材料が半分近く節約でき，はり自体も軽くなってたいへん経済的といえます。

このようなはりを“平等強さのはり”といいます。

今までお話してきたはりは，全長にわたって一様な断面を持つものでした。よく考えてみますと，片持ちばりに荷重がかかるとき，はりに生じる最大曲げモーメントは，はりの取付端（固定支点）であり，最大曲げ応力も取付端に生じています。

他の位置では曲げモーメントは取付端より小さく，先端（自由端）に行くにつれて応力も小さくなります。というわけで，全長にわたって同じ強さ（大きさ）を保つ必要はなさそうです。

つまり，はりの横断面を全長にわたって均一なものにせず，各断面に働く曲げモーメントの大きさに応じて断面寸法を変え，各断面の位置によっ

図10-45

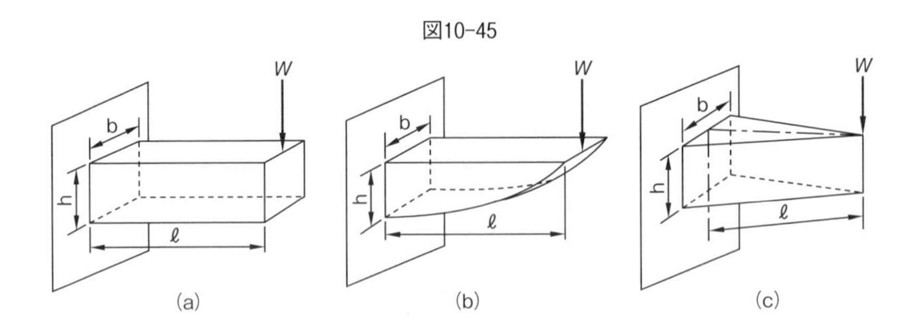

て働く曲げ応力を一定にするように工夫すれば，はりの強さは変わらず材料の節約でき，省資源につながる理屈にもなります。

加工上は多少の面倒はあるにしても，材料力学上，合理的だといえるでしょう。

ところで，**図10-45**で３つとも同じ強さだろうと思ったのは，感覚的なものでしたが，これを少し突っ込んで考えてみましょう。

5　平等強さのはりの種類

1）一端に荷重のかかる片持ちばりの場合

(a) 断面が長方形のとき――

自由端に集中荷重が働く**図10-45**のような片持ちばりでは，最大曲げモーメントは固定端に生じ $M_{max}=W\ell$ です。ここで前回のはりの公式を思い出してください。M_{max}＝許容応力 σ × 断面係数 Z で，はりの断面が長方形の場合は $Z=bh^2/6$ ですから，

$$M_{max}=\sigma\times bh^2/6 \qquad (37)$$

ここで断面の幅 b と高さ h が決まっておれば，σ の大きさによって M_{max} は決まります。また $W=\sigma\times\ell$ から $\ell=W/\sigma$ で，ℓ は σ の大きさによって決まります。

いま，**図10-46**のようなはりを考えると，自由端からの距離 x における断面の曲げモーメント（M_X）は，

$M_X=W\times x$，そしてまた，

$M_X=\sigma\times ty^2/6$　です。

平等強さのはりでは各断面に働く応力 σ を等しくするわけですから，これらの式から

$\sigma=6M_{max}/bh^2=6M_X/ty^2$ となり，

$6M_{max}\cdot ty^2=6M_X\cdot bh^2$

$y^2/h^2=6bM_X/6tM_{max}=(b/t)(M_X/M_{max})=bWt/tW\ell$

図10-46

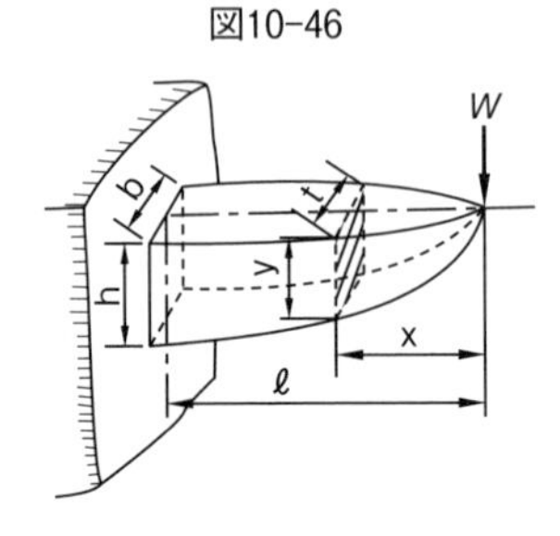

図10-47

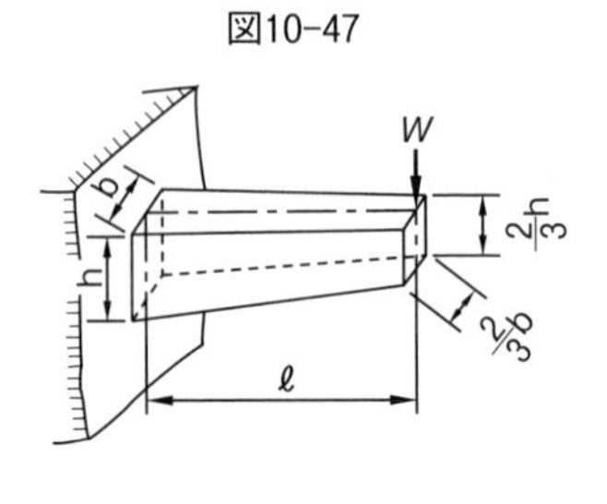

したがって，$\left(\frac{y}{h}\right)^2=\frac{b}{t}\times\frac{x}{\ell}$ (38)

この式は各断面におけるはりの幅と高さとの関係を示す一般式であり，平等強さのはりの自由端からのはりの断面の大きさが計算で求められますが，図10-46のような形状は実際には加工が極めて面倒です。そこで，図10-47のような角錐形にするか，あるいは幅 b または高さ h のどちらかを一定にして作るようにします。

(i)幅一定の場合——

$t=b$ なので，式(2)は

$(y/h)^2=(x/\ell)$

$y^2=h^2x/\ell$

したがって，　$y=h\sqrt{x/\ell}$

この式から，各断面の高さが計算できますが，y の値は図10-48のような放物線になることを示しています。

(ii)高さ一定の場合——

式(38)において $y=h$ と置けば

$(h/h)^2=(b/t)(x/\ell)$

$1=(b/t)(x/\ell)$

したがって，$t=(b/\ell)x$

ここで，b と ℓ はすでに判っている数値で一定ですから，断面の幅 t は x に比例して図10-49のような形になります。

図10-48

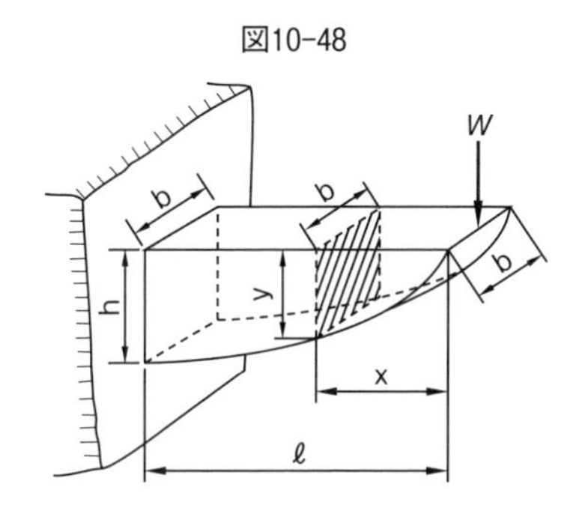

図10-49

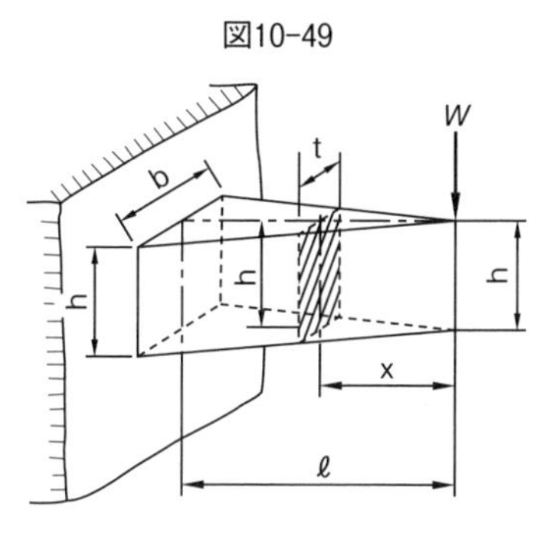

なお，幅 b を一定にしますと，

$y = \sqrt{6Wx/\sigma b}$ という関係からも，x の増加に伴なって，y も増加し図10-48のように，放物線形になることがお判りと思います。

(b) 断面が円形のとき——

断面円の断面係数は $\pi d^3/32$ ですから

$M_{max} = \sigma \times \pi d^3/32,$

$\sigma = 32M_{max}/\pi d^3 = 32W\ell/\pi d^3$

自由端からの距離 x における断面の曲げモーメント（M_X）は

$M_X = \sigma \times \pi {d_X}^3/32,$

$\sigma = 32M_X/\pi d^3$

$32W\ell/\pi d^3 = 32M_X/\pi {d_X}^3$

したがって，$d_X = d^3\ \sqrt{x/\ell}$

この式から任意の断面の直径が算出できますが，はりの輪郭は3次放物線の図10-50のような形になります。実際には工作困難なので実用的には図10-51のようなこれと近似した円錐形にします。

等分布荷重の場合——

さて，ここで応用問題として等分布荷重がかかる片持ちばりの場合を考えてみましょう。断面は長方形とします（図10-52）。

当分布荷重では，はりの公式から

$M_{max} = w\ell^2/2 = \sigma \times bh^2/6$

図10-50

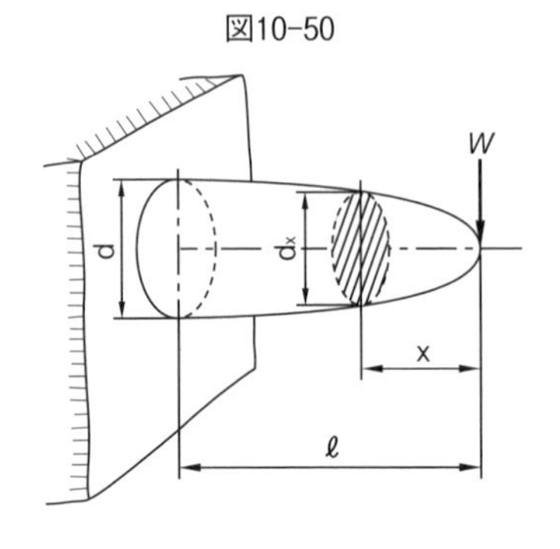

図10-51

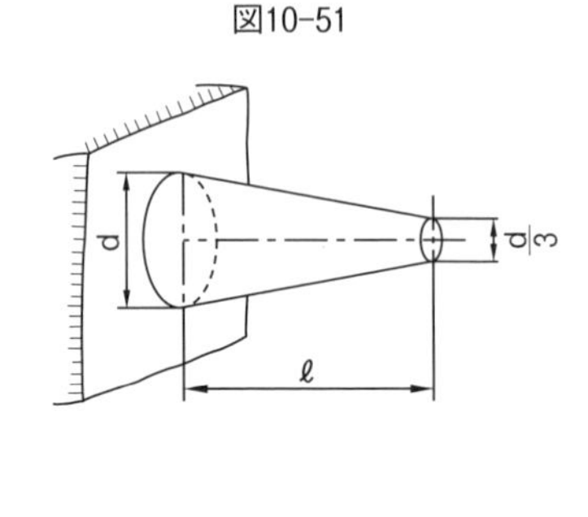

となり，自由端からxの距離にある断面の曲げモーメントM_Xは，

$M_X = wx^2/2 = \sigma \times ty^2/6$

上記2式から，

$6M_{max}/bh^2 = 6M_X/ty^2$

$(y/x)^2 = (b/t)(M_X/M_{max})$

$\quad = (b/t)(x^2/\ell^2) \qquad (39)$

この式は，各断面での幅tと高さhとの関係を示す一般式であり，これから得られるはりの形状は図10-52のように幅も高さも各断面ごとに異なっています。

図10-52

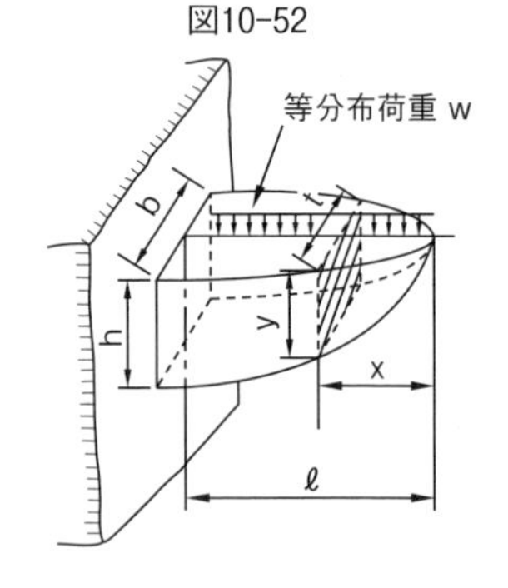

図10-53は平等強さのはりの公式の抜粋です。詳しくは機械工学便覧などの材料力学の公式一覧表を見てください。

【例題12】 図10-54のような平等強さの片持ちばりにおいて，自由端より200mm，500mm，800mmおよび固定端のそれぞれの厚み（高さ）yとhと，自由端の最大たわみδを求めよ。ただし、許容応力$\sigma = 5kgf/mm^2$とする。

[考えかたと解答] 自由端よりの距離をx，曲げモーメントをM，荷重を

図10-53　平等強さの片持ちばり

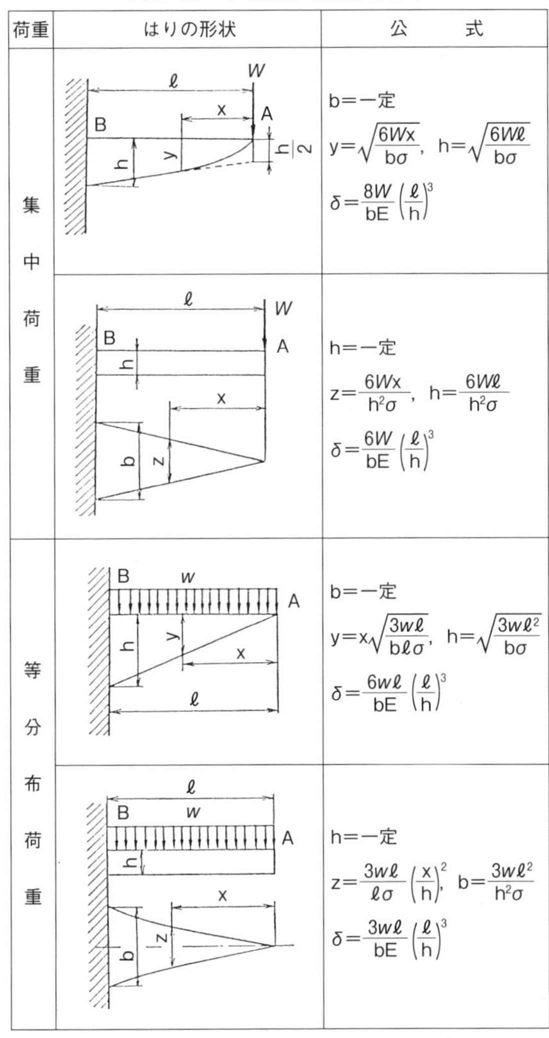

荷重	はりの形状	公　　式
集中荷重		b＝一定 $y=\sqrt{\dfrac{6Wx}{b\sigma}}$，$h=\sqrt{\dfrac{6W\ell}{b\sigma}}$ $\delta=\dfrac{8W}{bE}\left(\dfrac{\ell}{h}\right)^3$
		h＝一定 $z=\dfrac{6Wx}{h^2\sigma}$，$h=\dfrac{6W\ell}{h^2\sigma}$ $\delta=\dfrac{6W}{bE}\left(\dfrac{\ell}{h}\right)^3$
等分布荷重		b＝一定 $y=x\sqrt{\dfrac{3w\ell}{b\ell\sigma}}$，$h=\sqrt{\dfrac{3w\ell^2}{b\sigma}}$ $\delta=\dfrac{6w\ell}{bE}\left(\dfrac{\ell}{h}\right)^3$
		h＝一定 $z=\dfrac{3w\ell}{\ell\sigma}\left(\dfrac{x}{h}\right)^2$，$b=\dfrac{3w\ell^2}{h^2\sigma}$ $\delta=\dfrac{3w\ell}{bE}\left(\dfrac{\ell}{h}\right)^3$

b＝幅，δ＝自由端のたわみ，σ＝一様な曲げ応力

図10-54

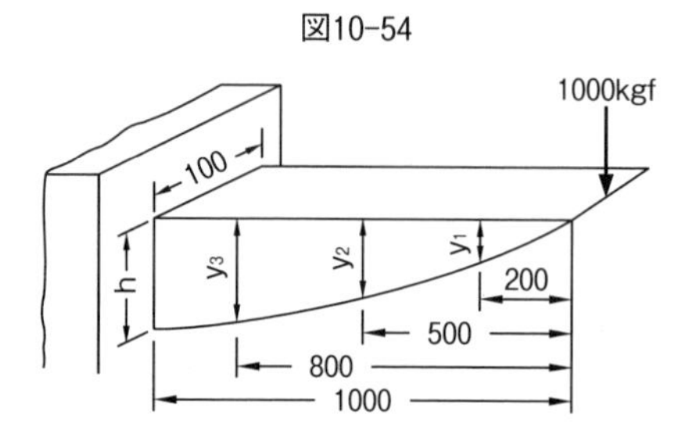

Wとすれば,

$M = W\mathrm{x} = 1000\mathrm{x}$,

また，断面係数をZとすれば

$M = \sigma Z = \sigma \times \mathrm{by}^2/6 = 5 \times 100\mathrm{y}^2/6 = 500\mathrm{y}^2/6$

したがって，$1000\mathrm{x} = 500\mathrm{y}^2/6$

$\mathrm{y} = \sqrt{6 \times 1000\mathrm{x}/500} = \sqrt{12\mathrm{x}}$

200mmの点　$\mathrm{y}_1 = \sqrt{12 \times 200} = 48.99\mathrm{mm}$

500mmの点　$\mathrm{y}_2 = \sqrt{12 \times 500} = 77.46\mathrm{mm}$

800mmの点　$\mathrm{y}_3 = \sqrt{12 \times 800} = 97.98\mathrm{mm}$

固定端　$\mathrm{h} = \sqrt{12 \times 1000} = 109.54\mathrm{mm}$

最大たわみは**図10-53**の公式を利用します。

$$\delta = \frac{8W\ell^3}{\mathrm{b}E\mathrm{h}^3} = \frac{8 \times 1000 \times 1000^3}{100 \times 2 \times 10^4 \times 109.54} \fallingdotseq 3.043〔\mathrm{mm}〕$$

【例題13】 長さ100mm，厚さ2mmのばね鋼板を用いて，最大荷重10kgfにつき10mmのたわみを生じるような三角板ばね（**図10-55**のような平等強さの片持ちばり）を作りたい。固定端の幅および応力の一定値を求めよ。鋼板のヤング率$E = 2.1 \times 10^4$〔kgf/mm^2〕とする。

[考えかたと解答] 固定端の幅は，**図10-53**の公式の中から，$\delta = 6W\ell^3/\mathrm{b}E\mathrm{h}^3$を変形してbを計算します。

$$\mathrm{b} = \frac{6W\ell^3}{\delta E\mathrm{h}^3} = \frac{6 \times 10 \times 100^3}{10 \times 2.1 \times 10^4 \times 2^3} \fallingdotseq 35.71〔\mathrm{mm}〕$$

図10-55

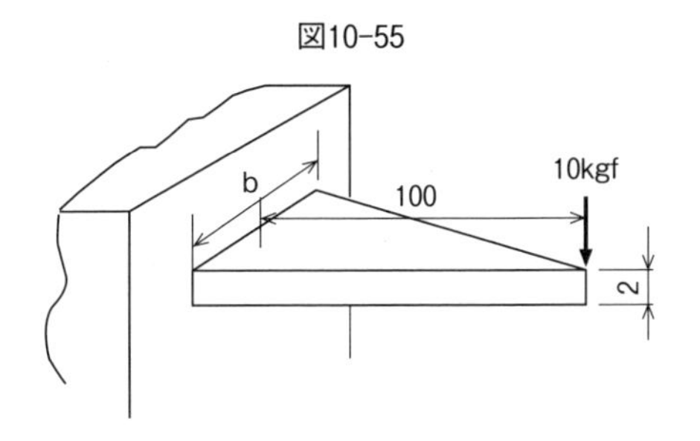

一様な応力は，公式の中から

$b=6W\ell/h^2\sigma$ を変形して σ を計算します。

$\sigma=6W\ell/bh^2$

$$\sigma=\frac{6W\ell}{bh^2}=\frac{6\times10\times100}{35.71\times2^2}\fallingdotseq42\ \text{〔kgf/mm}^2\text{〕}$$

2）両端支持ばりの場合

両端で支えられ，任意の個所で1つの集中荷重を受けるはりの場合は，2つの片持ちばりの組合わせと考えることができます。つまり，**図10-56**のように，点Cで固定され，点Aに R_1 の反力（応力）を生じる片持ちばりと，点Cで固定され点Bに R_2 の反力（応力）を生じる片持ちばりとの2つから成り立つものと考えます。

図10-56

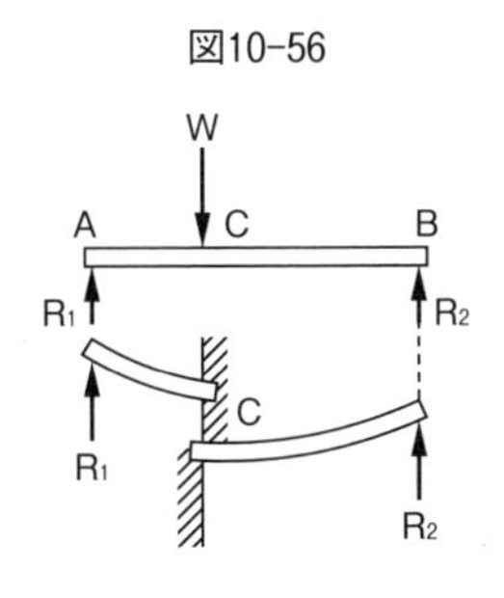

したがって，前述した方法でこの2つの片持ちばりの形を求めて，継ぎ合わせばよいわけです。この場合，断面が長方形で幅を変えない状態における平等強さのはりの形状は**図10-57**のようになります。

図10-57

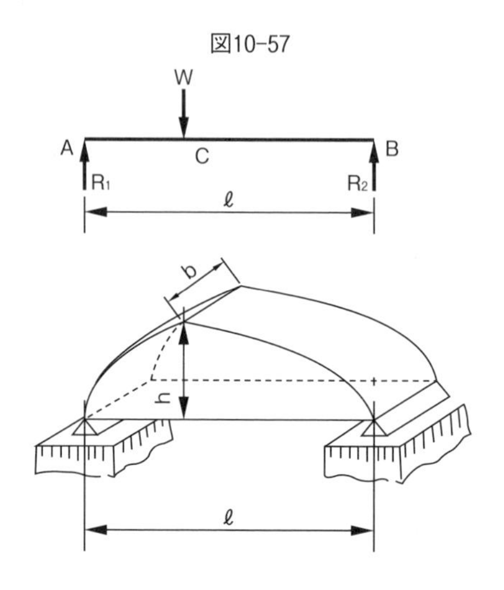

6 重ね板ばね

平等強さのはりは，生じる応力を均一に受ける形状で，材料の節約，軽量化ができるため，前出の**図10-55**のように三角板ばねに適しています。しかし，固定端の幅 b の寸法が大きくなり実際には広くなり過ぎて使用上不便になることが多いものです。

そこで**図10-58**(a)に示すように，三角板を等しい幅のいくつかに（相対する A と B）に分割して同図(b)のように同形の A と B を合わせて一枚の板を作り，これを**図10-59**のように重ね合わせて三角板ばねと同じ効果を持たせるものです。こうすれば固定端の幅は狭くでき，変化する厚み（高さ）の効果で曲げ応力は均一に受けられるわけです。これを重ね板ばねといいます。

このばねの強さやたわみは，原理的に高さ一定の場合の平等強さの片持ちばり（三角板ばね）と同じですが，固定端の断面係数を Z，重ね板ばねの幅を b，一枚の厚さを h，重ねた枚数を n とすれば，

$Z = (1/6)\mathrm{bh}^2 \times \mathrm{n}$

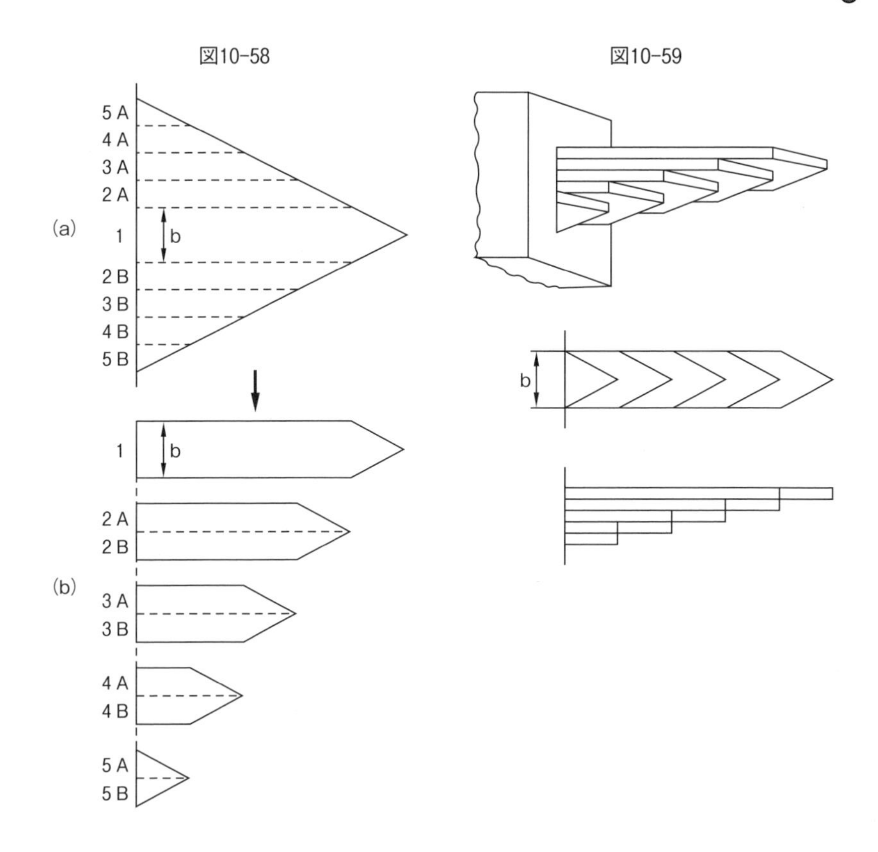

となりますから，ばねに生じる曲げ応力 σ と最大たわみ δ は，次の式で表わされます。

$$\sigma = 6W\ell/(\mathrm{nbh}^2) \qquad (40)$$

$$\delta = 6W\ell^3/(\mathrm{nbh}^3 E) \qquad (41)$$

なお，これを片持ちばりでなく，中央に集中荷重が加わる両端支持ばりの平等強さの重ね板ばねとしたものがあり**図10-60**，電車や自動車などに広く使用されています。

【例題14】 **図10-61**のような厚さ5mm，幅100mm のばね鋼板を用いて，長さ400mm の重ね板ばねを作りたい。自由端に最大荷重50kgf が加わるものとすれば，板は何枚重ねたらよいか。ただし，許容応力を5kgf/mm^{2}とする。

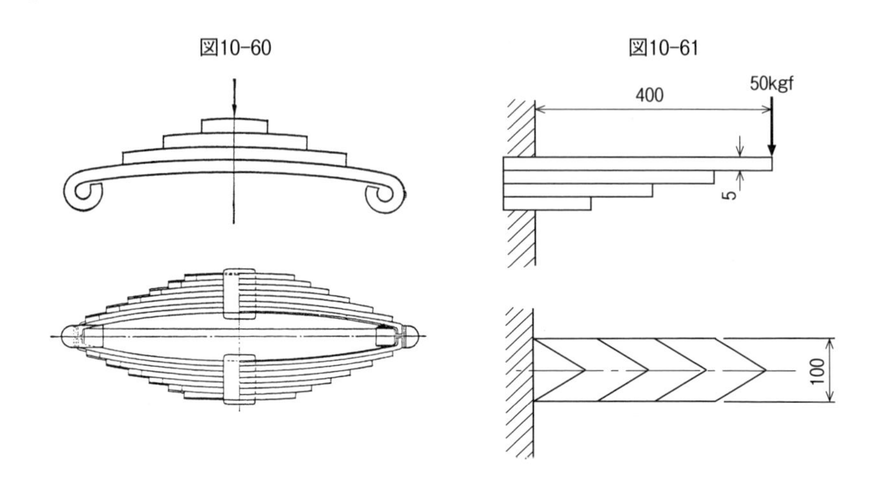

[考えかたと解答] 式(40)の $\sigma=6W\ell/(nbh^2)$ を変形して n を求めればよいわけです。与えられている数値は，$W=50$kgf，$\ell=400$mm，$\sigma=5$kgf/mm^2，b＝100mm，h＝5mm

$$n=\frac{6W\ell}{\sigma bh^2}=\frac{6\times50\times400}{5\times100\times5^2}=9.6$$

つまり，10枚必要です。

第11章

ねじり

1 軸と，ねじり

1 ねじりモーメント

図11-1のように，丸棒の一端を固定して他端に偶力を加えると棒にはねじれが生じます。このように棒が偶力を受けてねじられる作用を“ねじり”といい，曲げ作用を受ける棒材を“はり”といったのに対し，ねじり作用を受ける棒材を“軸”といいます。

このとき軸は，実際には曲げ作用の影響も受けないこともないのですが，いま，ここでは，図11-1の軸（中実丸棒）は単にねじり作用だけを受けるものとして考えてみましょう。

軸をねじる作用は，力Pの大きさと，EE′の長さに関係し，EE′が長くなればなるほどPは小さくても軸のねじれの量は大きくなり，EE′が短くなればなるほどPの力は大きくならないと軸のねじれの量は少ないものです。

これは力Pの点Oに関するモーメントによるもので，このモーメントをねじりモーメントT（トルク）といい，$T=\mathrm{R}P$で表わします。単位はkgf·m（またはkgf·cmなど）です<注1>。

図11-1

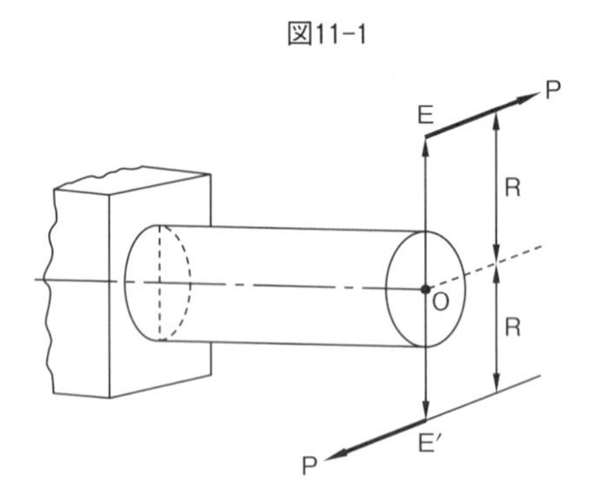

2 ねじれ角とねじり応力

図11-2において，この軸がねじれを受けた場合には，AB は AB′ の位置になり，半径 OB は OB′ に移動します。この移動は自由端において最も大きく，固定端に行くほど小さくなります。

図11-3を固定端から距離 ℓ の断面とすると，表面の移動は mm′，中心角において∠BOB′ の移動が生じています。この∠BOB′ つまり θ を，ℓ の位置での“ねじれ角”といいます。

図11-4は，ねじられたために線 AB が変位した線 AB′ を平面上に展開したもので，AB′ が直線になっているということは，母線 AB の変位角∠BAB′ つまり ϕ が各断面に共通であって，棒の表面に生じているせん断応力は棒の全長にわたって，常に同一状態にあることを示しています。

ϕ はせん断ひずみであり，せん断応力はねじり作用によるものだから，とくにねじり応力と呼びます。

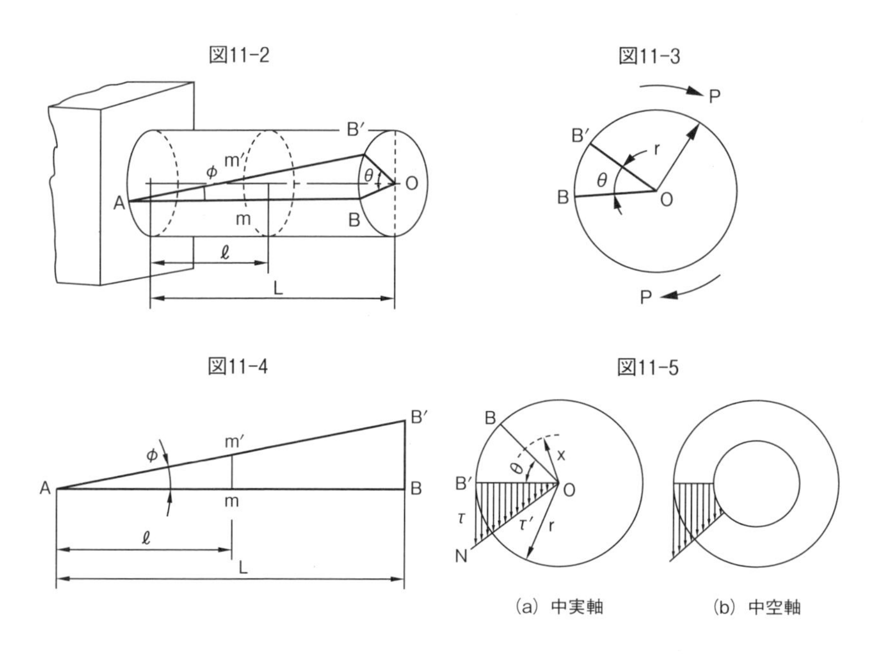

弧BB′は$r \times \theta$（ラジアン）で，θが微小のときは弧BB′=BBとみなし次の関係が成り立ちます。

$mm'/\ell = BB'/L = r\theta/L$

材料のひずみにくさの度合いを示す横弾性係数Gは，せん断応力τとせん断ひずみとの比ですから，

$$G = \frac{\tau}{\phi} = \frac{\tau}{BB'/L} = \frac{\tau}{r\theta/L} = \frac{\tau L}{r\theta} \quad (1)$$

図11-5(a)は，全長L，半径rの棒の端面でθをねじりモーメントTが働くときのねじり角としますと，軸の表面に働くせん断応力τは上式から，

$\tau = \theta Gr/L$,

中心Oより任意の距離xにおけるせん断応力τ'は，$\tau' = \phi Gx/L$で，棒の内部に起こるせん断応力は中心からの距離に比例することになります。

$$\tau' = \tau \times x/r \quad (2)$$

この応力をベクトルで示せば**図11-5**のようになるのです。つまり，B′点に接線B′Nを描き，この大きさを応力τに等しくしONを結べば，OB′上の各点における応力を表わすグラフは直線ONとなり，中心よりxの距離にある点の応力はτ'で示されます。

弾性限度内では，ひずみと応力は正比例するものですから，ねじり作用においては，せん断ひずみは半径rに正比例するばかりでなく，せん断応力もまた半径rに正比例します。

2 軸に働く応力

1 ねじり応力

図11-6を見てください。これは半径rの中実丸棒です。ここで中立軸Oを中心とした同心円で示された微小部分の面積aを仮想し，これに働く応力をτ'とします。このaに働くせん断応力の全応力は$a\tau'$で，これに式(2)を当てはめれば$a\tau \times x/r$，つまり（τ/r)axとなります。

図11-6

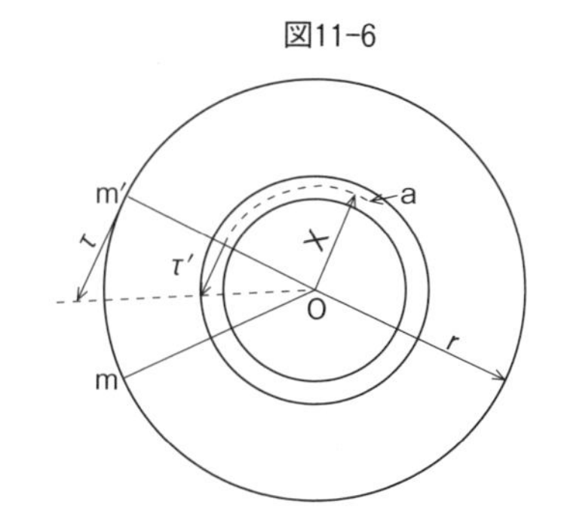

したがって，中心Oに関する全体のモーメント（抵抗モーメント）は（τ/r)axにさらにxを掛けて（τ/r) ax^2になります。

いま，この微小面積を多数とり，これを$a_1, a_2, a_3,$ ……a_nとし，それにいたる半径をそれぞれ$r_1, r_2, r_3,$ ……r_nとすれば，中心Oに関する全体の抵抗モーメントは，(τ/r)ax^2のような微小面積におけるモーメントの総和となります。つまり，

抵抗モーメントの総和$=(\tau/r)(a_1r_1^2+a_2r_2^2+a_3r_3^2+\cdots\cdots+a_nr_n^2)$

そこで，軸に加わるねじりモーメントをTとすれば，Tは，この断面内に生じる抵抗モーメントとつり合うはずです（つり合わなかったら軸は破壊されます)。

したがって，

$$T=(\tau/r)(a_1r_1^2+a_2r_2^2+a_3r_3^2+\cdots\cdots+a_nr_n^2) \quad (3)$$

この右辺の$a_1r_1^2+a_2r_2^2+a_3r_3^2+\cdots\cdots+a_nr_n^2$，つまり$ar^2$の総和を“断面二次極モーメント”と呼び，$I_P$で表わします。したがって，式(3)は

$$T=\tau I_P/r \quad (4)$$

で示されます。また，I_P/r を “極断面係数” といい，Z_P で表わします。極断面係数は断面の形状のもつ固有の係数です。したがって，式(4)は

$$T = \tau Z_P \quad (5)$$

となります。

図11-7(a)の断面が直径 d の I_P の値は，$\pi d^4/32$，そして半径を $r = d/2$ とすれば，

$$Z_P = I_P/r = \pi d^3/16, \quad (6)$$

同図(b)のような外径 d_2，内径 d_1の中空断面の I_P の値は，$\pi(d_2^4 - d_1^4)/32$，そして半径 r は $d_2/2$に等しいから

$$Z_P = I_P/r = \pi(d_2^4 - d_1^4)/16d_2 \quad (7)$$

したがって，次のような式も成り立ちます。

中実断面の場合――

$$T = \tau\pi d^3/16$$

中空断面の場合――

$$T = \tau\pi(d_2^4 - d_1^4)/16d_2$$

また，円形軸（中実断面と中空断面）では，断面極二次モーメント I_P と極断面係数 Z_P の値は，断面二次モーメント I と断面係数 Z のそれぞれ２倍の数値になります。

例えば，中実断面の場合，

$$I_P = 2I = 2 \times \pi d^4/64 = \pi d^4/32,$$

$$Z_P = 2Z = 2 \times \pi d^3/32 = \pi d^3/16$$

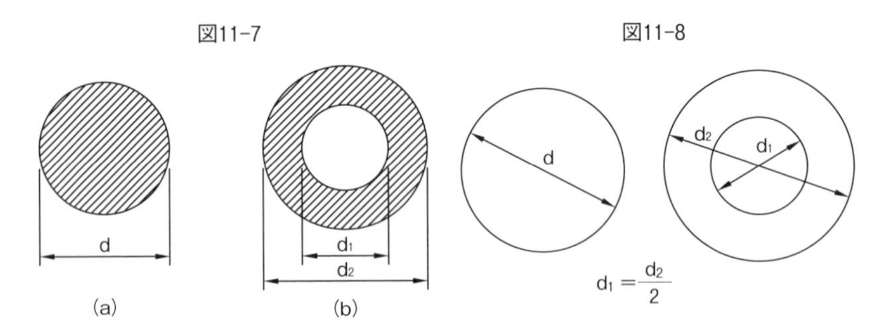

となります。dの単位をcmにとるなら，単位はkgf·cm²になります。

【例題1】 材質は同一とし断面積は等しいとした場合の，中実丸棒（直径d）と中空丸棒のねじりに対する強さを比較せよ。ただし，**図11-8**のように中空丸棒の内径（d_1）は外径の1/2とする。

［考えかたと解答］ 中実丸棒の極断面係数 $Z_P = \pi d^3/16$ と，中空丸棒の極断面係数 $Z_P' = \pi\{(d^4 - (d/2)^4/d\}/16$ を比較するために，dを d_1 に換算します。両者の断面積は等しいから，

$$\frac{\pi}{4}d^2 \frac{\pi}{4} \times (d_1^2 \frac{d_1}{4}) = \frac{\pi}{4} \times \frac{3}{4}d_1^2$$

したがって，$d = (\sqrt{3}/2)d_1$，

$$Z_P = \frac{\pi d^3}{16} = \frac{\pi}{16} \times (\frac{\sqrt{3}}{2})^3 d_1^3 = \frac{\pi}{16} \times (\frac{3\sqrt{3}}{8})^3 d_1^3$$

$$Z_P' = \frac{\pi}{16} \times \frac{d_1^4 - (d_1/2)^4}{d_1} = \frac{\pi}{16} \times \frac{15}{16}d_1^3$$

$$\frac{Z_P}{Z_P'} = \frac{\pi}{16} \times \frac{3\ \ 3/8^3 d_1^3}{(\pi/16)(15/16)d_1^3} = \frac{6\sqrt{3}}{15} \fallingdotseq 0.693 \qquad \text{(答)}$$

式(5)から，同一ねじりモーメントTに対しては，極断面係数の大きい方がねじり応力 τ は小さいことはすぐ判りますが，以上の計算によって，中空丸棒の方が生じるねじり応力が小さいことが数値的に証明され，この寸法での中空丸棒は中実丸棒に比べてねじりに対しては，約1.44倍（=1/0.693）強いといえます。

【例題2】 直径60mmの丸棒に，20kgf·mのねじりモーメントが作用した場合の最大せん断応力を求めよ。

［考えかたと解答］ 式(5)から $\tau = T/Z_P$ として計算すればよいのです。計算に当たっては単位に注意してください（Z_P の数値が単位cm²なので，この問題では，T は2000kgf·cm，dは6cmとした方が計算しやすい）。

式(6)から

$Z_P(cm^2) = \pi d^3/16 = 3.14 \times 6^3/16 \fallingdotseq 42.39$

$\tau = T/Z_P = 2000/42.39 = 47.18$〔kgf/cm²〕

【例題 3】外径 100mm，内径 80mm の中空軸のがある。その許容ねじり応力を500kgf/cm²とすれば，加えることができる最大ねじりモーメントはいくらになるか。

[考えかたと解答] 式(7)から極断面係数 Z_P を求めてから，式(5)から T を計算します。単位に注意してください。

$Z_P=\pi\{(d_1{}^4-d_2)^4/d_1\}/16=3.14\times\{(10^4-8^4)/10\}/16\fallingdotseq 116$

$T=\tau Z_P=500\times 116=58000$〔kgf·cm〕

2 ねじりと曲げ応力

なお，軸にはねじりモーメント（T）だけでなく，曲げモーメント（M）も同時に受ける場合もよくあります。この場合は，ねじりモーメントによるせん断応力（τ）だけでなく，曲げモーメントによる曲げ応力（σ）とが組合わさった合成応力を受けます。通常は $\sigma=2\tau$ としています。そこで，丸棒の外径を d，その断面係数を Z とすれば，

$\sigma=M/Z=32M/\pi d^3$,

$\tau=M/2Z=16T/\pi d^3$ (8)

軸の設計では，“相当ねじりモーメント（T_e）”と“相当曲げモーメント（M_e）”という数値を利用することになりますが，詳細はここでは省くとして，それを求める式だけを次に載せておきます。

$T_e=\sqrt{M^2+T^2}$

$M_e=(M+\sqrt{M^2+T^2})/2$

つまり，最大せん断応力 $T_{max}=T_e/2Z$，最大主応力 $\sigma_{max}=M_e/Z$ として計算します。

3 軸の伝達動力

トルク T〔kgf·m〕を受けて，角速度 ω〔rad/s〕で回転している軸の伝達動力を P〔kgf·m〕とすれば，$P=T\omega$ です。軸が N〔min^{-1}〕で回転しているとすれば

$\omega=2\pi N/60$，したがって

$P=2\pi NT/60$〔kgf·m/s〕

1 kW = 102kgf·m/s ですから，P を kW で表わせば

$$P=2\pi NT/60\times 102\ \text{〔kW〕} \tag{9}$$

したがって，

$$T=974.5P/N\ \text{〔kgf·m〕} \tag{10}$$

これを式(8)に代入して軸径 d を求めますと，

$$\mathrm{d}=\sqrt[3]{16\times 974.5P/\pi\tau N}=0.792\times\sqrt[3]{P/\tau N}\ \text{〔m〕}^{\text{<注2>}} \tag{11}$$

以上の式から――

(a) ねじりモーメント T は伝達動力 P に比例し，回転数 N に反比例する。

(b) 軸径 d は伝達動力 P が大きくなるほど太くする。

(c) 同じ動力を伝達するときは，回転数が大きいほど細くすることができる。

――ということがいえます。

【例題 4】 400min^{-1}（rpm）で回転している軸が，50kgf·m のねじりモーメントを受けているとすれば，伝達している動力〔kW〕を求めよ。

[考えかたと解答] 式(10)から P を計算すればよいのです。

$P=2\pi NT/60\times 102=2\pi\times 400\times 50/60\times 102\fallingdotseq 20.5$〔kW〕

【例題 5】 直径50mm の軸で動力10kW を伝動するときの回転数を求めよ。ただし軸の許容せん断応力を200kgf/cm^{2}とする。

[考えかたと解答] 式(5)と(6)から T を求めてから式(12)で N を計算すればよいのです。

$T=\tau Z_{\mathrm{P}}=\tau\pi \mathrm{d}^3/16=0.002\pi\times 50^3/16\fallingdotseq 49.06$〔kgf·m〕

$N=974.5P/T=974.5\times 10/49.06=198.6$〔min^{-1}，rpm〕

4 軸のこわさ

中実丸棒では，ねじり応力を τ とすれば

$\tau = Gr\theta/L$　したがって　θ（rad）を求める計算式は

$$\theta = \frac{\tau \mathrm{L}}{Gr} = \frac{16TL/\pi \mathrm{d}^3}{Gr} = \frac{16TL}{\pi \mathrm{d}^3 \mathrm{G}(\mathrm{d}/2)} = \frac{32}{\pi \mathrm{d}^4} \times \frac{TL}{G}$$

また，$I_\mathrm{P} = \pi \mathrm{d}^4/32$ だから，

$\theta = TL/GI_\mathrm{P}$〔rad〕

θを度で表わすと，1 rad は約57.3° ですから

$\theta = 57.3TL/GI_\mathrm{P}$〔度〕

これらの式に式(10)の $T = 974.5P/N$ に代入して，ねじれ角 θ と動力との関係を示す計算式を作れば

$$\theta = 974.5 \times \frac{PL}{NGI_\mathrm{P}} \text{〔rad〕} \tag{12}$$

$$\theta = 55800 \times \frac{PL}{NGI_\mathrm{P}} \text{〔度〕} \tag{13}$$

となります。

ここで，単位長さ当たりのねじれ角 θ〔rad/m〕を“軸のこわさ”といいます。軸は適当な“こわさ（剛性）”が必要で，普通の伝動軸では，長さ 1 m に対して1/4° つまり0.00436rad/m 以下となっています。

これらの式は，ねじれ角を測定することによってトルクや動力が計算できますので，ねじり動力計に応用されています。

5 ばね

1 “ばね”は重要な機械要素

“ばね”とは，物体の弾性または変形によるエネルギの蓄積などを利用することを主目的とする機械要素のことで，発条あるいはスプリングともいいます（JIS B0103）。つまり，金属やその他の物体の弾性変形を利用してエネルギを吸収・蓄積し，緩衝などの作用をさせたり，荷重による変形を活用したりする機械要素です。

ばねの用途は極めて広く，たとえば，ばね秤やソファーのクッションのように静的なものから，自動車・電車の車体と車輪の間のように衝撃エネルギを吸収緩和する動的な荷重を受けるもの，あるいはぜんまいのようにエネルギを蓄積するものがあります。

ばねは，私どもの身近なところで形をいろいろ変えて利用されていますが，日常私どもに目につくばねは限られた種類です。他の多くは，実は目のつかないところで他の部品とともに使用されている重要な機械要素です。ばねが全く使われていない機械など，恐らく考えられないでしょう。

さらに，他の部品と比較してばねは過酷な条件下で使用されていることが大きな特徴のひとつで，たとえば“一定の荷重を繰返し，1個月，1年またはそれ以上の長期間受け続ける”，“予想もつかない荷重や衝撃をも受け，高温，高速等の条件に耐えて，ばねの機能を維持し続ける”ことなどがあげられます。

2 ばねの分類

ばねは，荷重を受け，たわんだり元の状態に復元したりして“動的に使用される”ものと，常に一定の荷重を受けて“静的に使用されている”ものとがあり，さらに使われる目的によっても分類されます。

1）使用目的による分類

(a) 復元性の利用——たとえば，熱機関用のバルブスプリングなどがあり，自動車・船舶のエンジン用で，高温・高速下で使用されます。

(b) 振動の緩和——たとえば，自動車，鉄道車両の懸架用ばねがありますが，私どもの工場の中や機械回りに振動緩和のために，いろいろなばねが使用されています。

(c) 衝撃エネルギの吸収——だれでも思いつくことですが，実際には高度の技術が必要です。それは衝撃力という性格からくるもので，衝撃の吸収のしかたによっては，ばねの他に多くの部品が必要だからです。たとえば，自動車に使用されるショックアブソーバでみますと，外観的にはばねのイメージからはずれた感じがしますが，作用は全くばねの性質を用いています。

……以上は動的条件下のものです。静的条件下では，

(d) 一定荷重の維持——たとえば，ばね座金とか，圧力計のばねなどです。

(e) エネルギの蓄積——これは，エネルギの放出を時間とともに行うのにばねを利用しようとするもので，ぜんまいばね，渦巻ばね，計器のモータばねなどがあります。

2）材料による分類

ばねの材料は鋼（ばね鋼）が多いが，りん青銅やニッケル合金なども使われ，さらにはゴムや空気などもばねとして使われることがあります。一般には，ばね材料は表11-1のように分類されています。最近は，ガラス繊

表11-1　ばねの材料

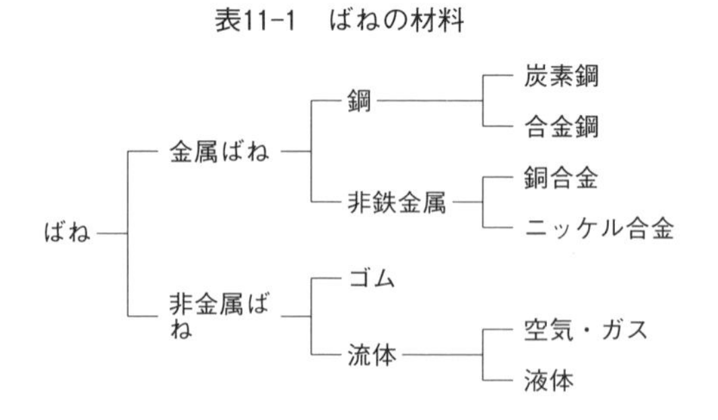

維，炭素繊維を利用したものもありますが，実状は，金属ばねを主体として流体，ゴム類の組み合わせによる使用が非常に多くなってきています。

金属製のばねには，棒状の金属を円筒形または円すい形のらせん状に巻いたコイルばね（弦巻きばね）や，単体または数枚の金属板を重ねた板ばね，帯鋼を巻いた渦巻ばね（ぜんまい），皿ばねなど多くの種類があります。

なお，ゴムは，機械・エンジン・車両などの振動の絶縁，振動に伴う雑音の防止に使われ，防振ゴムといわれます。

また，空気は，ゴムのベロー（提灯状の容器）に密封され，バスなどの大形の車両に空気ばねとしてよく使用されています。車のタイヤもチューブに密閉された空気ばねといってよいでしょう。

表11-2　ばねの種類と利用分野（◎印は利用度が高い）

利用分野＼ばねの種類	重ね板ばね	コイルばね	トーションバー	線ばね	シートばね	ぜんまいばね	薄板ばね	皿ばね
自動車	◎	◎	◎	◎	◎	◎	◎	
鉄道車両	◎	◎	○	◎	○	○	◎	○
産業車両	◎	◎	○	◎		○	◎	○
船舶		◎		◎		○	◎	
航空機				◎			○	
農業機械	○	◎	◎	◎		○	◎	
繊維機械				◎		○	◎	
その他機械	○	◎		◎		○	◎	○
電気・通信機器		○		◎		◎	◎	
精密機械（カメラ・時計）				◎		◎	◎	
事務機械・計量計測器				◎		○	◎	
家具類				○	◎		○	
扉・シャッタ		◎		◎			○	
ボイラ		◎		○				
機械汎用部品	○	◎		◎		○	◎	◎

3）形状による分類

ばねは，ばね特製（荷重とたわみ）によって分類ができ，特製の違いにより，ばねの形状をも理解することができます。

一般に判りやすい形状により，ばねを分類すると，表11-2のようになり，

図11-9

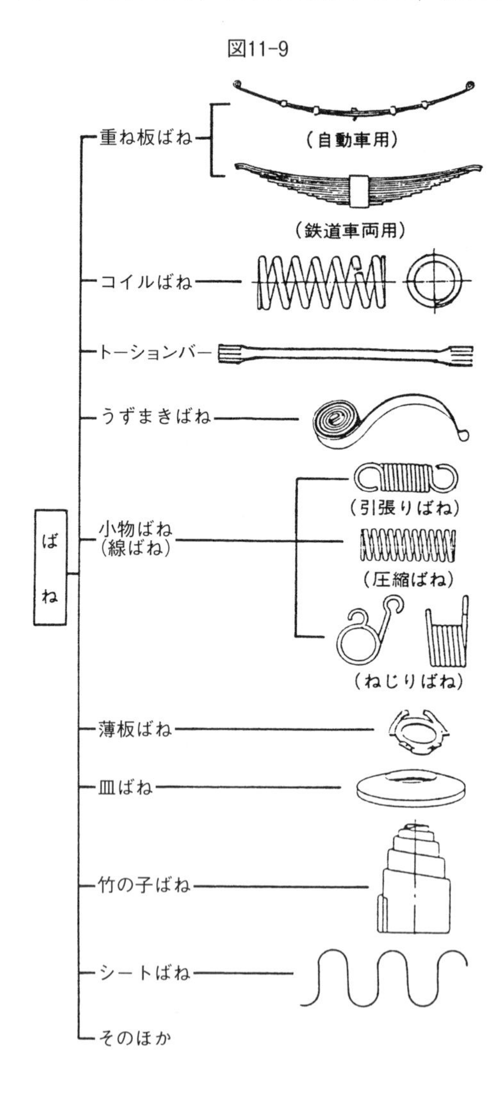

いろいろな呼び名があります。さらに，**図11-9**はその種類と利用分野について一覧表にしたものですが，いかに多くの産業分野で利用されているかが判ります。とくに線ばね（コイルばね）薄板ばねといわれるものは，すべての分野で利用されています。

4）応力による分類

ばねを知ろうとするとき，とくに，応力と荷重，荷重とたわみの関係（材料力学の基本）と，そして，これらに対応したばねにどんな種類があるのかを示したのが**表11-3**です。なお，このほかにも，引張・圧縮応力を生じる“輪ばね”や，曲げ・ねじり応力を同時に受けるばねもありますが，一般的には曲げとねじりの**表11-3**で十分です。ただ，注意すべきことは，ねじりコイルばねに作用する応力は曲げ応力だということです。

なお，**表11-4**は，実際に広く使用されているコイルばねについての荷重・応力状態をまとめたものです。

図11-10　ばねの荷重特性

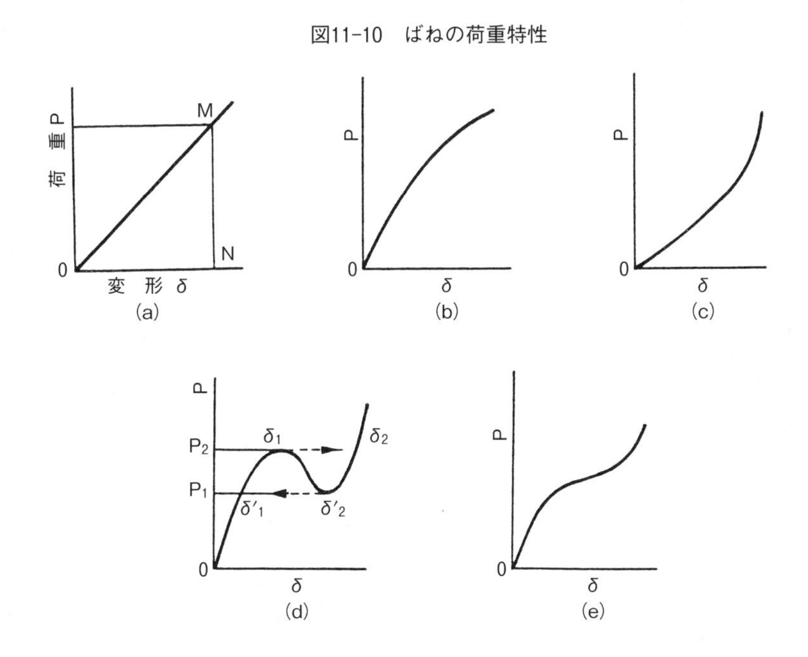

表11-3　ばねに作用する荷重⟷応力の分類

荷重	応力	ばねの種類
曲げ荷重	曲げ	板ばね，重ね板ばね，ねじりコイルばね，うず巻ばね，ぜんまいばね，皿ばね，ジグザグばね
ねじり荷重	ねじり	圧縮コイルばね，引張コイルばね，トーションバー，竹の子ばね

表11-4　コイルばねの荷重状態と応力状態

コイルばね	荷重	応力
引張りばね	引張り	ねじり
圧縮ばね	圧縮	ねじり
ねじりばね	ねじり	曲げ

5）荷重特性による分類

ばねに作用する荷重とばねのたわみ（変形）との関係のなかでは，一般に図11-10の(a)に示す特性が多いのですが，(b)～(e)のような関係を持つものもあります。

このうち，多く利用されている特性は，(a)，(c)，(d)です。ばねの形状でみれば，(a)と(c)は，コイルばね，板ばねと重ね板ばねが，(d)は皿ばねがあげられます。もっとも設計方法によっては，皿ばねであっても(a)～(c)，(e)などの特性を得るようにすることができます。

一般に，最もよく目につくのはコイルばねです。これは，製造コストが

表11-5　記号

記号	記号の呼び	単位
d	材料の直径	mm
D_i	コイル内径	mm
D_o	コイル外径	mm
D	コイル平均径　$D=\dfrac{D_i+D_o}{2}$	mm
N_t	総巻数	−
N_a	有効巻数	−
H_f	自由高さ（長さ）	mm
H_s	密着高さ	mm
p	ピッチ	mm
P_i	初張力	N,（kgf）
c	ばね指数　$c=\dfrac{D}{d}$	−
G	横弾性係数	N/mm², {kgf/mm²}
P	ばねにかかる荷重	N, {kgf}
δ	ばねのたわみ	mm
κ	ばね定数	N/mm, {kgf/mm}
τ_0	ねじり応力	N/mm², {kgf/mm²}
τ	ねじり修正応力	N/mm², {kgf/mm²}
τ_i	初応力	N/mm², {kgf/mm²}
χ	応力修正係数	−

比較的安いこと，線ばねに比べコンパクトであり，他の部品とデザイン的にマッチする，設計しやすいことなど多くの利点があるからです。

そこで，ここではコイルばね，とくに円筒コイルばねについて少し詳しく調べてみましょう。なお，**表11-5**はコイルばねに関するJISの記号一覧表です（JIS B2704-1994）。いちおうその意味について説明しておきましょう（**図11-11**参照）。

コイル平均径〔D〕……コイル内径 D_i と D_O との平均の径

総巻数〔N_t〕……コイルの端から端までの巻数

図11-11　円筒圧縮コイルばねとその記号

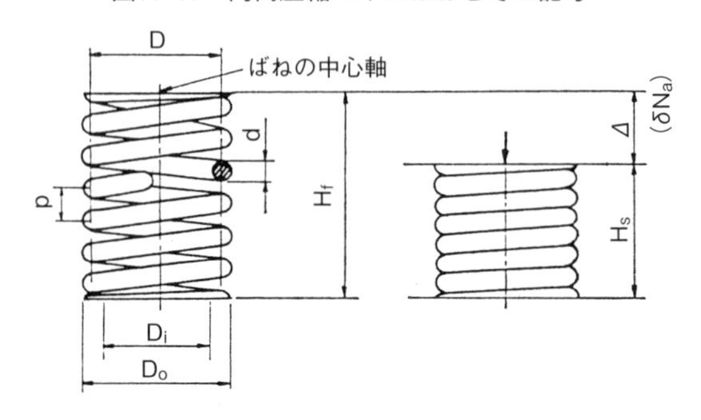

表11-6　横弾性係数：G　単位 N/mm² {kgf/mm²}

材料		Gの値
ばね鋼鋼材 硬鋼線 ピアノ線 オイルテンパー線		78×10³ {8×10³}
ばね用ステンレス鋼線	SUS 302 SUS 304 SUS 304N1 SUS 316	69×10³ {7×10³}
	SUS 631J1	74×10³ {7.5×10³}
黄銅線 洋白線		39×10³ {4×10³}
りん青銅線		42×10³ {4.3×10³}
ベリリウム銅線		44×10³ {4.5×10³}

有効巻数〔N_a〕……コイルばねにおいて，ばねとして有効に作用する巻数で，ばね定数を計算するのに必要な巻数。一般には，次の自由巻数に等しくとります。

自由巻数〔N_f〕……総巻数から両座巻数を引いた巻数で，見掛け上，ばねとして作用する巻数（座巻とはコイルばねの端部にあって，無荷重のとき見掛け上，ばねとして作用しない部分）

密着高さ〔H_s〕……圧縮コイルばねの互いに隣り合うコイルが隣接（密着）したときの高さ

自由高さ〔H_f〕……無荷重の状態におけるコイルばねの高さ

ピッチ〔H_f〕……コイルばねの中心線を含む断面で互いに隣り合うコイル中心線に平行な距離

ばね指数〔c〕＝D/d……コイルばねの平均径を素線の直径割った値（比率）。

一般にこの値 c は 4 〜10の間に設定するのがよいとなっています。

ばね定数〔κ〕……ばねを 1 mm たわすのに，必要な荷重。単位は kgf/mm

横弾性係数〔G〕……せん断応力がかかったときの材料のひずみの度合いを示すもので，値が大きくなるほどひずみにくくなります。単位は kgf/mm^2。ばねに使用される材料の G の値は**表11-6**参照

3　コイルばねの変形と計算式

コイルばねは，主に受ける荷重の種類により，引張り，圧縮，ねじりの 3 つに分けられますが，**図11-12**のように，ばねに力が加えられると，ばねの長さは伸縮しますので，素線にはねじり応力が生じます。ここでは，比較的判りやすい圧縮荷重を受けるコイルばねについて考えてみます。

圧縮荷重 P〔kgf〕を加えると，断面は矢印の方向に θ（ねじれ角，Rad）だけ回転して Q は R に移動し，1 巻きについて δ（QR）だけ縮みます。

$\delta=(D/2)\tan\theta$，θの値〔Rad〕は非常に小さいので，$\delta\fallingdotseq(D/2)\theta$

コイル素線の 1 巻き当たりの長さを ℓ とすれば，

$\theta=T\ell/GI_{\mathrm{P}}$ から

$\delta=(D/2)\theta=(D/2)(T\ell/GI_{\mathrm{P}})$

この式に，$T=(D/2)P$ を代入すると

$\delta=(D/2)\{(D/2)P\ell/GI_{\mathrm{P}}\}$

また，$\ell=\pi D$ ですから

図11-12　コイルばねに加わる力

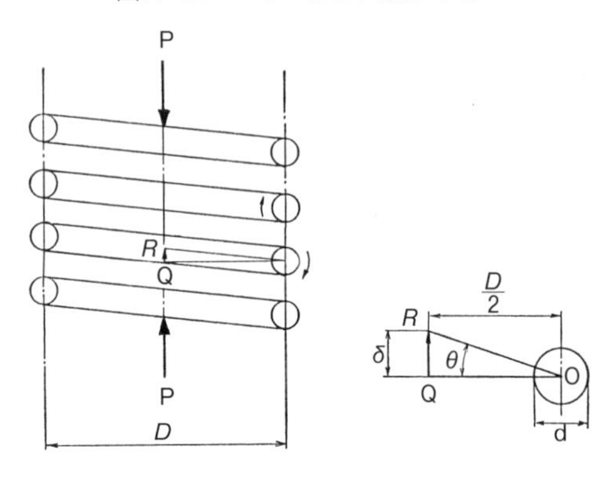

$$\delta = \ell PD^2/(4GI_P) = \pi PD^3/(4GI_P) \tag{14}$$

コイルの有効巻数を N_a とすると，全体（ばね全長）の縮みは δN_a で，この変形量を Δ と置き，$I_P = \pi PD^4/32$ を代入すれば

$$\Delta = \delta N_a = \frac{\pi N_a PD^3}{4G\pi d^4/32} = \frac{8N_a PD^3}{Gd^4} \tag{15}$$

この式は，引張りばねのときの Δ（伸び）も同様です。

また，ばねの素線に生じるねじり応力 τ は，$T = \tau \times$ 極断面係数 Z_P から，$\tau = T/Z_P$

これに，$T = (D/2)P$，$Z_P = \pi d^3/16$ を代入すれば

$$\tau = 8PD/\pi d^3 \tag{16}$$

また，コイルばねは素線がわん曲していることと，直接せん断力を受けることから，素材断面内では応力は一様ではなくなり，コイル内側で最大，コイル外側で最小になります。

したがって，コイルばねに生じる最大の応力を計算するためにコイルの内側の最大応力を求めたのが，ねじり修正応力で，この場合，元のねじり応力を τ_0 として次のようにして求めます。

$$\tau = \kappa \times \tau_0$$

ここでκは応力修正係数といいます。κはばね指数cに対して次式で求められますが，**図11-13**で簡単に求められます（ワールの修正係数という）。

$\kappa = 4c - 1/(4c-4) + 0.615/c$

なお，参考までに，このときばねに蓄えられる弾性エネルギUは次のようにして計算式ができます。

$U = (1/2)P\Delta = (1/2)P \times (8N_aPD^3/Gd^4)$

$= (1/4)\pi d^2 \times \pi N_a D(8PD/\pi d^3)^2 \times 1/(4G)$

として，ばねの素線の体積をVとすれば，

$$U = V\tau^2 \times 1/(4G) = (\tau^2/4G) \times V \tag{17}$$

計算例——

ここで，次の計算をしてみましょう。

使用材料（ばね鋼SUP6）径$d=10$mm，コイル平均径$D=55$mm，有効巻数$N_a=6$の圧縮コイルばねがあるとき，荷重$P=260$kgfがかかるとすれば，ばね定数kと生じる応力を求めてみます。

ばね定数$\kappa = P/\delta = G \times d^4/8 \times N_a \times D^3 = 8 \times 10^3 \times 10^4 / 8 \times 6 \times 55^3$

$\fallingdotseq 10^2/9.98 \fallingdotseq 10$〔kgf/mm〕

応力$\tau = 8 \times D \times P/\pi d^3 = 8 \times 55 \times 260 / 3.14 \times 10^3$

$= 114.4/3.14 = 36.4$〔kgf/mm^2〕

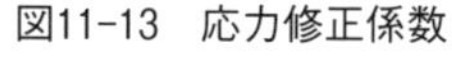
図11-13　応力修正係数

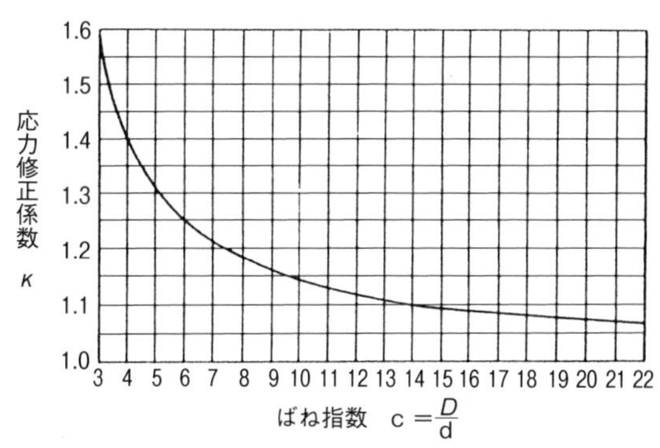

【例題 1】 最大荷重 $P=100$kgf に耐え，10kgf につき2mm 縮む，コイル平均径 $D=30$mm のコイルばねがある。この材料の許容応力 $\tau=40$kgf/mm^2，横弾性係数 $G=8\times10^3$として，このコイルばねについて，次の数値を計算せよ。

(a) 素線断面にかかるねじりモーメント T，(b) ばねの素線の径 d，(c) ばねの最大縮み Δ，(d) 総巻数 N_t，(e) ピッチ p

〔解答〕

(a) $T=(D/2)P$ から，

$T=(30/2)\times100=1500$〔kgf·mm〕

(b) $\tau=16T/\pi d^3$（212ページ参照）から

$d=\sqrt[3]{16T/\tau\pi}=\sqrt[3]{16\times1500／40\times\pi}=5.76$〔mm〕

(c) $\Delta=P\times(2/10)=100\times0.2=20$〔mm〕

(d) 式(15)の $\Delta=8N_aPD^3/Gd^4$を変形して，

$N_a=\Delta Gd^4/8PD^3=20\times8\times10^3\times5.76^4／8\times100\times30^3=8.154$〔巻き〕

(e) 一巻き当たりのすきまは，20/8.154＝2.45 mm だから，

p＝すきま＋$d=2.45+5.76=8.21$〔mm〕

【例題 2】 直径 d が30mm，コイル平均径 D が120mm，巻数 N_a が10のコイルばねに，1000kgf の荷重 P を加えたときの，せん断応力 τ およびたわみ Δ を求めよ。ただし，このばねの材料の横弾性係数 G を8×10^3とする。

〔解答〕式(16)，(15)を利用して求めればよいのです。

$\tau=8PD/\pi d^3=8\times1000\times120/3.14\times30^3=11.318$〔kgf/mm^2〕

$\Delta=8N_aPD^3/Gd^4=8\times10\times1000\times120^3/8\times10^3\times30^4=21.33$〔mm〕

【例題 3】 直径 d が 4 mm の線材，平均径 D が80mm のコイルばねを作った。このコイルばねが荷重 1 kgf について20mm のたわみを生じさせるためには，線材の長さをいくらにしたらよいか。ただし，このばねの材料の横弾性係数 G を8×10^3とする。

〔解答〕式(14)から ℓ を計算すればよいのです。

$\delta=\ell PD^2/(4GI_P)$ を変形すれば，

$$\ell = 4\delta GI_P/PD^2 = 4\times 20\times 8\times 10^3\times(\pi\times 4^4/32)/1\times 80^2 = 2512\ \text{〔mm〕}$$

4　コイルばねの最大応力

一般にばねの設計では，どのような応力を最大どのくらいまで許される（許容応力）か，ということを知り，応力がある値以上にならないようにしています。

この値は，材質，材料直径，線材の加工などによって決められています。**図11-14**はそれらを１つのグラフにまとめたものです[注3]。

たとえば，50kgf/mm²の最大応力を受けるばねの場合を調べてみましょう。素材の直径10mmのばね鋼（SUP材）を使うとすれば，**図11-13**からSUP6の最大応力の限度は70kgf/mm²だと判ります。実際にはこの図の値の80%以下によいと決められていますので，それで十分です。

図11-14　圧縮ばねの許容ねじり応力

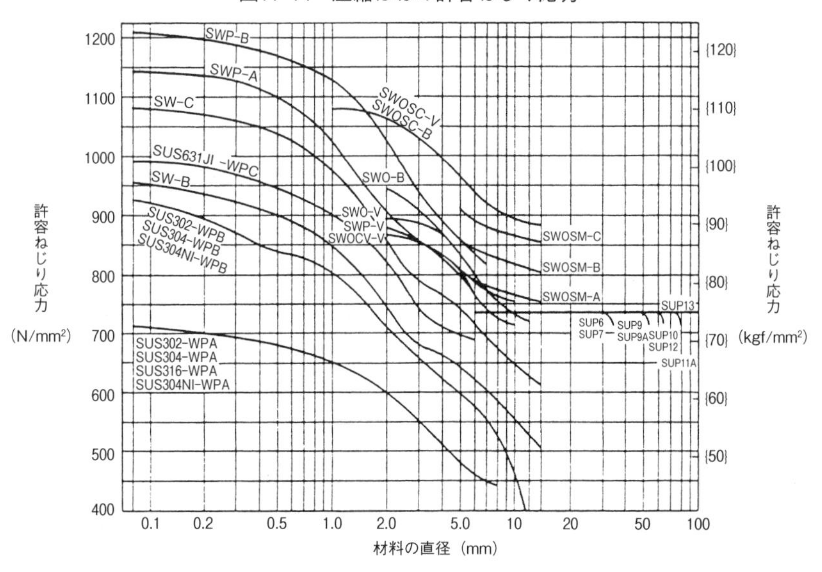

第12章

座　屈

1 柱

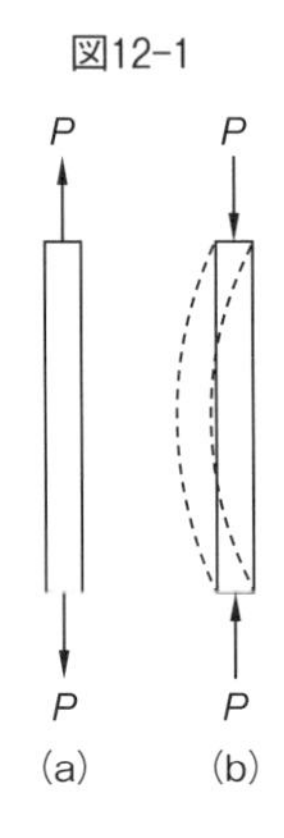

図12-1

図12-1において，細長い棒に(a)のように引張り荷重 P が加わるときは，棒はさらにまっすぐ（真っ直）に伸びようとしますが，断面には縮もうとする抵抗力（引張り応力）が生じます。また(b)のように圧縮荷重が加わると，伸びようとする抵抗力（圧縮応力）が生じます。圧縮荷重の場合，その棒が真っすぐのまま伸びようとする抵抗力が生じれば理想的で何も問題はありませんが，とくに細長い棒では，次のようないくつかの理由から点線のように曲がろうとする現象が起きます。

力の方向と棒の軸線とが完全には一致しない，棒の材質が不均一，端面にかかる荷重の偏心，棒の真直度不良，棒の材料内部に曲がりを誘発する応力が潜在している，棒の端部保持不良……などが原因して曲げ応力が生じるのです。

図12-2

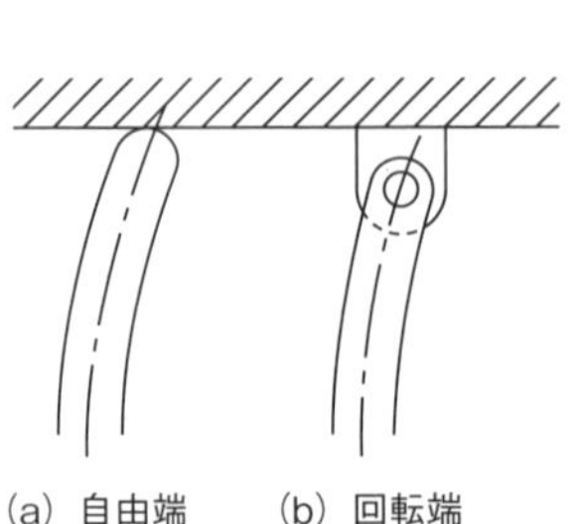
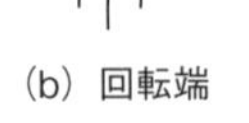
(a) 自由端　(b) 回転端

図12-3

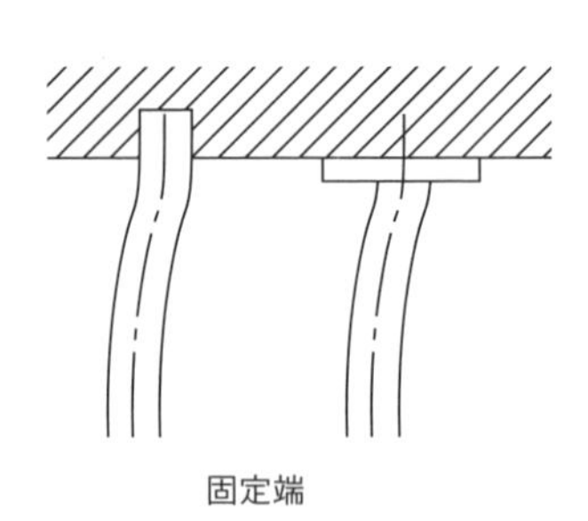
固定端

　このように，曲げ応力を伴う圧縮荷重を受ける構造材を材料力学上では“柱”<注1>と呼びます。

　柱も“はり”のように端部の保持方法によって，弾性曲線の状態が大きく異なります。例えば，**図12-2**のような場合は，ちょうどはりが支えられたときのような形に曲がり，**図12-3**のように端部が動かぬように固定（固着）された場合は，はりの固着のときと似たような状態に曲がります。

2　柱の太さと細さ（細長比）

　柱の全長をL，柱の回転重心までの半径，これが前述の断面二次半径になりますが，この断面二次半径をkとすれば，L/kの値を細長比といい，柱の太い細いを判定する目安にします。

　なお，断面二次半径kとは，その二乗のk^2が断面二次モーメントIを断面積Aで割った値ですから（4.　はりの強さの項参照）次のように求められます。

$$k^2=I/A,\ \text{つまり}\ k=\sqrt{I/A} \qquad (1)$$

　一般に，L/kが25未満のときは，柱は圧縮で破壊され，200以上であると曲がりで破壊されます。その中間の長さのものは重なり合って破壊されますが，通常構造材料の柱として取扱う範囲のものは，L/kの値が50～150程度のものが多いようです。

3 柱の強さ

下端を固定した直立の柱の上端（自由端）に圧縮荷重を加えると，荷重がある限度内にあるうちは柱は真っ直に立っていますが，柱が棒の径の4倍以上の長いものでは，圧縮荷重が限度を越えると柱は曲がり始めます（図12-4）。

図12-4

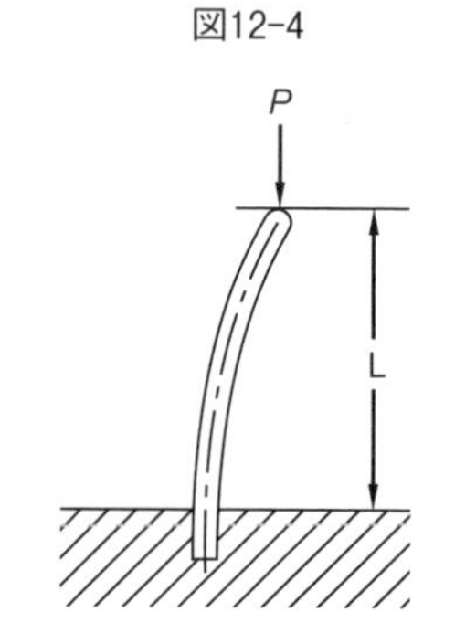

太さに比較して長さが長い場合は，圧縮荷重がによって破壊される前に曲げ作用によって破壊されます。このような現象を“座屈”<注2>といい，柱が曲がり始める瞬間の荷重を座屈荷重（P）といいます。このPの値は柱の材質および大きさ・形状によって異なりますが，一般に次のような関係があります。

(a)Pは材料の弾性係数に比例する。

(b)Pは柱の断面積の最小断面二次モーメントに比例する。

(c)Pは柱の長さの2乗に反比例する。

1 オイラーの公式

これらの関係を式で表わせば，

$$P = \mathrm{n}\pi^2 \frac{EI}{L^2} \qquad (2)$$

となります。これはオイラーの公式（オイラーは人名）という柱の強さを求める計算式の一つであり，この公式のL/kの値（細長比）による適用範囲は表12-1のようになっています。

また，座屈強さ（応力）をσとすれば，σは座屈荷重Pを柱の断面積

表12-1　オイラーの式の適用範囲

材　質	鋳　鉄	軟鋼・硬鋼	木　材
$\frac{L}{k}$の値	80以上	90以上	100以上

図12-5

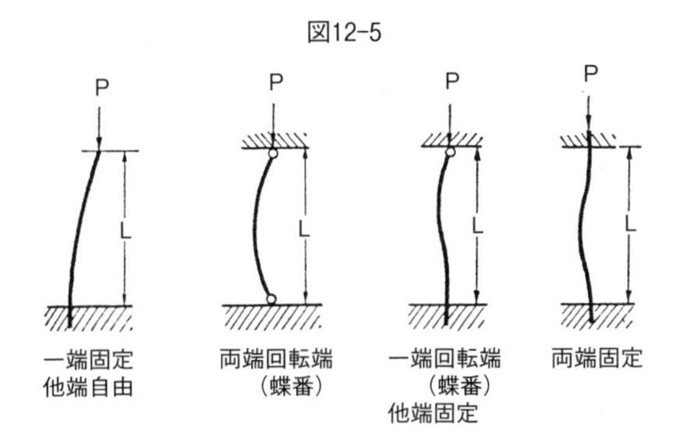

Aで割った値ですから，式(2)と(1)から，

$$\sigma = \frac{P}{A} = \mathrm{n}\pi^2 \frac{E}{L^2} \times \frac{I}{A} = \mathrm{n}\pi^2 \frac{Ek^2}{L^2} = \frac{\mathrm{n}\pi^2 E}{(L/k)^2} \tag{3}$$

nは定数で柱の端部の形状によって異なる数値で，次のように決められています（図12-5参照）。

- 一端固定で他端自由のとき，n＝1/4，
- 両端が回転端（蝶番）のとき，n＝1
- 一端固定で他端回転端（蝶番）のとき，n＝2
- 両端固定のとき，n＝4

なお，Pは座屈荷重ですから，使用に当たって安全荷重を求める場合には，Pを安全率で割らなければなりません。

【例題１】 100mm×50mmの長方形断面で長さ3000mm，両端回転端の軟鋼の柱には，どれだけの座屈荷重がかけられるか。ただし，軟鋼の縦弾性係数を2.1×10^6（kgf/cm^2），安全率を５とする。

〔解答〕 まず，細長比L/kを求めます。

断面積 $A=10\times5=500$〔cm²〕,

最小断面二次モーメント $I=bh^3/12=10\times5^3/12=104.1667$〔cm⁴〕

最小断面二次半径 $k=\sqrt{I/A}=\sqrt{1041.667/500}\fallingdotseq1.443$〔cm〕

細長比 $L/k=300/1.443\fallingdotseq208$

したがって，**表12-1**からオイラーの公式が十分使えます。両端回転端ですから定数nは1。

式(2)から，座屈荷重（P）を求めます。

$$P=n\pi^2\frac{EI}{L^2}=1\times3.14^2\times\frac{2.1\times10^6\times104.1667}{300^2}\fallingdotseq23964\ \text{〔kgf/cm}^2\text{〕}$$

安全率が5ですから，

$23964\div5=4792.8$〔kgf/cm²〕　……答

【例題2】 両端回転端の長さ1500mmの柱状軟鋼丸棒に2000kgfの荷重がかかるときは，その丸棒の直径をいくらにしたらよいか。ただし，縦弾性係数を 2×10^6kgf/cm² で，安全率を6とする。

〔解答〕 座屈荷重 P を考えると，使用荷重2000kgfだから，$P=2000\times6=12000$kgf

まず，オイラーの式(2)を利用し，これに $P=12000$kgf，$E=2\times10^6$kgf/cm²，$L=150$ cm，$I=d^4\pi/64$，両端回転端だから $n=1$ を代入して計算してみます。

$$P=n\pi^2\frac{EI}{L^2}$$

$$12000=1\times\pi^2\times\frac{2\times10^6\times(d^4\pi/64)}{150^2}$$

これから丸棒dを求めます。

$$d=\sqrt[4]{\frac{12000\times150^2\times64}{1\times2\times10^6\times\pi^3}}$$

$$d=\sqrt[4]{\frac{6\times225\times64}{10\times\pi^3}}\fallingdotseq\sqrt[4]{\frac{86400}{310}}\fallingdotseq\sqrt[4]{278.71}$$

$\sqrt[4]{\ }$は，電卓の$\sqrt{\ }$キーを2回押せばよいわけですから，簡単に求められます。

d＝4.0859≒4.086

細長比 L/k を求めるために式(1)より断面二次半径 k を計算します。

$$k=\sqrt{I/A}=\sqrt{\frac{d^4\pi/64}{d^2\pi/4}}=\frac{d}{4}=\frac{4.086}{4}\fallingdotseq 1.02$$

細長比は $L/k=150/1.02=147$　となり，90より大きいので，オイラーの式でよく，求める丸棒の直径は4.086cm（40.86mm）　……答

2 ランキンの公式

オイラーの公式は，細長い柱（細長比 L/k の大きい）で圧縮作用を無視して曲げ作用だけで座屈荷重を求めたものですから，細長比 L/k の小さい短い柱に適用して荷重を求めると，座屈荷重に達する前に圧縮によって破壊される恐れがあります。

柱が真っ直ならば，軸心に働く荷重は P は断面積 A の上に均一に σ_C の圧縮応力を生じさせますが，少しでも柱が曲がれば，曲がりのために生じる応力で断面の応力の分布が不均一になります。

例えば図12-6において，断面 XX′ には σ_C の圧縮応力が生じていますが，柱が曲がれば，このためにさらに引張りおよび圧縮が起きます。この引張りおよび圧縮の最大応力を σ'_t, σ'_C とすれば，断面上における曲げ応力の大きさは同図(b)のようになります。

図12-6

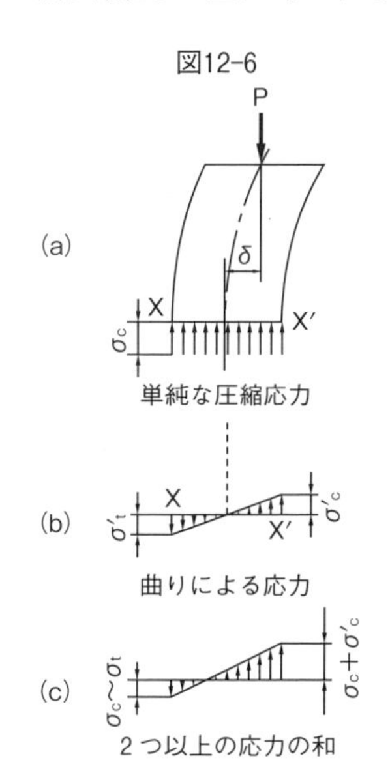

これらの２つの応力の代数和が柱の断面に働く応力で，その大きさは

表12-2　ゴルドン・ランキンの式の適用範囲

材　質	鋳　鉄	軟　鋼	硬　鋼	木　材
$\frac{L}{k}$の値	80以下	90以下	85以下	60以下

表12-3

材　　料	圧縮破壊応力 (kgf/cm^2)	定数a
軟　　鋼	3380	$\frac{1}{7500}$
硬　　鋼	4920	$\frac{1}{5000}$
鋳　　鉄	5620	$\frac{1}{1600}$
木　　材	500	$\frac{1}{750}$

同図(c)に示す通りです。$\sigma_C + \sigma'_C$の圧縮応力が材料の圧縮破壊応力より大きくなれば，柱は破壊されます。

このような，圧縮，曲がりが同時に働く場合について，ゴルドンによって導かれ，ランキン（いずれも人名）によって補正された柱の強さを求める計算式が次の公式です。この式の細長比L/kの適用範囲は**表12-2**に示した通りです。

$$P = \frac{\sigma A}{1 + (\mathrm{a}/\mathrm{n})(L/k)^2} \tag{4}$$

P；座屈荷重，σ；圧縮破壊応力，A；断面積，a, n；定数，L；柱の全長，k；断面二次半径

ここで，圧縮破壊応力σおよび定数aは，材料によって**表12-3**のように示されています。これをゴルドン・ランキンの公式といい，一般にはランキンの公式と呼ばれ，柱の強度計算によく使われています。

【例題 3】 一辺の長さ30mmの正方形断面の軟鋼製角柱を両端固定端としたとき，全長500mmの場合の安全荷重を求めよ。安全率は考えないものとする。

〔解答〕まず，細長比を求めます。単位を cm にします。

断面積 $A=3\times3=9$〔cm^2〕,

最小断面二次モーメント $I=3^4/12=6.75$〔cm^4〕,

$k=I/A=6.75/9\fallingdotseq0.866$〔mm〕

したがって

$L/k=50/0.866\fallingdotseq57.7$,

細長比 L/k が 57.7となり，オイラーの公式の場合は90以上なので適用できませんので，**表12-2**によってランキンの公式を使います。圧縮破壊応力 σ_C および定数 a は**表12-3**から，σ_C は3380kgf/cm^2，a は1/7500です。

$$\sigma=\frac{\sigma_C}{1+(a/n)(L/k)^2}=\frac{3380}{1+(1/7500)\div4\times57.7^2}$$

$$=\frac{3380}{1+0.0000333\times3334}\fallingdotseq\frac{3380}{1.111}\fallingdotseq3042.3\text{〔kgf/cm}^2\text{〕}$$

こうして安全荷重 P を求めます。

$P=\sigma A=3042.3\times9=27380.7$〔kgf〕　　……答

【例題 4】 両端回転端の長さ1000mm，外径80mm，内径60mm の軟鋼製中空円柱の安全荷重を求めよ。ただし，縦断面係数を2.1×10^6kgf/cm^2，安全率を 6 とする。

〔解答〕与えられた数値を単位を cm に換算して，$L=100$cm，外径 $d_2=$ 8cm，内径 $d_1=6$cm として，縦長比を求めるために断面積 A と最小断面二次モーメント I を計算します。

$A=(d_2{}^2-d_1{}^2)\pi/4=(8^2-6^2)\pi/4=28\times\pi/4=7\pi$

$I=(\pi/32)\{(d_2{}^4-d_1{}^4)/d_2\}=(\pi/32)\{(8^4-6^4)/8\}=10.9375\pi$

したがって，式(1)より

$k=\sqrt{I/A}=\sqrt{10.9375\pi/7\pi}=1.25$

次に細長比 L/k を求めます。

$L/k=100/1.25=80$

オイラーの式の軟鋼の適用範囲は**表12-1**により90以上で，オイラーの式は使えないので，**表12-3**による数値でランキンの式(4)を用います。両端回

転端の場合 n＝１なので，

$$P=\frac{\sigma A}{\mathrm{n}+(\mathrm{a}/\mathrm{n})(L/k)^2}=\frac{3380\times 7\pi}{1+\{(1/7500)\times 1\}\times 80^2}$$

$$=\frac{74330.256}{1.8533}\fallingdotseq 40544\ \text{〔kgf〕}$$

安全率が６ですから

$40544\div 6\fallingdotseq 6757$〔kgf〕　　　　……答

第13章

内圧を受ける円筒と球

現場に働く私どもの回りには，圧力のある液体や気体が入っている円筒などの容器（タンクなど）がたくさんあります。

これが破裂したらどうなるか，それを考えると大変危険なことが予想されますので，ここではこれら円筒形容器や球形のタンクの強さについて考えてみましょう。

これらの容器にはその直径に比べて材料の肉厚の厚いもの，薄いものなど，形も大きく分けてパイプやドラム缶のような円筒状のものと球形状のものがありますが，一般に，肉厚をt，内径半径をrとしたとき，t<(1/10)r（円筒の肉厚が内半径の10%以下）のものを薄肉として扱っています。

1 円筒を破壊させる力

図13-1のような密閉された鉄板製円筒容器に圧力のある空気，ガスや水など気体や液体が満たされて内圧力が加わった状態を考えてみます。この場合円筒はその内圧pのために外側にふくれ出そうとしますから，その引張り力に対して容器の材料の鉄板内部には，それに抵抗して引張り応力が生じます。

容器内の圧力が材料の内部の引張り応力を上回ると，容器は破壊されま

図13-1　薄肉円筒に働く内圧

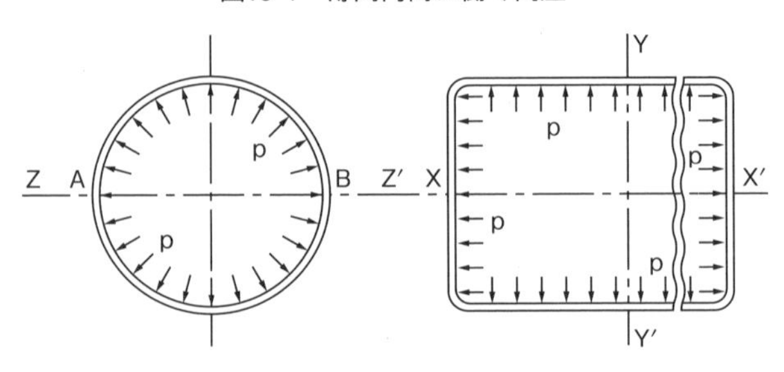

す。その破壊の状況は，(a)円筒容器を端面方向つまり縦方向（Y－Y′断面に沿って）に裂ける場合と，(b)円周方向つまり横方向（X－X′断面に沿って）に裂ける場合とがあります。

1　端面方向に裂ける場合

円筒容器を縦方向に裂こうとする力，つまりY－Y′軸を境にして左右に裂こうとする力 P kgfは，円筒の両端の板に働く圧力の総和ということができます。したがって，**図13-2**に示すように，円筒の内径を Dmm，内部の圧力を $p$kgf/mm^{2}とすると，全圧力 P は，

$P=p\times$端板面積$=p\times(D/2)^2\pi=(\pi/4)D^2p$〔kgf〕

また，断面Y－Y′における板の応力の生じる断面積を A，板厚を t とすると，次の式が成立します。

$A=$断面全体の面積－中空部分の面積

$=(\pi/4)(D+2t)^2-(\pi/4)D^2=(\pi/4)(D^2+4Dt+4t^2)-(\pi/4)D^2=\pi Dt+\pi t^2$

ここで，厚さ t は D に比べて大変小さいとき（薄肉）には，πt^2は省略しても差支えないので，ふつう次のようにして表わします。

$A=\pi Dt$

この断面に一様に引張り応力 σ が生じますから，その総和（抵抗力）F は，

$F=\sigma\times A=\sigma\pi Dt$

この圧力の総和（全圧力）P と応力の総和 F とは，円筒が破壊しない限

図13-2　縦方向に裂こうとする力

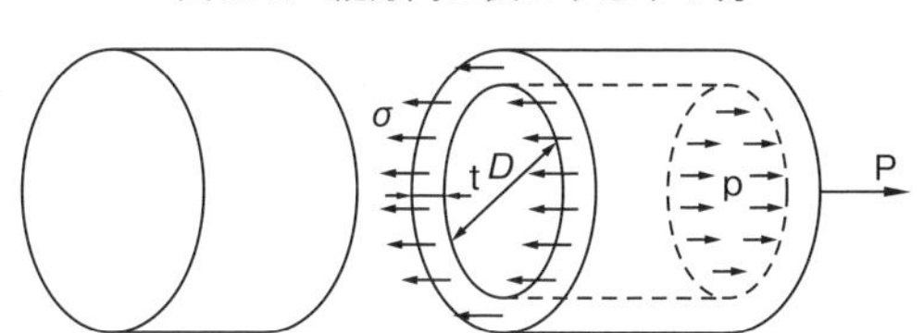

りつり合っており，$P=F$ だから

$(\pi/4)D^2p=\sigma\pi Dt$

$\sigma=pD/4t$ または，

$t=pD/4\sigma$ (1)

となります。

この式は，円筒容器が軸に直角な面で縦方向に破裂するとき，その板厚は，内圧と内径の積を板の引張り応力の 4 倍で割った値に等しく，板厚がこの値より小さければ破壊され，大きければ破壊されないことを示しています。

2 円周方向に裂ける場合

図13-3(a)は雪が垂直に降って円筒の外面に積もった状態とします。この場合雪の圧力はどう考えればよいでしょうか。

雪は左右両方に等量に分布されて積もりますから，その重さで円筒の外周を圧する力は，同図(b)のように，その投影線 Z－Z′ 上に圧する力と相等しいことが実験上証明されています。

図13-3

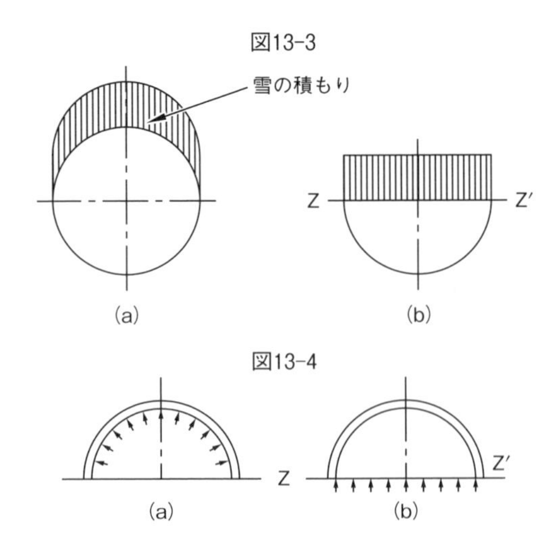

これと同じことが**図13-4**(a)においてもいえます。つまり半円周の円弧に沿って働く圧力の和は，同図(b)のように，直径に沿った圧力の和と相等しいのです。なお**図13-5**で見れば左右の力はつり合い状態にあって，力はどこにも移動せず，どこにも影響を与えてはいません。

つまり，円筒を上下に裂こうとする力は，円筒の片方，半分の内面に働く力の強さＰの合力なのです。そしてこの総和は，**図13-6**において，半円筒の内面を直径上の投影面Ｚ－Z′面上に投影して得られた面積 ABB′A′に圧力の強さ p を掛けたものに等しいことになります。

そして，**図13-7**を見てください。ここで円筒を上下に裂こうとする力 P は，円筒の片方，半円部の内面に働く圧力の強さ p の合力と考えられますから，円筒の長さを L とすれば，

$P = p \times$ 半円筒の投影面積 ABB′A′ $= pDL$

そして，端板の断面に一様に生じる引張り応力 σ の総和（抵抗力）F は，

図13-5　　　　図13-6

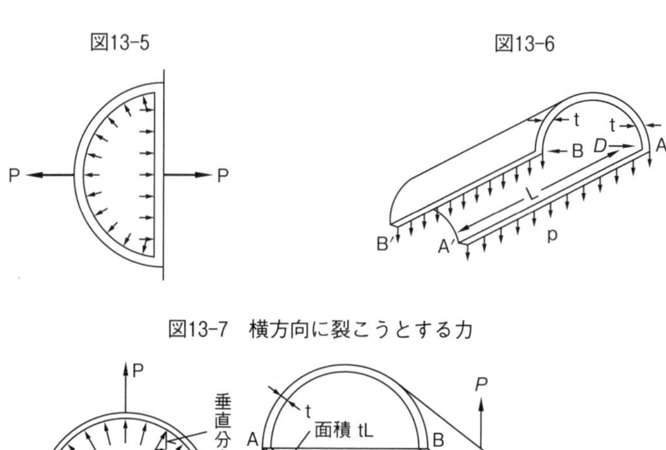

図13-7　横方向に裂こうとする力

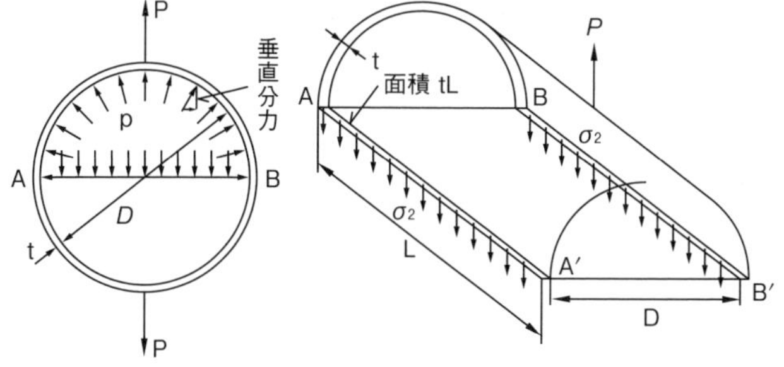

$F=\sigma\times$端板の断面積$=\sigma\times 2tL$

FとPはつり合うので，

$pDL=\sigma\times 2tL=2\sigma tL$

$\sigma=pD/2t$または，

$$t=pD/2\sigma \tag{2}$$

この場合の応力σを特に“フープ応力”と呼んでいます。

(1)と(2)とで応力の大きさを比べれば，この円周方向に生じる応力は，端面方向に生じる応力のちょうど2倍になっています。したがって，肉厚を同じにして円筒を作れば，その円筒内での圧力は，端面方向は円周方向の半分ということになりますので，円筒内にどんな圧力が生じても端面方向に裂けることはないと考えてよいでしょう。つまり，一般の計算では円周方向の応力（フープ応力）だけを計算すればよいことになります。

【例題1】 内径600mm，板厚10mmの円筒容器に加えることのできる最大の内圧はいくらか。ただし，この容器材質の許容応力を4kgf/mm^{2}とする。

〔解答〕 式(2)を変形してpを求めます。

$p=\sigma 2t/D=4\times 2\times 10/600=0.1333$〔kgf/mm^2〕

【例題2】 厚さ8mmの軟鋼板で5kgf/cm^{2}の内圧がかかる円筒状タンクを作ろうとすれば，許容圧応力を6kgf/mm^{2}とすると，内径はいくらにすればよいか。

〔解答〕 式(2)を変形してDを求めます。単位を揃えれば$p=0.05$kgf/mm^2。

$D=2t\sigma/p=2\times 8\times 6/0.05=1920$〔mm〕

3 内圧を受ける厚肉円筒の場合

内径に比べて肉厚の大きい円筒を厚肉円筒といいいます。このような円筒では，内圧pによって材料内に生じる応力は一様にはならないで，内壁で最大で外側に行くほど小さくなり，外壁で最小になります。図13-8において，中心から任意の半径（$r_1<r<r_2$）の距離にある点のフープ応力をσ_rとすれば，

図13-8　厚肉円筒

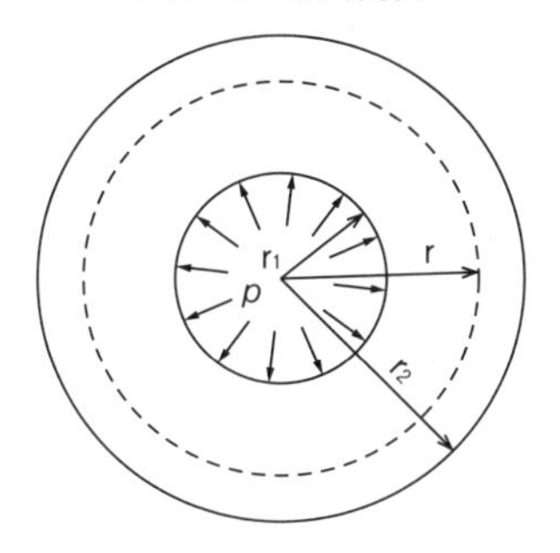

$$\sigma_r=\frac{pr_1^2(r_1^2+r^2)}{r^2(r_2^2-r_1^2)} \quad (3)$$

r_1；中心から内壁までの半径

r_2；中心から外壁までの半径

また，最大フープ応力は内壁に生じます。この最大フープ応力を σ_{max}，$r=r_1$とおくと，

$$\sigma_{max}=p\frac{r_2^2+r_1^2}{r_2^2-r_1^2} \quad (4)$$

このことから次のことも判ります。

$$\frac{r_2}{r_1}=\sqrt{\frac{\sigma_{max}+p}{\sigma_{max}-p}}$$

【例題 3】 内径500mm，肉厚50mm の軟鋼製厚肉円筒には，いくらの内圧を加えることができるか。軟鋼の許容応力を6kgf/mm^{2}とする。

〔解答〕 まず，式(3)を変形して p を求める式を作ります。

$p=\sigma_{max}(r_2^2-r_1^2)/(r_2^2+r_1^2)$

$r_1=250$mm，$r_2=250+50=300$mm ですから，

$p=6\times(300^2-250^2)/(300^2+250^2)\fallingdotseq 1.08$kgf/mm^2

ところでご参考までに付け加えますと，技能検定機械製図の学科試験問題で肉厚円筒に関する応力の分布について出題されることがありますので，注 1 を参照ください。

2 内圧を受ける薄肉の球の強さ

図13-9において，球（直径D）が上下に裂かれる場合，引張り荷重Pは，Aを半球内面のX－X′上の投影面積としますと，

$P=p\times A=p(\pi/4)D^2$

また，引張り荷重Pは材料の厚さtの断面積に生じている引張り応力σによって支えられていますから，

$P=\sigma\pi Dt$

したがって，$\sigma\pi Dt=p(\pi/4)D^2$,

$\sigma=pD/4t$　　(5)

つまり，円筒の縦方向に裂ける場合と同じになります。

図13-9　内圧を受ける球

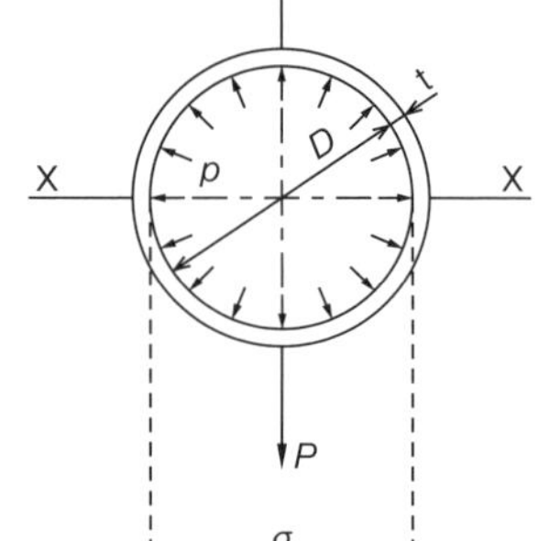

【例題4】内径800mmの鋼板製の中空の球に，$2\mathrm{kgf/mm^2}$の内圧が作用するときの肉厚はいくらにしたらよいか。球の許容応力を$6\mathrm{kgf/mm^2}$とする。

〔解答〕式(5)を変形してtを求めます。

$D=800\mathrm{mm}$, $p=2\mathrm{kgf/mm^2}$,

$\sigma=6\mathrm{kgf/mm^2}$

$t=pD/4\sigma=2\times800/4\times6=66.6\mathrm{mm}$

3 回転円板および円筒

1 回転円輪の強さ

フライホイールのような直径に比べて，リムの厚さの薄い回転円輪は，回転することで遠心力により，径方向（円周方向）へ円輪を押し広げようとする力が作用します。それは内圧を受ける薄肉円筒の場合と同様です。

図13-10の円輪において，円輪の単位長さ当たりの重量 w に働く遠心力 C の大きさは

$C=wv^2/gr$ となり，式(2) $\sigma=pD/2t$ の p に相当します。ここで，

r：円輪の中心までの半径

t：リムの厚さ

v：半径 r における周速度

w：円輪の単位長さ当たりの重量

g：重力の加速度

とすれば

$\sigma=CD/2t=(1/2t)(wv^2/gr)\times 2r$

したがって，$\sigma=wv^2/tg$

材料の単位重量を γ とすれば，$\gamma=w/t$ ですから

$$\sigma=\gamma v^2/g \qquad (6)$$

上式を変形すれば，

$$v^2=g\sigma/\gamma \text{ または，} v=\sqrt{g\sigma/\gamma} \qquad (7)$$

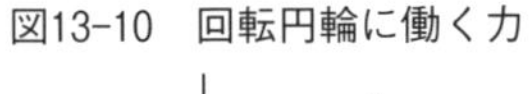
図13-10　回転円輪に働く力

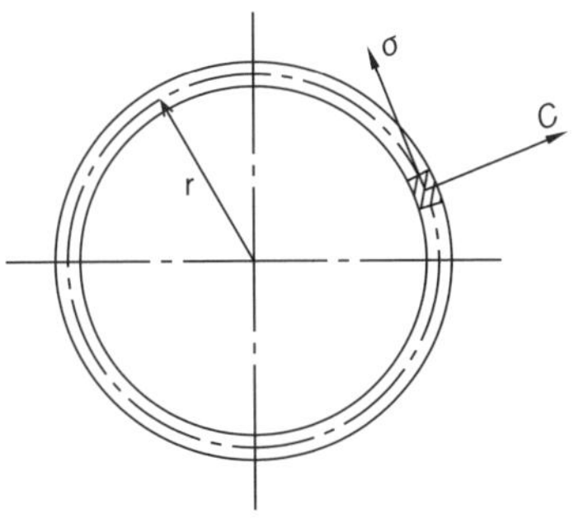

この式から，σ と γ は材料によって決まりますから，円輪の許容最大周速度（最大回転数）を求めることができます。

【例題 5】 平均直径1200mm，肉厚60mm の鋳鉄製ベルト車のリムの許容応力を1.5kgf/mm^{2}とするとき，このベルト車の許容最大回転数（回転速度）はいくらか。鋳鉄の比重を7.3とする。

〔解答〕比重が7.3ということは$7.3gf/cm^3$で基本単位に換算すると$0.0073kgf/mm^3$となります。式(7)から円輪の許容最大周速度を求めますと，

$$v=\sqrt{g\sigma/\gamma}=\sqrt{9.8\times1.5/0.0073}=44.87\ \text{〔m/s〕}$$

周速を回転数（N）に変換するため $v=\pi DN/60$から，$N=60v/1.2\pi$

$$N=60\times44.87/1.2\times3.14\fallingdotseq714.49044\fallingdotseq715\ [\text{rpm}(\text{min}^{-1})]$$

2 薄い円板の強さ

図13-11で説明します。少しややこしい式になりますが，興味のあるかたは式をたどってみてください。

ここで，w：単位体積当たり重量(kgf/cm^3)，ω：角速度（rad/s），ν：ポアソン比で，重力の加速度gの単位はcm/s^2とします。

図13-11

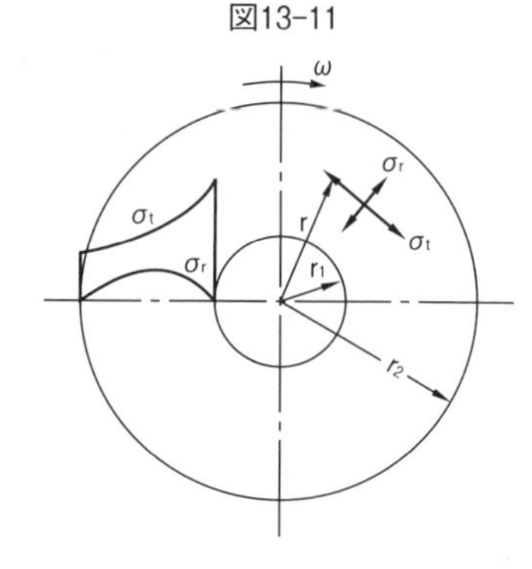

図13-11で円板の内半径r_1，外半径r_2の回転円板の平均半径rにおける円周応力σ_t，半径応力σ_rは，次のように示されています。

$$\left.\begin{aligned}\sigma_t&=[(3+\nu)\{r_1^2+r_2^2+(r_1^2r_2^2)/r^2\}-(1+3\nu)r^2]w\omega^2/8g\\ \sigma_r&=(3+\nu)\{r_1^2+r_2^2-(r_1^2r_2^2/r^2)-r^2\}w\omega^2/8g\end{aligned}\right\}\quad(8)$$

中心に穴のない薄い円板の場合は，$r_1=0$とすればよいわけですから，その場合最大応力は中心で次式のように示されています。

$$\sigma_{t\,max}=\sigma_{r\,max}=(3+\nu)w\omega^2r_2^2/8g$$

3 回転円筒の強さ

中空回転円筒および穴のない回転円筒の円周応力σ_tと半径応力σ_rについては，式(8)のσ_tとσ_rの計算式において，ポアソン比νの代わりに$\nu/(1-\nu)$を置き換えることで求めることができます。

第14章

複合応力

1 なぜ破壊面は45°か

たとえば，鋳鉄の圧縮試験では，**図14-1**のようにその軸線と約45°の傾きθを持った破壊面を生じます。また，軟鋼の引張り試験では，**図14-2**のような破壊面（やはりθ＝約45°）が生じるものです。それはなぜなのでしょうか。

そこで，**図14-3**のように，棒状物体の断面積Aが一様な物体に引張り（左図）または圧縮（右図）荷重Pが働くとき，荷重の方向（軸線）にθの傾きをなすDE面に生じる単位面積当たりの応力について考えてみることにします。

荷重PをDE面に垂直および水平の2つの分力P_n，P_tに分解すると，P_nはDE面に引張りあるいは圧縮応力を生じ，P_tはせん断応力を生じさせます。

そこで，BC面の引張りあるいは圧縮応力をp，DE面の引張りあるいは圧縮応力をp_n，DE面のせん断応力をp_tとすると，

$p=P/A$

図14-1

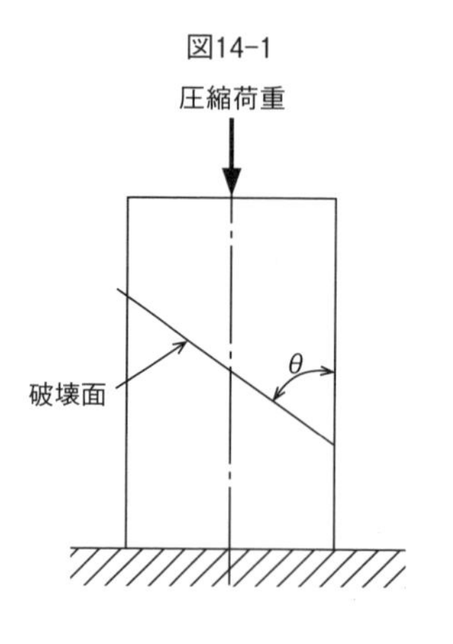

図14-2

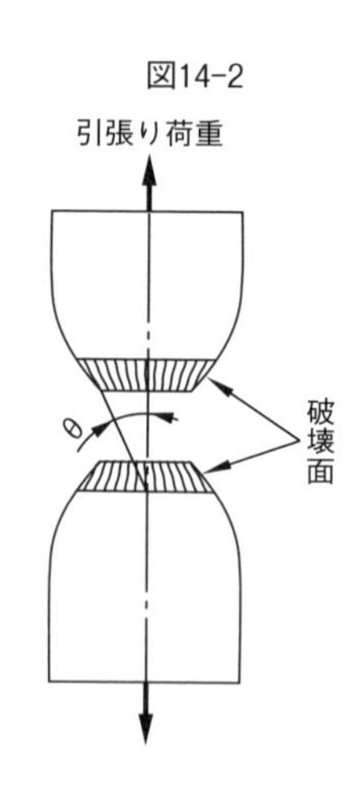

図14-3

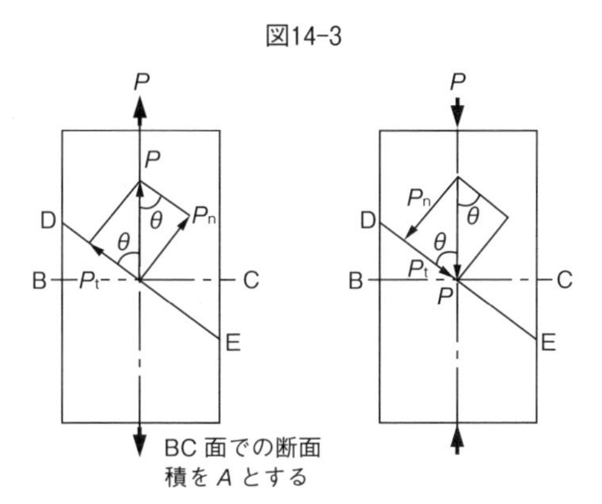

$P_n = P\sin\theta$，$P_t = P\cos\theta$

面積 DE $= A/\cos(90-\theta)$

$\cos(90-\theta) = \sin\theta$ ですから

面積 DE $= A/\sin\theta$

したがって，

$p_n = P\sin\theta/(A/\sin\theta) = (P/A)\sin\theta\cdot\sin\theta = \mathrm{p}\sin^2\theta$　　(1)

また，

$p_t = P\cos\theta/(A/\sin\theta) = (P/A)\cos\theta\cdot\sin\theta = \mathrm{p}\cos\theta\cdot\sin\theta$

$\sin2\theta = 2\cos\theta\cdot\sin\theta$ の公式から，右辺を変形すれば

$P_t = (p/2)\sin2\theta$　　(2)

式(1)から，p_n は $\theta = 90°$ のとき最大で，$p_n = p$ となります。そして式(2)から，p_t は $\theta = 45°$ のとき最大となり，$p_t = p/2$ となることが判ります。

このことは，どういう意味を持っているかといいますと，せん断応力 p_t は軸線と45°の傾きをなす面において最大となり，p の1/2ということは，せん断力は引張りあるいは圧縮強さの半分より小さくて，引張りまたは圧縮試験では，材料の破断面は軸線，つまり荷重方向と約45°の傾きをなして，せん断により破壊するということになるわけです。

主応力と主面について――

前出の**図14-3**で判るように，一般に，材料内の断面には垂直応力とせん断応力とが同時に作用し，また，θ の変化によって応力も変化します。

これらの断面の中で複合応力（合成応力，組み合わせ応力ともいう）が垂直に作用する断面を特に“主面”といい，主面に作用する垂直応力を“主応力”といいます。つまり，主面とはせん断応力が働かない断面ということになります。

【例題１】 軸線の方向に5kgf/mm^2 の引張り応力を受けている鉄棒において，軸線と50° の傾きをなす面における直角応力およびせん断応力と，これら２つの合成応力を求めよ。

【解】式(1)，(2)により P_n，P_t を求める。

$p_n = p\sin^2\theta = 5\times\sin^2\theta = 5\times\sin^2 50° = 5\times 0.766^2 = 2.933$［kgf/mm^2］

$p_t = (p/2)\sin^2\theta = (5/2)\sin 100° = 2.5\times 0.9848 = 2.462$［kgf/mm^2］

合成応力 p' は P_n と P_t の値から三平方の定理により，

$p' = \sqrt{P_n{}^2 + P_t{}^2} = \sqrt{2.933^2 + 2.462^2} = \sqrt{14.664} = 3.829$〔kgf/mm^2〕 ……答

2 直角方向のせん断応力

図14-4

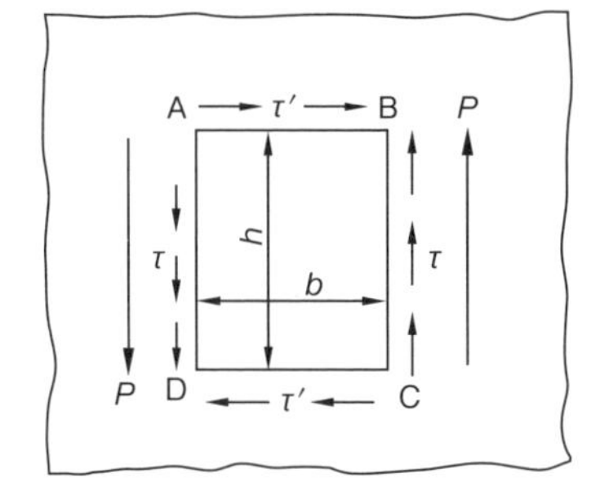

図14-4に示すように，荷重Pによってせん断ひずみを受けている材料内に，断面がABCDの四角柱を仮想し，その幅をb，高さをh，厚さをtとします。

AD，BC面に生じるせん断応力をτとしますと，これらの面内に働くせん断力はτhtで，偶力τhtbを発生させ，ABCDを左回りに回転させようとします。しかしこの四角柱はつり合いを保っていますから，AB，CD面には，この偶力につり合うための反対の偶力を起こすせん断応力が発生しています。この応力の大きさをτ'とすると，AB，CD面内のせん断力は$\tau' bt$で，偶力の大きさは$\tau' bth$です。

この2つの偶力は相等しいから，

$\tau bth = \tau' bth$,

したがって，$\tau = \tau'$,

つまり，1つの面にせん断応力が存在すれば，これと直角の面にもせん断応力が存在し，その大きさは等しいことになります。

τ'はせん断応力τによって誘起されるせん断応力であり，τの生じる面と直角な面に生じ，τとは大きさが等しく方向は反対です。したがって，τが消滅すれば，τ'も消滅してしまいます。このようなせん断応力τ'を補助せん断応力という場合があります。

ねじればねじ状に破壊される――

ところで，鋳鉄の軸がねじりを受けて破壊されるとき，その破壊面がねじ状の線（うず巻線）に沿っているのは，なぜかを考えてみましょう。

図14-5に示した軸において，ABCDは軸のある1つの表面に接して仮

想した立方体とします。軸が矢印のようにねじられてせん断応力が起きれば，AC 面には引張り応力，BC 面には圧縮応力が生じます。

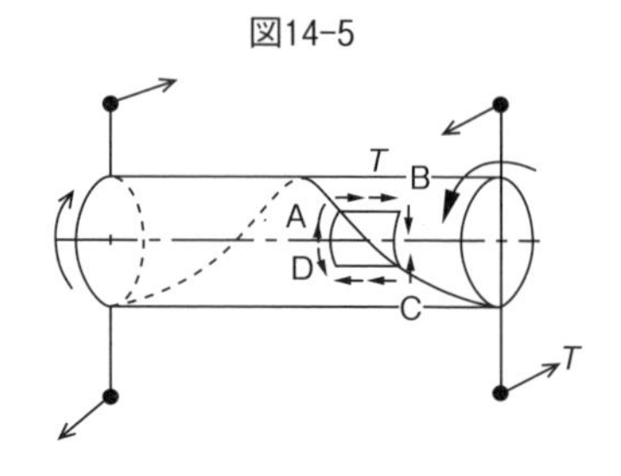

図14-5

鋳鉄製の軸がねじり荷重に耐えられなくて破壊される場合，破断面が図の AC のねじ線に沿って起きるのは，鋳鉄の場合は破壊引張りの強さが，破壊せん断の強さより小さいからです。判りやすく別のいいかたをすれば，材料内に生じる応力を比べれば，せん断の方が引張りより大きいからなのです。

なお，粘性のある軟鋼や銅などの場合は，生じる応力の大きさの比率が小さくなりますので，破壊面のねじ状のつる巻線のピッチは細かいものになります。

3 応力の合成

1 引張りまたは圧縮と曲げの場合

図14-6に示すような構造物に荷重Pが働く場合，引張りまたは圧縮荷重として棒の断面Aに生じる引張りまたは圧縮応力をσ_1とすると，$\sigma_1=P/A$です。

ここで，棒の軸心から荷重Pまでの距離をaとします。

そして，棒の断面係数をZとし，引張り，あるいは圧縮側の最大引張り応力または圧縮応力をσ_2とすれば，

曲げモーメントM＝荷重P×距離a＝曲げ応力σ_2× 断面係数Zです。

$M=P \cdot a=\sigma_2 \times Z$

したがって，$\sigma_2=P \cdot a/Z$

引張り側あるいは圧縮側の最大応力をσとすれば，σは，次の式で表わされます。

$\sigma=\sigma_1+\sigma_2=P/A+(P \cdot a/Z)$

図14-6

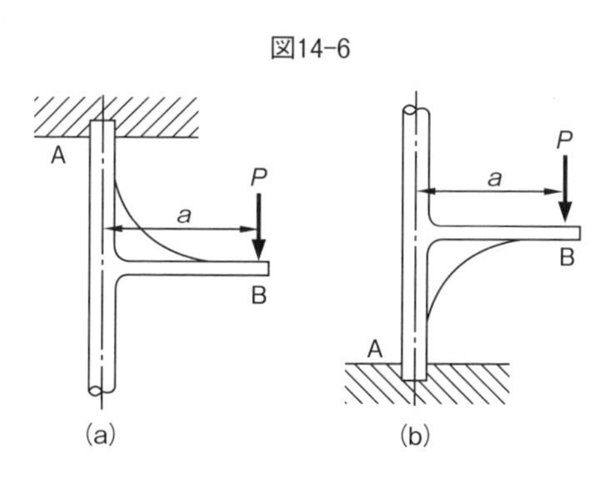

2 曲げとねじれとの合成の場合

一般に軸においては単純なねじれだけでなく，曲げ作用が加わります。

たとえば，エンジンの主軸や歯車を固定した回転軸などで，これらはねじれを受けると同時に，軸が支える荷重による曲げモーメントも受けるのが普通です。

材料の内部に発生した力を示した**図14-7**のように，ねじれでは断面に沿ったせん断応力，曲げモーメントでは断面の直角方向に直角応力（引張りまたは圧縮応力）を受けます。クランク軸などはその典型的な例です。

さて，直径 d の丸軸が曲げモーメント M，ねじりモーメント T を受ける場合，発生するそれぞれの応力 σ_1，σ_2は次の通りです。なお丸軸の断面係数 $Z=(\pi/32)\mathrm{d}^3$ です。

$\sigma_1=M/Z=(32/\pi\mathrm{d}^3)M$

$\sigma_2=(16/\pi\mathrm{d}^3)T$

したがって，丸軸に曲げモーメント M と，ねじりモーメント T とが同時に働く場合，合力の応力を σ とすれば，実は，次の式が成り立つことが知られています。

$\sigma=(M+\sqrt{M^2+T^2})16/\pi\mathrm{d}^3$

この式の $(M+\sqrt{M^2+T^2})/2$ は“相当曲げモーメント”といわれ，M_e で表わしています。

図14-7

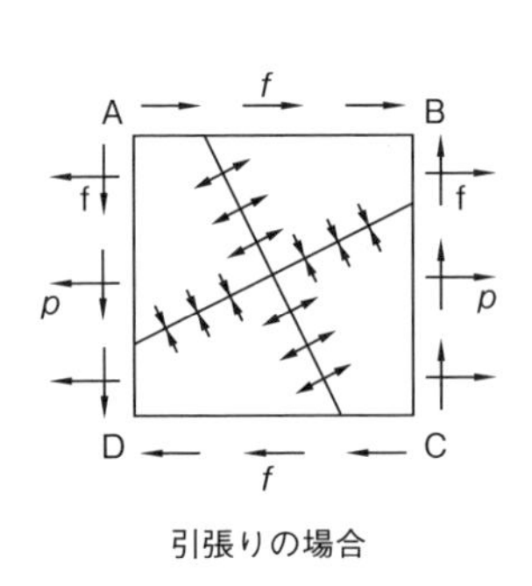

引張りの場合

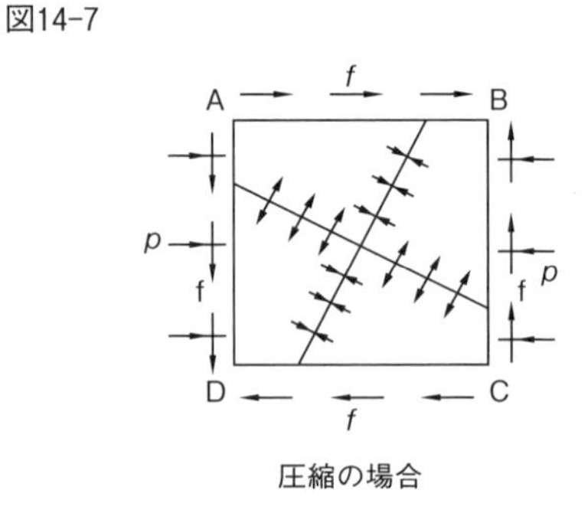

圧縮の場合

$\sigma = M_e(32/\pi d^3)$　　(3)

【例題 2】 24,000kgf·cm の曲げモーメントと，30,000kgf·cm ねじりモーメントとを同時に受ける軟鋼丸棒の直径は，最小いくらにすればよいか。ただし，この丸棒の常用できる直角応力を400kgf/cm^{2}とする。

【解】 式(3)を使って d を計算すれがよい。それには，まず相当曲げモーメント M_e を求める必要がある。

$M_e = (24000 + \sqrt{24000^2 + 30000^2})/2 = 31200$〔kgf·cm〕

式(3)から，

$400 = 31200 \times (32/\pi d^3)$ を計算して d^3 を求める。なお，$d^3 = 32T_e/\sigma\pi$ となる。

$d^3 = 32 \times 31200/(400 \times 3.14) \fallingdotseq 795$

$d = \sqrt[3]{795} \fallingdotseq 9.26$〔cm〕

最小直径は9.26cm にすればよい。……答

文献

1）円筒が破裂したら　草部武二　ジェイエム出版
ジャパンマシニスト　1976,6.

2）機械工学必携　馬場秋次郎　三省堂

3）機械実用便覧　日本機械学会

4）機械の力学　小山十郎，荻原国雄　東京電機大学出版局

5）機械・仕上の総合研究（上巻）　技術評論社

6）技能検定・学科の急所（上巻）　ジャパンマシニスト社

7）研究物理Ｉ　阿部龍蔵，今井　勇　旺文社

8）工業力学　浅野友一　啓学出版

9）材料試験（応力とひずみ）　神奈川工業試験所　ジャパンマシニスト社
ジャパンマシニスト　1975,5.

10）材料試験（疲れ試験）　宮川信男　ジェイエム出版
ジャパンマシニスト　1978,1.

11）材料力学　草部武二　ジェイエム出版
ジャパンマシニスト　1976,4.

12）材料力学の基礎　大石正昭　啓学出版

13）上級物理小事典　三輪光雄　福音館書店

14）新総括物理Ｉ　力武常次　数研出版

15）データ活用ハンドブック（機械編）　技術評論社

16）柱の強さを考える　草部武二　ジェイエム出版
ジャパンマシニスト　1976,5.

17）はりの話　草部武二　ジェイエム出版
ジャパンマシニスト　1976,2.

18）ばねの働きとその活用　太田　賢　ジェイエム出版
ジャパンマシニスト　1982,2～3.

19）複合応力のお話　草部武二　ジェイエム出版
ジャパンマシニスト　1976,12.

20）目で見る集中応力　高橋　賞・神谷　豊　ジャパンマシニスト社
ジャパンマシニスト　1965,12.

注

1 章

<注1>正確にいうと，重力と万有引力とは同じものではない。地球上の物体は地球からの万有引力を受けているが，その他に，地球が地軸の周りを回転することによって遠心力を受けていると考えられる。したがって，実際に物体が受けている力は，万有引力と遠心力の合力で，この合力が重力である。**図1**で判るように緯度の高い地点ほど重力は大きくなっている。**表1**は数カ所の重力の加速度の値を示したもの。

図1　重力と万有引力

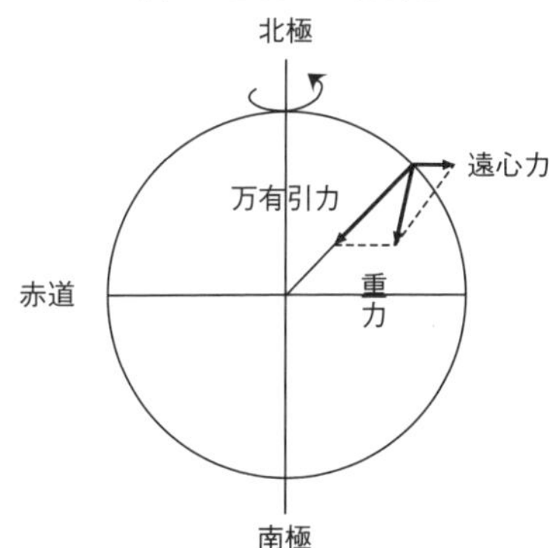

表1　重力の加速度（g）の値

地　名	緯　度	g（m/s^2）
東　京	北緯35°43′	9.79801
ワシントン	38°53′	9.80112
グリニッチ	51°29′	9.81188
オスロ	59°55′	9.81927
ケープタウン	南緯33°56′	9.79659
メルボルン	37°50′	9.79987

<注2>1kgという単位が，1790年，フランスにおけるメートル条約で，4℃の水（蒸留水）1000ccの質量と決められた。同時に白金で同じ質量の原器を作った。その後1857年に，高さおよび直径がともに39mmの体積（46.3cm^2）をもつ円柱形で，径年変化をできるだけ避けるために，白金90％，イリジウム10％の合金を作り，これを1kgの原器とした。厳密には水1000ccの質量とは極めてわずかながら誤差があるが，現在ではこの原器をもって国際キログラム原器としている。ちなみにこの原器によれば4℃の水（蒸留水）1000ccは1kgにみたず，0.999972kgとなっている。
<注3>ms^{-2}という表示は，-2（マイナス2乗）のマイナスがm／s^{2}のように分数表示の分母にくることを示すものでm／s^2＝ms^{-2}を意味する。
<注4>FはForce（力）の頭文字をとったもの。なお，既出のv，aはそれぞれvelocity（速度），acceleration（加速度）の頭文字である。
<注5>SI単位の導入に従って平成4年5月に改正成立した新計量法により，ダイン（dyn）は平成7年9月に削除（廃止）された。また，重量キログラム（kgw，kgf）と

力のモーメントの単位（kgw・cm，kgw・m など）は平成11年 9 月に削除（廃止）された。

2　章

＜注 1 ＞一般に物体（剛体）に働く力の場においては次の公理が成立する。①1 つの力の効果は着力点（作用点）を作用線上どこを選んでも変わらない。②物体に対し実際に働いている力系のほかに，任意に選んだ一直線を作用線として共有する大きさが等しく逆向きの 2 力を補助力として新たに追加作用させても物体に対する力の効果は変わらない。

3　章

＜注 1 ＞物体の質量がその重心に集まり，一点として取り扱うことができるとき，それを質点という。質点は大きさがなく質量だけがあり，数学的に点であると考える。なお大きい物体でも，処理する距離に比べれば十分に小さく無視して差し支えない場合は，その物体自体を質点として扱うことができる。

＜注 2 ＞この図で，A より左の部分は P_2A を左に引張っている。その引張り力の大きさも T で与えられるが，その向きは逆であるはずである。しかし，この向きは，綱のどの部分を考えるかを指定しないと決まらないので，ある点における引張り力の向きというものには意味がない。

＜注 3 ＞$F_1\cos60^\circ + F_2\cos30^\circ = 10$

$F_1\sin60^\circ - F_2\sin30^\circ = 0$

$(1/2)F_1 + (\sqrt{3}/2)F_2 = 10$ ……………………①

$(\sqrt{3}/2)F_1 - (1/2)F_2 = 0$ ……………………②

②×$\sqrt{3}$

$(3/2)F_1 - (\sqrt{3}/2)F_2 = 0$ ……………………③

③+①

$(1/2)F_1 + (3/2)F_1 = 10 \quad \therefore F_1 = 5$

②に代入して

$(\sqrt{3}/2)\times5 - (1/2)F_2 = 0$ を計算すれば

$F_2 = 5\times\sqrt{3} = 8.66$

＜注 4 ＞$F_1/\sin150^\circ = 10/\sin90^\circ$,

$F_1/\sin30^\circ = 10$，$F_1 = 10\times0.5 = 5$

$F_2/\sin120^\circ = 10/\sin90^\circ$

$F_2/\sin60^\circ = 10$，$F_2 = 10\times0.866 = 8.66$

＜注 5 ＞$(\sqrt{3}/2 - 1/2)F_{BC} = -500$

$$F_{BC} = \frac{500}{\sqrt{3}/2 - 1/2} = \frac{500}{(\sqrt{3}-1)/2}$$

$$F_{BC}=\frac{500\times 2}{\sqrt{3}-1}=\frac{1000\times(\sqrt{3}+1)}{(\sqrt{3}-1)(\sqrt{3}+1)}$$
$$\fallingdotseq -\frac{2732}{2}=-1366\ \text{〔N〕}$$

4 章

＜注１＞糸におもりをつけて垂したとき，糸の向かう方向。水平面に垂直な方向で，重力の働く方向と一致する。地球の中心に向かう方向とほぼ同じだが，厳密にいえば必ずしも一致するとは限らない。
＜注２＞大きさを持たず質量だけを持つと考える点のことつまり，物体の無限小の小部分の重さとみなす。
＜注３＞三角形の重心（図心）が各頂点からの中線の交点であることは，いわば公理みたいなものだが，ここで試みにモーメントの概念を確認するために，図 2 を見ながら次のように考えてみる。

図 2

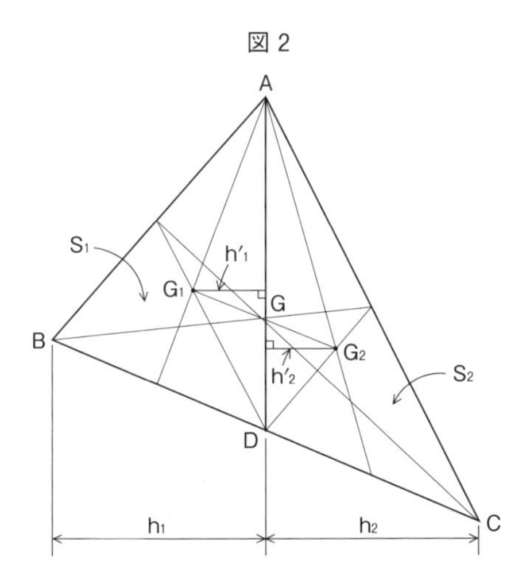

この図は三角図形 ABC の任意の頂点 A を選び，１つの中線 AD を鉛直の位置に置いたものである。中線の交点は１点に集まるという三角形の定理から△ABC の重心は G である。ここで△ABC を中線を境に△ABD と ACD の２つに分けてみると，２つの三角形は底辺が共通（AD），高さは $h_1=h_2$で等しいので，面積 $S_1=S_2$。各々の重心を G_1，G_2とすれば，図において $h_1'=h_2'$。AD 軸周りのモーメントは，力（または質量）を面積に置き換えたことから，△ABD では $S_1\times h_1'$，△ACD では $S_2\times h_2'$。結局，$S_1\times h_1'=S_2\times h_2'$ で両者（左右）のモーメントは等しいので，左右はつり合って AD 線は鉛直となる。重心（図心）は中線 AD 上にあることが証明される。

こうして，△ABCの頂点を変えて同様に試みても重心はそれぞれの中線上にあることになり，したがって，その位置は交点ということになる。
＜注4＞正確ないいかたをすると，xはX座標値なので，空間がないものとしたS_1の重心のモーメントを＋，空間図形S_2の重心のモーメントを－として，その代数和を求める，となる。

5 章

＜注1＞用語の定義として一般的に次のようなものがある。“摩擦とは，二つの物質が接触両面で運動を行なう場合に生じる抵抗をいい，運動の開始を妨げるものを静摩擦，運動中に生じる抵抗を動摩擦という。”
＜注2＞$P=-F,\ P+(-F)=0$
＜注3＞この表の数値は，いろいろな実験や経験によって発表されたものを抜粋して示しており，どんな場合でも当てはまるものとは限らず，あくまで参考程度の数値である。

6 章

＜注1＞式(3)から$t=(v-v_0)/a$，これを式(4)に代入して

$$S=v_0\frac{(v-v_0)}{a}+\frac{1}{2}a\left(\frac{v-v_0}{a}\right)^2=\frac{v_0(v-v_0)}{a}+\frac{1}{2}\times\frac{(v-v_0)^2}{a}$$

$$=\frac{2v_0v-2v_0^2+v^2-2vv_0+v_0^2}{2a}=\frac{v^2-v_0^2}{2a}$$

$$\therefore\quad v^2-v_0^2=2aS$$

＜注2＞自動車の制動距離は，速度の二乗に比例するといわれている。この例では，時速30kmで10mの制動距離が，時速が2倍の60kmになると，4倍の40mになっていることでも証明される。
＜注3＞$x=v_0t$から$t=x/v_0$　これを

$y=\frac{1}{2}gt^2$に代入すると，

$$y=\frac{1}{2}\cdot g\cdot\frac{x}{v_0^2}$$

$$y=\frac{g}{2}\times\frac{x^2}{v_0^2}=\frac{g}{2v_0^2}\cdot x^2$$

＜注4＞この式は次のようにして導かれる。
式(14)より，$v_2'=v_1'+(v_1-v_2)e$
これを式(13)に代入して

$$m_1v_1+m_2v_2=m_1v_1'+m_2\{v_1'+(v_1-v_2)e\}=m_1v_1'+m_2v_1'+m_2(v_1-v_2)e$$

左辺をv_1'を含む項だけにする。

$$m_1v_1'+m_2v_1'=m_1v_1+m_2v_2-m_2(v_1-v_2)e$$

右辺に m_2v_1 を加えて引く。

$$v_1'(m_1+m_2)=m_1v_1+m_2v_1-m_2v_1+m_2v_2-m_2(v_1-v_2)e$$
$$=v_1(m_1+m_2)-m_2(v_1-v_2)-m_2(v_1-v_2)e$$
$$=v_1(m_1+m_2)-[m_2(v_1-v_2)+m_2(v_1-v_2)e]$$
$$=v_1(m_1+m_2)-m_2(v_1-v_2)(1+e)$$

両辺を m_1+m_2 で割れば次式が得られる。

$$v_1'=v_1\frac{m_2(v_1-v_2)}{m_1+m_2}(1+e)$$

同様にすれば，v_2' も導かれる。

7 章

<注１>厳密にいうと，荷重ということばは重さ（単位は今までキログラム重 kgw（kgf）が使われていた）を意味し，力とは違う。力は，質量×加速度であり，単位は N（ニュートン）。

<注２>この他に，物体に沿って移動する荷重をとくに移動荷重ということもある。

8 章

<注１>$\tan\phi \fallingdotseq \phi$ は，ϕ が小さいとき成立する。例えば0.0582ラジアン（角度3°20′）以下だと，小数点以下４桁までは同数値）。

<注２>物体に力が働くとき，物体の動いた距離に，物体の動いた方向の力の成分を乗じたものを，力がその物体になした“仕事”と呼ぶ。従来の工学単位は kgf･m で，モーメントやトルクと同じ。SI 単位では J（ジュール）。換算すれば，1 kgf･m＝9.80665J。

<注３>高い所にある物体はエネルギを持っているが，このエネルギは物体の質量と高さとによって決まるもので，これを位置のエネルギという。高さ h の所にある質量 m の物体の位置のエネルギを U とすれば，重力の加速度が g だから，$U=mgh$ となる。

<注４>

$$=\frac{\sigma^2}{2E}\cdot\frac{\pi \mathrm{d}^2}{4}\cdot 0.5L+\frac{\sigma^2}{2\mathrm{E}}\cdot\frac{\pi(0.5\mathrm{d})^2}{4}\cdot 0.5L=\frac{\sigma^2\times 0.5L}{2\mathrm{E}}\left(\frac{\pi \mathrm{d}^2}{4}+\frac{\pi(0.5\mathrm{d})^2}{4}\right)$$

$$=\frac{\sigma^2\pi\times 0.5L}{8E}(\mathrm{d}^2+0.25\mathrm{d}^2)=\frac{\sigma^2\pi\times 0.5L}{8E}\times \mathrm{d}^2(1+0.25)$$

$$=\frac{\sigma^2\pi L\mathrm{d}^2}{8E}\times 0.5\times 1.25=\frac{\sigma^2\pi L\mathrm{d}^2}{8E}\times 0.625 \qquad \text{〔kgf･mm〕}$$

<注５>ニトロセルローズ，フェノール，ポリエステル，エポキシ，シアノアクリレートなど。とくにシアノアクリレートは瞬間接着で，簡便さから広く使用されている。

<注６>被測定物の線膨張係数に合わせた材料で作られたゲージで，およそ－30～＋70℃の範囲では，被測定物とともに伸縮するようになっている。

<注７>塗料の主成分は石灰ロジン。白く脆い個体あるいは粉末樹脂で水には溶けずア

ルコール，エーテル，ベンゼン等には溶ける。溶剤には二硫化炭素が用いられていて，取扱いがたいへんだったが，最近は，危険性や毒性が少ない便利なエアゾル式自然乾燥用塗料も開発されている。

10 章

＜注１＞梁（ビーム beam)。荷重を支えるために渡した横桁で，直角方向の外力を受ける横棒の総称。応用力学では梁，構造工学では桁という。
＜注２＞力の単位 kgf（重量キログラム）は SI 単位への移行により，平成11年９月30日限りで廃止され，N（ニュートン）となる。したがって力のモーメントの単位の重量キログラムメートル kgf･m（kgf･mm，kgf･cm）は，ニュートンメートル N･m（N･mm，N･cm）となる。換算すれば, kgf･m（kgf･mm, kgf･cm）は，それぞれ9.8N･m（0.0098N･mm，0.098N･cm）である。
＜注３＞実際の図示ではグラフ（線）のみで，図のように縦線をハッチングのように記入することはない。
＜注４＞図中の寸法数字の単位は，特に記入なき限り，すべて mm。以下同様。
＜注５＞グラフにした場合，下に凸の放物線になり，絶対値の最大が示される。
＜注６＞曲げ応力（bending stress）には JIS 用語（B0109）では，“対象とする断面で等価線形的に正から負（板厚中心では０）に変化する垂直応力の板表面での値”という定義もあるが，本稿では，記述のように“物体に曲げ荷重を受けるとき，物体を元の状態に戻そうとして物体内に生じる複合応力（引張りと圧縮応力)”と定義する。

11 章

＜注１＞SI 単位への移行に伴い，力のモーメントの単位の kgf･m（重量キログラムメートル）などは，平成11年９月30日限りで廃止され, N･m（ニュートンメートル）となる。つまり，１kgf･m＝9.80665N･m。
＜注２＞単位を d は m，τ は kgf/m^2 とした場合の式で，軸の直径 m を実用数値の cm にすれば，d〔cm〕$=79.2\times\sqrt[3]{P/\pi\tau N}$ となる。
＜注３＞この図は JIS B2704-1995に示されている。

12 章

＜注１＞“柱”はコラム（column）で長柱ともいう。
＜注２＞“座屈”はバックリング（buckling）といい，構造物に加わる荷重を次第に増加すると，ある荷重で変形の状態が急に変化し，大きなたわみが生じる現象をいう。座屈は，⑴細長い真っすぐな棒に軸方向の圧縮力が加わるとき，⑵薄い平面に面内力が加わり，その全体または一部に圧縮応力が生じているとき，⑶アーチや殻に曲げ変形があまり生じないような荷重が加わり，それらの全体または一部に圧縮応力が生じているとき，⑷幅の狭いはりやアーチに横荷重が加わるとき，⑸トラス構造や薄板よりなる構造の内部の全体または一部に圧縮応力が生じているとき，などの場合に生じる。(5)の場合，構成部材の座屈で，(1)～(4)に類別できるものを局部座屈，できないものを全体座屈という。なお，応力が比例限度内にあるときに生じる座屈を弾性座屈，そうでないものを塑性座屈という。

13 章

<注１>問題は，厚肉円筒に内圧力 P を生じる場合，接線方向応力 σ_t と半径方向応力 σ_r との分布状態は**図 3** のようになる。という正誤法。解答は正で，理由は次の通り。

――厚肉円筒に内圧力 P がかかるときの応力の計算式は，任意の点の半径（平均半径）を r，内径半径を r_1，外径半径を r_2 とすれば，$\sigma_t = Pr_1^2(r_1^2 + r^2)/r^2(r_2^2 - r_1^2)$，$\sigma_r = Pr_1^2(r_1^2 - r^2)/r^2(r_2^2 - r_1^2)$ となっている。

これによれば，$r = r_1$（内壁）の場合，σ_t，σ_r とも最大となる（σ_r は $r_1^2 < r^2$ で負の値）。$r = r^2$（外径）の場合，σ_t は 0 にはならないが，σ_r は 0 になる。

また，式は 2 次式なので曲線になる。したがって応力の分布図は**図 3** のようになる。

図 3

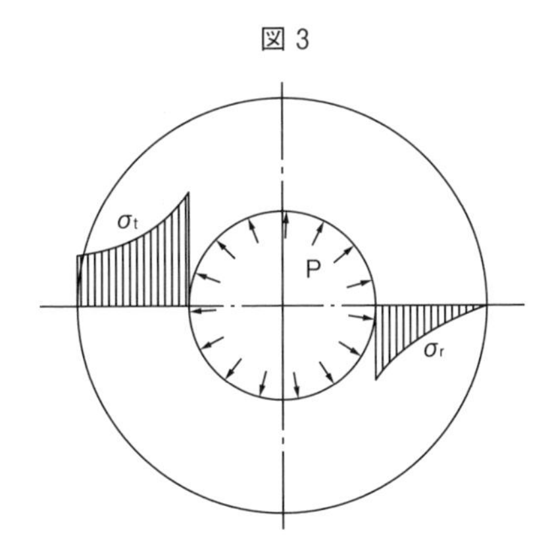

＜著者略歴＞

香住浩伸はペンネームで，本名は白井弘信。

1958年創立当初の（株）ジャパンマシニスト社の社員となり，機械技能者のための雑誌ジャパンマシニスト誌の創刊に当たる。

著書に「全図解 やさしい測定学」,「明解 材料試験の ABC」などがある。

＜監修略歴＞

稲村　栄次郎（いなむら　えいじろう）

1997年豊橋技術科学大学大学院総合エネルギー工学専攻科博士課程修了。東京都立工業高等専門学校機械工学科助手として採用。2007年東京都立産業技術高等専門学校准教授，現在にいたる。

主な著書「JSME テキストシリーズ 機械工学のための数学」日本機械学会（2013),「やさしいメカトロニクス入門シリーズ 図解 材料力学の基礎」科学図書出版（2009),「弾性力学入門 基礎理論から数値解法まで」森北出版（2007）などである。

改訂版　明解　材料力学のＡＢＣ

平成 12 年 9 月 10 日　初　版　第 1 刷
平成 27 年 1 月 20 日　改訂版　第 1 刷

著　者　香住　浩伸
監　修　稲村栄次郎
発行者　小野寺隆志
発行所　科学図書出版株式会社
　　　　東京都新宿区坂町 27-18　TEL　03-3357-3561
印刷 / 製本　昭和情報プロセス株式会社
カバーデザイン　加藤敏彰

ISBN　978-4-903904-58-0　C3053

Printed in Japan